植物抗性
生物学

ZHIWU KANGXING SHENGWUXUE

主　编　王三根　宗学凤
副主编　梁　颖　高焕晔
　　　　贾　翔　吕　俊

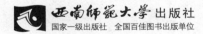西南师范大学出版社
国家一级出版社　全国百佳图书出版单位

图书在版编目(CIP)数据

植物抗性生物学 / 王三根，宗学凤主编. —重庆：
西南师范大学出版社，2015.12
ISBN 978-7-5621-7705-0

Ⅰ.①植… Ⅱ.①王… ②宗… Ⅲ.①植物－抗性育
种－植物生理学－研究 Ⅳ.①S332

中国版本图书馆 CIP 数据核字(2015)第 296222 号

植物抗性生物学

主　　编：王三根　　宗学凤

副主编：梁　颖　高焕晔　贾　翔　吕　俊

责 任 编 辑：杜珍辉

书籍设计：岚品视觉 CASTALY　周　娟　尹　恒

照　　排：重庆大雅数码印刷有限公司·张艳

出版、发行：西南师范大学出版社

　　　　　（重庆·北碚　邮编：400715

　　　　　网址：www.xscbs.com）

印　　刷：重庆市正前方彩色印刷有限公司

开　　本：787mm×1092mm　1/16

印　　张：13

字　　数：350 千字

版　　次：2015 年 12 月第 1 版

印　　次：2015 年 12 月第 1 次

书　　号：ISBN 978-7-5621-7705-0

定　　价：28.00 元

编委会

前　言

植物不断地与外界环境进行着物质、能量和信息的交流。在适宜的环境条件下，植物才能正常生长发育，否则会受到伤害，甚至濒临死亡。而在自然界中的任何一个地区，植物需要的环境因子很难达到最适水平。实际上，植物经常会遇到不良环境或某种因子的剧烈变化，抗性就是植物在对环境的逐步适应过程中形成的。在胁迫环境中，通过选择，植物的有利性状被保留下来，并不断加强；不利性状逐渐遭到淘汰，以求生存与发展。

在生产实践中，经常会遇到各种不同程度的自然灾害，如干旱、洪涝、低温、高温、盐渍以及病虫侵染等。随着现代工农业的发展与城市化进程的加快，又出现了大气、土壤和水质的污染，这些不仅危及动植物的生长和发育，还威胁着人类的生活和生存。在逆境条件下，植物需采取不同的方式去抵抗适应各种胁迫因子，通过信号转导将发育水平、细胞代谢水平和分子水平的反应整合在一起，使其在整体上对环境胁迫做出应答。

大数据时代，世界仍然存在着人口、食物、能源、环境和资源等问题，为了直面挑战，必须培养更高产和稳产的作物品种，对土壤、水分和病虫害的控制需更精细有效，通过传统方法和生物技术相结合去发展可持续农业生产。研究植物在不良环境下生命活动规律的生物学，对于提高农业生产力，保护环境有现实意义。

新世纪的生命科学日新月异，《植物抗性生物学》从不同层次、不同水平和不同角度，纵横交错地探索植物生命活动与环境相互作用的方方面面。本书大致分为两部分：第一部分是关于植物抗性生物学的综合论述，包括第一章植物抗性生物学概论，第二章自由基与植物抗性，第三章信号转导与植物抗性，第四章逆境蛋白与抗逆相关基因和第五章植物激素与抗性；第二部分则分别论述了植物对各种逆境的响应，包括第六章温度胁迫与植物抗性，第七章水分胁迫与植物抗性，第八章光胁迫与植物抗性，第九章盐胁迫和养分胁迫与植物抗性，第十章病虫害与植物抗性以及第十一章环境污染与植物抗性。

多年来，作者坚持开展植物抗性的研究，本书也是结合作者研究成果，注重植物抗性生物学发展前沿，参考大量文献资料，理论联系实际的产物。贯穿于全书的是植物抗逆现象本质及代谢规律的主线条，而植物逆境活动过程中物质代谢、能量转换、信号转导以及由此表现出的形态建成诸方面的有机联系应是本书的特点。由于著者学养识见有限，书中定有许多未安之处，敬请广大同仁和读者不吝赐教，以俟异日修订。

作者

2015 年 4 月

目　录

第一章　植物抗性生物学概论

一、植物的逆境和抗性

（一）植物生活环境与逆境

1.植物生活的环境因子

在地球生物圈中，植物是主要的生产者，动物是主要的消费者，微生物是主要的分解者。绿色植物依靠无机物和太阳能，合成它赖以生存的各种有机物，建成其躯体，成为自养生物（Autotroph），还能为其他生物提供食物。因此，植物在物质循环和能量流动中处于十分重要的地位，成为整个生物圈运转的关键。

植物体是一个开放系统，决定植物生长发育的因素包括遗传潜力和外界环境。这两类因素控制着植物的内部代谢过程和状态，这些过程和状态又控制着植物生长发育的强度和方向。植物环境包括物理的、化学的和生物的生态因子。物理的生态因子，如辐射和温度；化学的生态因子，如水分、空气和无机盐等；生物的生态因子有动物、植物、微生物等。生物之间有互助、共生和互利，也有竞争、抑制和相克等。生态因子不是孤立的，而是相互制约、相互补偿和综合地对植物产生作用的。

世界面临着人口、食物、能源、环境和资源问题的挑战。资料显示，全球人口以每天270000人，每年9000万到1亿人的水平增长，而人均耕地面积1950年为0.45hm^2，1968年为0.33hm^2，2000年又降至0.23hm^2，预计到2055年将降至0.15hm^2。全球适合耕作的土地面积不多，约占全球土地面积的22%（表1-1）。我国的形势也很严峻，人口总数为世界之最，人均耕地面积则很少。因此，研究植物在不良环境下的生命活动规律，对于提高农业生产力，保护环境有现实意义。

表 1-1　全球陆地资源状况及其对作物生产的主要限制

陆地资源	面积（$1\times10^6 hm^2$）	所占百分率（%）
冰雪覆盖地区	1490	10
太寒冷地区	2235	15
太干燥地区	2533	17
太陡峭地区	2682	18
太浅薄地区	1341	9
太潮湿地区	596	4
太贫瘠地区	745	5
小计	11622	78
较低生产力土地	1937	13
中等生产力土地	894	6
较高生产力土地	447	3
小计	3278	22
总计	14900	100

2.逆境的概念及种类

植物的生存需要众多的环境因子,只有这些因子适宜时,植物才能正常进行代谢活动和生长发育,完成其生活周期。而在自然界中的任何一个地区,植物适宜的环境因子很难达到最适水平。实际上,植物经常会遇到不适宜环境条件或某种环境因子的剧烈变化。当亏缺或变化幅度超过植物正常生长要求的范围,即对植物产生伤害作用。

逆境(Environmental stress or stress)是指对植物生存与发育不利的各种环境因素的总称。对植物而言,逆境就是环境胁迫,故"stress"一词也常被译为胁迫。对植物产生的胁迫可分为生物性胁迫(Biotic-stress)和非生物性胁迫(Abiotic-stress)两种类型(图 1-1)。生物性胁迫和非生物性胁迫在全球范围内所造成的作物产量损失是相当巨大的,可使平均产量下降65%~87%(表 1-2)。

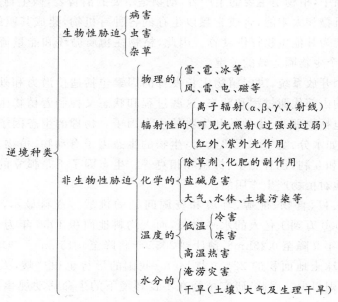

图 1-1 逆境的种类

表 1-2 八种主要作物的平均产量与最高产量以及胁迫所造成的损失(Buchanan 等,2004)

作物	最高产量（kg/hm²）	平均产量（kg/hm²）	平均损失（kg/hm²） 生物性	非生物性	非生物性平均损失产量占最高产量的百分比（%）
玉米	19300	4600	1952	12700	65.8
小麦	14500	1880	726	11900	82.1
大豆	7390	1610	666	5120	69.3
高粱	20100	2830	1051	16200	80.6
燕麦	10600	1720	924	7960	75.1
大麦	11400	2050	765	8590	75.4
马铃薯	94100	28300	17775	50900	54.1
甜菜	121000	42600	17100	61300	50.7

注:生物因子包括疾病、昆虫和杂草。非生物因子包括但不限于干旱、高盐、涝害、低温和高温。

3.植物对逆境的响应水平

植物对环境胁迫的反应与环境因子的性质和胁迫的特性有关,包括胁迫的持续时间、胁迫的强度、环境因子的组合和胁迫的次数。植物对环境胁迫的反应还与植物自身的特性有关,包括植物的器官或组织、植物的发育阶段、植物的受胁迫经历和植物的种类或基因型(图1-2)。

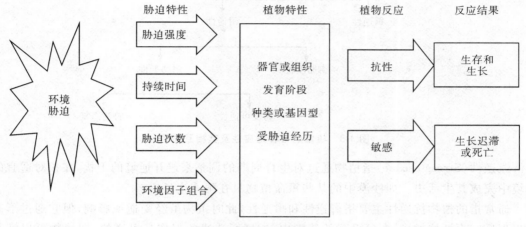

图 1-2　植物对胁迫的响应

植物对逆境的响应可分为四个水平,即整体水平(也称为生理或发育水平)、细胞和代谢水平、分子水平和信号转导水平。植物在整体水平上对逆境的抗性反应往往称为系统抗性,包括发育时期改变、根系的扩大、地上部分生长变缓和叶片脱落、叶片萎蔫等。植物在细胞水平上对逆境的抗性反应一般称为细胞抗性,包括进行渗透调节、增强活性氧清除能力、激素平衡发生变化、积累保护性物质以及膜组分和结构发生改变等。在逆境条件下,植物通过信息传递的变化将发育水平、细胞和代谢水平、分子水平和信号传递水平的反应整合在一起,使植物在整体上对环境胁迫做出应答。

提高植物抗性,增强植物对环境的适应能力,对于农业生产的可持续发展有十分重要的意义。而这一切都离不开对植物抗逆性调控机制的了解。对植物抗性调控机制进行深入研究可在如下方面展开,即形态结构调控、生长发育调控、生理响应调控、代谢调控、激素调控、基因调控等。

(二)植物抗性的方式及其比较

1.植物抗性的方式

植物没有动物那样的运动机能和神经系统,基本上是生长在固定的位置上,因此常常遭受不良环境的侵袭。虽然生活在自然界中的植物随时随地都可能遇到不同的胁迫因子,但受到胁迫后的境况却不同。一些植物被伤害致死,而一些植物的生理活动尽管受到不同程度的影响,它们却可以存活下来。植物对逆境的抵抗和忍耐能力叫植物抗逆性,简称抗性(Stress resistance or hardiness)。

抗性是植物在对环境的逐步适应过程中形成的。如果长期生活在这种胁迫环境中,通过自然选择,有利性状被保留下来,并不断加强,不利性状不断被淘汰,植物即产生一定的适应能力,即能采取不同的方式去抵抗各种胁迫因子,适应逆境,以求生存与发展。植物对逆境的适应能力叫作植物的适应性(Adaptability)。植物对逆境的适应方式是多种多样的，图 1-3 概括了植物的各种适应性及其相互关系。

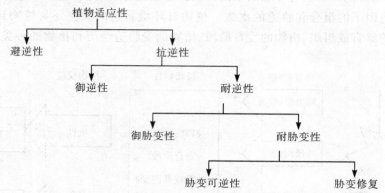

图 1-3　植物的各种适应性及其相互关系

避逆性(Stress escape)指植物通过对生育周期的调整来避开逆境的干扰，在相对适宜的环境中完成其生活史。如沙漠中的某些短命植物只在雨季生长。

通常指的植物抗逆性主要指御逆性和耐逆性，此时植物虽经受逆境影响，但它通过形态和生理反应而抵抗逆境，在可忍耐的范围内，逆境所造成的损伤是可逆的，即植物可以恢复正常状态；如果超过可忍范围，超出植物自身修复能力，损伤将变成不可逆的，植物将受害甚至死亡。

御逆性(Stress avoidance)指植物具有一定的防御环境胁迫的能力，处于逆境时能保持正常的生理状态。这主要是植物体营造了适宜生活的内环境，免除了外部不利条件对其的危害。

尽管植物很难改变外界的胁迫因子，但可以通过在体内建立某种屏障，完全或部分阻止胁迫因子进入它的组织内部，从而避免胁迫因子的进一步伤害作用。御逆性是植物避免和胁迫达到热力学平衡的一种努力，即植物在逆境下其体内仍能保持一部分缓冲胁迫的因素，使本身不至于受害，并能进行比较正常的生命活动。如仙人掌一方面在组织内贮藏大量的水分；另一方面，在白天关闭气孔，降低蒸腾速率，这样就能避免干旱对它的影响。

耐逆性(Stress tolerance)指植物处于不利环境时，通过代谢反应来阻止、降低或修复由逆境造成的损伤，使其仍保持正常的生理活动。如植物遇到干旱或低温时，细胞内的渗透物质会增加，以提高细胞抗性。

在这种情况下，植物尽管受到一定的胁迫，但它们可以采用各种对策全部或部分地忍受，而不致受到伤害或只引起比较小的伤害。耐逆性是植物通过与胁迫达到热力学平衡而不受严重伤害的一种能力。具有耐逆性的植物能够阻止、减少或者补偿由于这种胁迫诱导的有害胁变。

耐逆性可分为御胁变性和耐胁变性。

御胁变性(Strain avoidance)是指植物在逆境作用下能减低单位胁迫所引起的胁变，起着分散胁迫的作用。如蛋白质合成能力加强、蛋白质分子间的键结合力增强和保护性物质增多等，使植物对逆境的敏感性减弱。

耐胁变性(Strain tolerance)又可分为胁变可逆性与胁变修复两种情况。

胁变可逆性(Strain reversibility)是指逆境作用于植物体后植物产生一系列生理变化，当环境胁迫解除后，各种生理功能能够迅速恢复正常的特性。

胁变修复(Strain repair)是指植物在逆境下通过代谢过程迅速修复被破坏的结构和功能的特性。

总之，植物适应性的强弱取决于外界施加的胁迫强度和植物对胁迫的反应强度。同样胁迫强度下植物的胁变取决于植物的遗传潜力，因此可以说植物的适应性是一个复杂的生命过程，是胁迫强度、胁迫时间与植物自身的遗传潜力综合作用的结果。

值得注意的是，植物对逆境的抵抗往往具有多重性，植物适应逆境的几种方式可在植物体上同时出现，或在不同部位同时发生。植物抗性生物学(Plant hardiness biology)主要研究逆境对植物生命活动的影响以及植物对逆境的抗御能力及其机制。

2.胁迫与胁变

胁迫一词在物理学上被称为胁强或应力，其物理意义是指作用于物体单位面积上的力的大小。作用于物体上的力所造成的物体的大小、形状的变化被称作"胁变"(Strain)。在生物系统和物理系统中，胁迫(或胁强)和胁变的含义是有所区别的。

在抗性生理中，胁迫应指(不良)环境因素对植物的作用力(影响)。胁变应指植物体受到胁迫后产生的相应的变化。不过通常人们并未将二者明确分开。

胁变产生的相应变化可以表现为物理变化(如原生质流动的变慢或停止，叶片的萎蔫)和生理生化变化(代谢的变化)等方面。胁变的程度有大有小，程度小而解除胁迫后又能复原的胁变称弹性胁变(Elastic strain)，程度大而解除胁迫后不能复原的胁变称为塑性胁变(Plastic strain)。

虽然不能排除植物所有的胁迫因子，但是有可能减轻胁迫或减小植物受到胁迫后所产生的胁变。因此，了解胁迫因子对植物如何造成伤害，以及植物如何在胁迫条件下存活，是十分重要的课题。

胁迫对植物的伤害作用和植物的抗逆性，还可以借助物理学中弹性力学的胁强与胁变的关系图解来加以说明(图1-4)。

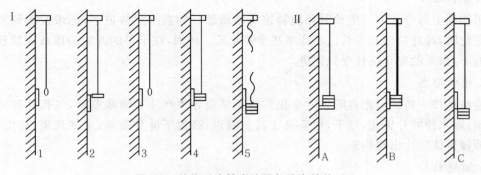

图 1-4　植物适应性中胁强与胁变的关系

Ⅰ.逆境伤害示意图：1.正常状态；2.胁迫下发生胁变；3.去除胁迫后复原；4.加大胁迫后胁变增大；5.继续增大胁迫并超过其负荷，物体即发生崩溃。Ⅱ.三种对逆境适应性示意图：A.避逆性；B.避胁变；C.耐胁变

图 1-4 I 中的 1 是一个物体（代表植物）在正常状态下的长度；当胁强加到这个物体（植物）上时（图 1-4 I 中的 2），物体（植物）即发生胁变，物体被拉长；当胁强去除后，物体的长度即恢复正常（图 1-4 I 中的 3）。如果胁强继续加大，则物体被拉长、拉断（图 1-4 I 中的 4 和5）。这可以说明胁迫对植物的伤害，当胁迫施加到植物体身上时，植物即发生胁变，去除胁迫时，植物恢复正常，这是一种可逆的胁变——弹性胁变；如果胁迫加大到植物不能忍受的水平，植物即发生剧烈的胁变，甚至导致植物体死亡。

从图 1-4 II 中可以看出，植物对外界胁迫有一定的避免能力，虽然胁迫加到植物体上，而植物可以阻止产生胁变，因而不被伤害（A）。有的植物不能阻止产生胁变，但可以避免胁变产生的伤害，好比在物理学中将线加粗可以避免断裂那样（B）。有的植物不具备前两种能力，在胁迫来临时照常产生胁变，但它能忍受这种胁变，仍能存活下去，如 C 中的线不会断那样。

3.胁迫的原初伤害与次生伤害

胁迫因子超过一定的强度，即会产生伤害。首先往往直接使生物膜"受害"，导致透性改变，这种伤害称为原初直接伤害。质膜"受伤"后，进一步可导致植物代谢的失调、影响正常的生长发育，此种伤害称为原初间接伤害。一些胁迫因子还可以产生次生胁迫伤害，即不是胁迫因子本身作用，而是由它引起的其他因素造成的伤害。如盐分的原初胁迫是盐分本身对植物细胞质膜的伤害及其导致的代谢失调，另外，由于盐分过多，使土壤水势下降，产生水分胁迫，植物根系吸水困难，这种伤害称为次生伤害。如果胁迫急剧发生或时间延长，则会导致植物死亡。

二、逆境下植物的形态与生理响应

在逆境条件下，环境胁迫直接或间接引起植物体发生一系列形态与细胞结构以及生理生化变化，包括有害变化和适应性变化，不同胁迫引起的变化存在一定的共性。

（一）植物形态结构的变化

1.生长速率

植物地上部分的伸长生长对环境胁迫非常敏感。如在干旱胁迫下，还未检测到光合速率的变化时，叶片的伸长生长已经变缓甚至停止了。然而，在干旱的开始阶段或在较轻的干旱胁迫下，根系的发育往往受到促进。

2.植物形态

逆境条件下植物形态有明显的变化。如干旱会导致叶片和嫩茎萎蔫，气孔开度减小甚至关闭；淹水使叶片黄化，枯干，根系褐变甚至腐烂；高温下叶片变褐，出现死斑，树皮开裂；病原菌侵染使叶片出现病斑。

3.细胞结构

逆境往往使细胞膜变性，细胞的区域化被打破，原生质变性，叶绿体、线粒体等细胞器结构被破坏。

中度水分胁迫时，甘蔗叶片的叶绿体内部基质片层空间增大，基粒变得模糊不清，严重时，叶绿体形态结构发生明显变化，基质片层空间进一步增大，基粒类囊体膨胀，囊内空间变大，空泡化，类囊体的排列方式发生改变，产生扭曲现象。维管束鞘细胞叶绿体在水分胁迫时,淀粉粒明显增加或增大,基质片层空间增大,变清晰,并在严重胁迫时有大空泡出现。

活性氧自由基 O_2^{-}、H_2O_2 和 $\cdot OH$ 引起大豆下胚轴线粒体结构的迅速膨胀,呼吸比率和氧化磷酸化效率降低以及细胞色素氧化酶活力下降。盐胁迫使线粒体膨胀、外膜变得模糊或消失,嵴数目减少;严重时外膜和内部结构大部分受到严重损伤,核膜被破坏,细胞器解体,以致整个结构崩溃。

4.细胞膜

细胞膜(Cell membrane)往往是各种逆境引起伤害的原初作用部位。在逆境条件下,细胞膜结构受损,选择透性丧失,细胞可溶性内含物质外渗。引起膜损伤的原因,一个是逆境的直接效应,如干旱脱水、高温液化、低温相变;另一个是间接效应,如活性氧引起细胞膜脂的过氧化分解。

原生质透性在反映植物抗性的差异上是比较敏感的,在受冷、冻、旱、涝、盐、热、大气污染等胁迫时,都表现出原生质透性的破坏,大量电解质和非电解质溶质被动向组织外渗。如干旱胁迫使细胞膜的相对透性比对照增加 3～12 倍。恢复正常的供水后,组织含水量能迅速恢复,而原生质透性恢复缓慢。干旱程度越重,原生质透性伤害越大,恢复越慢或者不能恢复,而使植物死亡。

(二)·植物生理代谢的变化

在逆境下植物的生理反应是多种多样的,从生长到发育,从器官到细胞器,从酶系统到物质代谢等方面,都能看到逆境下植物生理反应的变化。

1.水分代谢

在植物对各种环境胁迫的反应中,水分状况的变化是比较明显的。在冷害、冻害、热害、旱害、涝渍、盐渍和病害发生时,植物的水分状况往往有共同的表现,水分代谢呈相似的变化。植物的吸水量降低,蒸腾量也减少,但由于蒸腾仍大于吸水,植物组织的含水量降低,持水力增高,同时发生萎蔫现象。植物含水量的降低使组织中束缚水含量相对增加,可能又使植物抗逆性增强。

如在干旱和盐胁迫下,由于环境的低水势,直接影响植物的水分吸收,导致植物组织发生水分亏缺;0℃以上的低温胁迫影响根系的吸水能力,引起生理干旱;冰冻胁迫使细胞间隙结冰时引起原生质体脱水,导致水分亏缺;越冬的木本植物地上部通过升华失去水分,由于得不到补充而使植物组织发生水分亏缺。植物应对水分亏缺的重要生理机制之一是进行渗透调节,即积累可溶性的渗透调节物质,降低细胞水势,增强吸水和保水能力。

葡萄植株遭受大气干旱时,叶片含水量明显降低。玉米幼苗经 2℃ 低温处理 12h,叶片含水量降低,同时出现萎蔫现象。小麦生育中期遇到 40℃ 高温时,叶片的含水量下降,束缚水含量明显增加。马铃薯叶片因受冻害也会发生萎蔫。在这些反应中,只有受到盐碱伤害时的表现稍有不同,较低浓度处理或在处理的初期,植物组织含水量稍有增加,这是离子进入细胞后增加了组织亲水性的缘故。但是在高浓度盐分,或较长时间处理下,组织含水量也要明显降低。

2.光合作用

(1)光合速率下降

在任何一种逆境下,植物的光合速率(Photosynthetic rate)都呈下降趋势。光合速率下降是由气孔阻力增加,光合机构功能受损,叶绿体结构破坏,叶绿素含量减少等引起的。此外,环境胁迫也使植物生长受到抑制,叶面积减小而限制光合作用。

在高温条件下,光合速率的下降可能与酶的变性失活有关,也可能与脱水时气孔关闭,增加气体扩散阻力有关;在干旱条件下由于气孔关闭而导致光合速率的降低则更为明显;土壤盐碱化、过湿或积水、低温、二氧化硫污染等都能使植物的光合速率显著下降。

在盐碱条件下生长的小麦,叶片光合强度比对照降低36%~52%;不仅是单位叶面积的光合强度降低,而且净同化率也随盐分浓度的增加,成比例地下降。

在淹水条件下,水稻叶片的光合强度,比对照降低15%~60%。二氧化硫处理植物时,光合强度也明显降低,而且随二氧化硫浓度和处理时间的增加,光合强度降低得更多。

(2)光合作用的气孔和非气孔限制

在环境胁迫下,植物的光合速率下降往往是气孔因素和非气孔因素双重作用的结果,但在不同的胁迫阶段,两者所起作用的大小不同。在各种逆境下,当植物的水分供应受到限制或发生水分亏缺时,气孔保卫细胞的水势下降,气孔开度减小或部分气孔关闭,进而影响CO_2的供应,使光合作用降低。在严重环境胁迫下,叶绿体的膜系统受到破坏,光反应和暗反应受到阻碍,这时尽管CO_2供应充足,但是光合速率仍然下降。这就是光合作用的非气孔限制。

3.呼吸作用

在环境胁迫下,植物呼吸作用的变化明显,主要表现在三个方面:

(1)呼吸速率变化

植物在逆境下呼吸速率(Respiratory rate)的变化趋势,大体上可以分为三种类型:一是当植物受到环境胁迫时,呼吸强度下降;二是当植物受到环境胁迫时,呼吸作用先出现短时间的上升而后降低;三是当植物受到环境胁迫时,呼吸作用明显增强,并能维持相当长的时期,植物受害严重接近死亡时,呼吸作用才会下降。

在冻害、热害、盐害和涝害发生时,植物的呼吸作用都会降低。如对小麦植株进行−7℃处理时,叶片呼吸强度只有对照的1/5~1/4。生长在盐渍化土壤中的桦树叶片,呼吸强度比对照降低10%~70%。在淹水条件下,水稻叶片的呼吸强度,比对照降低40%~70%,而且伤害越重呼吸强度越低。

在冷害和旱害发生的初期,植物呼吸强度有增强的表现。甘薯块根在0℃以上低温贮藏时,首先看到呼吸作用的加强,7~10d以后呼吸强度明显下降。水稻在花期发生冷害时,颖花的呼吸作用,也是先增强而后降低。

植物遭受干旱时,随着组织脱水,植物体内可溶性物质和呼吸基质增加,因而呼吸作用略有增强。随后干旱程度增加,使可溶性物质减少,呼吸基质缺乏时呼吸强度就会明显降低。

植物发生病害时,呼吸速率显著加强,有时可比对照植株提高10倍以上,且这种呼吸速率的增强与菌丝体本身呼吸无关。但是当病害严重时,呼吸作用就会降低。

(2)呼吸途径改变

在多数环境胁迫下,植物的糖酵解(Glycolysis,EMP)——三羧酸循环途径(Tricarboxylic acid cycle,TCA)减弱,磷酸戊糖途径(Pentose phosphate pathway,PPP)相对加强。PPP的中间产物为许多化合物的合成提供原料。如5-磷酸核糖是合成核苷酸的原料,也是NAD^+、$NADP^+$、FAD等的组分;4-磷酸赤藓糖可与糖酵解产生的中间产物磷酸烯醇式丙酮酸合成莽草酸,最后合成芳香族氨基酸。所以 PPP 与植物对抗胁迫的反应过程中基因表达和核酸及蛋白质的代谢联系密切。如植物感病或受伤时,PPP 增强,植物的抗病能力得到提高。

在某些环境胁迫下,植物的有氧呼吸减弱,无氧呼吸增强。小麦在淹水条件下,因为进行无氧呼吸,植物体内积累酒精,当小麦组织内蛋白质开始降解时,植株内的酒精含量突然下降,与此同时在周围的水中发现酒精存在。

此外,高温、低温、干旱、盐胁迫以及机械损伤等,还可引起植物抗氰呼吸能力的改变。研究表明,多种化学因子、乙烯及水杨酸处理,切片陈化,低温胁迫、伤诱导,病原体侵染、缺磷和果实成熟等环境或生理条件,对抗氰呼吸的发生均有诱导作用。上述诱导作用不少已被证明与诱导交替氧化酶(Alternative oxidase,AOX)蛋白的表达密切相关。

(3)呼吸效率降低

多种逆境使线粒体的结构和功能改变,导致氧化磷酸化解偶联,以热形式释放的呼吸能量增加,而 ATP 的合成减少,P/O 比值降低。呼吸效率的降低可导致植物代谢能力下降,保护性物质生成减少,从而使植株对逆境的抗性减弱。

4.物质转化

逆境情况下常使植物合成代谢减弱,分解代谢加强,在不同环境胁迫下,植物的代谢变化趋势是一致的,都是趋向于大分子物质的降解。

(1)碳代谢

低温、高温、干旱、淹水胁迫等往往表现为淀粉水解作用的加强,促进淀粉降解为葡萄糖等可溶性糖,这可能与磷酸化酶活力的增加有关。

例如红薯和马铃薯,在低温下贮藏时都会变甜,这是淀粉水解变成葡萄糖和蔗糖的缘故。

在淹水条件下,小麦和水稻植株内贮藏的淀粉,水解成可溶性糖。在淹水过程中,可溶性糖又被无氧呼吸迅速利用,因此可溶性糖浓度在淹水初期明显增加,而后又迅速降低。淀粉水解成葡萄糖,为呼吸作用提供了基质,并能增加细胞的渗透压,在抵抗环境胁迫中具有一定的保护作用。

(2)氮代谢

在蛋白质代谢中,低温、高温、干旱、盐渍和涝害胁迫常促使蛋白质降解,可溶性氮增加。

多种逆境下植物体内蛋白质的水解大于合成;蛋白质降解为肽和氨基酸。这些降解产物在增加原生质亲水性方面有一定作用,但是进一步降解时会产生氨积累中毒现象。例如40℃高温处理小麦和玉米植株时,叶片中的蛋白质含量明显降低,比对照降低 22%～30%,总含氮量下降 17%～22%。在淹水条件下,小麦植株内蛋白质含量也明显降低,而可溶性氮含量增加。

(3)相关酶活性

在干旱条件下小麦叶片失水以后,蛋白质与碳水化合物的水解与合成相关酶作用方向会发生明显的变化。这两类酶都趋于水解,随着干旱失水,叶片的酶水解力加强,合成比例逐渐降低。不抗旱小麦叶片失水达鲜重 20%时,酶合成能力已完全停止,抗旱小麦叶片失水50%时,酶仍有 40%的合成能力。

参与合成作用的酶往往是多亚基酶或以多酶复合体的形式存在,并且存在于膜上或功能受膜结构和膜功能的影响,当植物受到胁迫时,由于脱水效应(干旱、盐碱)、疏水键减弱(低温)、离子胁迫(盐碱)等使酶变性失活,从而导致合成作用的减弱。水解酶多是单亚基酶,活性受逆境的影响小,而且在逆境条件下,由于膜结构的破坏,还往往从所存在的细胞器中释放出来与底物接触,水解作用得到促进。

5.矿质营养

钾肥较多时,会使植物生长受阻,可能增加细胞液中营养物质的贮备,因而也能增强植物的抗性。施用磷酸二氢钾和草木灰可以防干热风和倒伏。

用微量元素硫酸锌、硫酸锰、硫酸铜浸种,可以提高小麦的抗热性和抗旱性,能使发芽率和幼苗干重增加。氯化钙与硅酸钙也能提高小麦的抗逆性,在大气干旱条件下,减少叶片失水率,增加保水能力,提高植物的抗旱性与抗盐性。

6.活性氧代谢

在环境胁迫下,组织活性氧的产生和积累增加是一个普遍的现象,也是多数环境胁迫引起伤害的重要机制之一。抗逆性强的植物在环境胁迫下会增加活性氧的清除能力(酶系统和非酶系统),防止活性氧的积累,减少伤害。

7.激素平衡

逆境能使植物体内激素的含量和活性发生变化,并通过这些变化来影响生理过程。植物激素是抗逆基因表达的启动因素,逆境条件改变了植物体内源激素的平衡状况,从而导致代谢途径发生变化,代谢途径的变化很可能是抗逆基因活化表达的结果。

8.基因表达与逆境蛋白

多种多样的环境因子刺激都会使植物产生相应反应,体内正常的蛋白质合成常会受到抑制,而诱导新的蛋白质形成,这些蛋白质可统称为逆境蛋白(Stress proteins)。环境胁迫常抑制植物的一些基因表达,但是同时也诱导植物一些与抗逆性有关的基因表达。这些基因主要分为两类,一类是直接与植物抗逆生理生化反应有关的功能基因,如逆境蛋白基因等;另一类是调节蛋白基因(转录因子)或参与抗逆细胞信号转导的蛋白,如磷蛋白等的基因,后一类基因的表达是环境胁迫的早期事件(图1-5)。

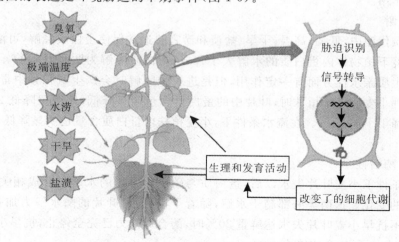

图 1-5 植物对胁迫的响应

一些胁迫构成了被植物接受和识别的环境信号。胁迫识别以后,信号被传递到细胞内和整个植物体体内。环境信号的转导导致在细胞水平上基因表达的改变,这些改变随后影响植物整体的代谢和发育。

(三)植物抗逆性的获得方式

1.植物发育阶段与抗逆性

植物抗逆性的大小与植物年龄和发育阶段往往有一定的关系。例如番茄和棉花,在幼年阶段抗盐性小,在孕蕾阶段抗盐性较高,到开花期则降低。水稻随着它的发育而丧失其对盐的敏感性,在孕穗期以后,它的抗逆力开始增大。大麦在幼苗期,对盐浓度的敏感性较种子萌发期间要大得多。番茄在营养期突然置于 0.20mol/L NaCl 中则不能忍受,在开花期能使它的叶片萎蔫,但是一般都能够恢复。同种植物的不同品种,在同一发育时期并不都呈现最大的敏感性。

一般情况下,植物在生长盛期抗逆性比较小;进入休眠期以后,则抗逆性增大;营养生长期抗逆性较强;开花期抗逆性较弱。此外,抗逆性与植物健康状况有关,健壮的植株抗逆性强,弱的植株抗逆性较弱。

2.植物抗逆性与变异

植物在个体发育中,当环境发生变化时,往往会发生相应的性状变异。这些变异性状称为获得性状(Acquired characteristics)。植物在逆境下常会发生一系列变异。例如,触摸能使植物生长受抑而变矮;旱生条件下的蒲公英叶形发生很大的变异;冰叶日中花在盐渍或干旱条件下生长时,其碳固定方式可由 C_3 途径转向 CAM 途径;海边铺地黍在湿生状态下植株直立生长,叶宽大呈长条状,盐生时植株匍匐,叶短小。

逆境下产生的变异只表现在细胞生理反应和表型变化的称为逆境反应,逆境下产生的变异发生基因型变化的称为抗逆性的获得。逆境信息通过细胞信号传导引起植物生长发育的这些变化可归纳为两类:一类通过基因活化与蛋白质合成,甚至基因组变异,此谓长期反应(Long term responses),如泌盐器官建成、光形态建成及向触性形态建成等;另一类发生细胞生理反应,与基因活化及蛋白质合成无直接关系,称之为短期反应(Short term responses)。

3.植物的抗性锻炼

任何植物的抗逆性都不是突然形成的,而是通过逐步适应形成的。植物对逆境的适应性包括两方面含义,即适应和驯化(也称顺应)。通常适应(Adaptation)是指植物在形态结构和功能方面获得了可遗传的改变,从而增加了对某一逆境的抗性。顺应(Acclimation)是指植物个体对环境因素改变做出的调节,在生理生化方面获得的不可遗传改变。

植物对某一逆境的顺应过程叫作抗性锻炼(Hardening)。通过抗性锻炼可提高植株对逆境的抵抗能力,但植物抗性的强弱主要是由遗传决定的。例如越冬作物由于秋季温度逐日降低,经过渐变的低温锻炼,就可以忍受冬季的 0℃ 以下的严寒。而有的冷敏感作物在 0℃ 以上低温也会受害甚至死亡。

三、生物膜与抗逆性

(一)逆境下膜结构和组分的变化

1.膜结构

植物抗逆性与生物膜结构的关系早就引起了人们的注意。Lyons 根据生物膜理论和植物抗冷性方面的研究报告,首先提出了植物冷害的"膜伤害"假说。他指出,生物膜由于其结构特点,会随温度的降低而产生物相变化。植物正常生理状态时,需要液晶态的膜状态。当温度降到一定程度时,某些植物的膜脂由液晶态变为凝胶态,膜结合酶活力降低和膜透性增大。这些变化又引起胞内离子渗漏,失去平衡,膜结合酶和游离酶活力失调,进而使细胞代谢失调。膜系统在不同脱水情况下产生不同形式的胁变,缓慢脱水时细胞塌陷使细胞表面延伸,严重脱水时,双层膜脂转变成六角形结构。上述两种脱水条件都会使膜蛋白从膜系统中游离下来,导致蛋白质变性聚合和离子泵破坏。

2.膜脂组分

高等植物膜脂中含有磷脂酰胆碱(Phosphatidyl choline,PC)(卵磷脂)、磷脂酰乙醇胺(Phosphatidyl ethanolamine,PE)(脑磷脂)、磷脂酰甘油(Phosphatidyl glycerol,PG)、磷脂酰肌醇(Phosphatidylinositol,PI)、磷脂酸(Phosphatidyl acid,PA)等磷脂(Phosphoglyceride,PL),单半乳糖二甘油酰(Monogalatosyldiglyceride,MGDG),双半乳糖二甘油酰(Digalatosyldiglyceride,DGDG)等糖脂(Glycolipid),以及少量硫脂(Sulpholipid,SL)和中性脂如胆固醇等。以植物细胞的膜脂成分与低温胁迫的关系为例,Kuiper 在苜蓿上进行了膜脂组分与抗冷性关系的研究,结果表明抗冷性强的品种叶片中 MGDG、DGDG、PC 和 PE 的含量在15~30℃下均比不抗冷品种的含量高。在低温胁迫条件下,这两个品种叶片膜脂脂肪酸配比也有明显差别,抗冷品种的 DGDG 中饱和脂肪酸含量少,不饱和脂肪酸含量多,尤其亚麻酸含量较高;而在不抗冷品种中,亚麻酸等不饱和脂肪酸的含量较低。

一般认为,膜脂种类以及膜脂中饱和脂肪酸与不饱和脂肪酸的比例与植物抗寒性、抗热性、抗旱性、抗盐性等密切相关。在正常条件下,生物膜的膜脂呈液晶态,当温度下降到一定程度时,膜脂变为晶态。膜脂相变会导致原生质流动停止,透性加大。从碳链长度来说,膜脂碳链越长,固化温度越高,相同长度的碳链不饱和键数越多,固化温度就越低。膜脂不饱和脂肪酸越多,固化温度越低,抗冷性就越强。

3.膜蛋白

逆境胁迫不仅影响膜脂组分的变化,同时也影响膜蛋白组分及活性的变化,进而影响植物的抗逆性。

以低温胁迫与膜蛋白组分或活性变化之间的关系为例,有人曾提出以膜蛋白为核心的膜冷害假说。例如甘薯块茎随着在低温(0℃)下贮藏天数的增加,线粒体膜上的膜蛋白对磷脂结合力降低,使 PC 和 LPC(脱酰磷脂酰胆碱)从膜上游离下来,进而导致线粒体膜被破坏、组织坏死。

有人提出,植物的抗逆性不仅与膜上的原有蛋白有关,而且与新产生的膜蛋白有关,即逆境胁迫可能会造成新的膜蛋白合成或是抑制原有蛋白的合成。

4.膜结合酶活性

逆境胁迫也影响膜结合酶活性的变化,进而影响植物的抗逆性。如水分胁迫降低了甘蔗叶片线粒体的膜结合酶——细胞色素氧化酶活性,耐旱性强的品种酶活性的下降速率小于耐旱性弱的品种,而叶绿体膜结合酶 Mg^{2+}-ATPase 和 Ca^{2+}-ATPase 活性,其中耐旱性强的品种酶活性的增加幅度大于耐旱性弱的品种。由于膜流动性和透性的变化,膜结合酶活性也相应发生变化。

(二)逆境下膜的代谢变化

1.膜脂过氧化作用

膜脂过氧化作用是自由基(如超氧阴离子自由基 O_2^-,羟自由基·OH)对类脂中的不饱和脂肪酸的氧化作用过程,结果产生对细胞有毒性的脂质过氧化物。膜脂过氧化过程中的中间产物——自由基能够引发蛋白质分子脱去 H^+ 而生成蛋白质自由基(P·),蛋白质自由基与另一蛋白质分子发生加成反应,生成二聚蛋白质自由基(PP·),依次对蛋白质分子不断地加成而生成蛋白质分子聚合物,这是膜脂过氧化造成细胞膜损伤的一方面。另一方面膜脂过氧化的产物丙二醛与蛋白质结合使蛋白质分子内和分子间发生交联,这样细胞膜上的蛋白质和酶由于发生聚合和交联,空间构型发生改变,从而使其功能或活性也发生改变。最终使膜的结构与功能发生变化,导致细胞损伤甚至细胞死亡。

细胞膜是磷脂和蛋白质的混合体,不饱和脂肪酸含量较多,加之在膜的结构中非极性区氧的溶解度较大,因而膜中局部氧浓度较高,超氧自由基较易产生,当活性氧产生过多或抗氧化防御系统作用减弱时,体内活性氧大量积累,最终引发膜脂过氧化。

2.活性氧对细胞膜的损伤

从某种意义上说,细胞的基本结构是一个生物膜体系。许多生命活动和生理功能都是在生物膜上进行的或与之密切相关。细胞膜担负着溶质进出细胞的运转和对细胞环境变化的信号发生感应与传导。故生物膜的稳定性是细胞执行正常生理功能的基础,尤其是在逆境胁迫下,细胞膜的稳定性直接关系植物的抗逆程度。

普遍认为环境引起的活性氧自由基的累积与膜伤害有密切关系。Dhindsa 用耐旱(*Tortula ruralis*)和不耐旱(*Cratoneuron filicinum*)两种苔藓进行干旱处理后发现,干旱引起膜透性的增加与膜脂过氧化水平之间存在着很好的正相关;植物组织的耐旱性与其控制膜脂过氧化能力呈直接相关,抗旱性强的组织膜脂过氧化水平低。也有实验结果表明,干旱胁迫处理后,不同抗旱性小麦叶片中超氧化物歧化酶(SOD)、过氧化氢酶(CAT)和过氧化物酶(POD)活性与膜透性及膜脂过氧化水平之间存在着负相关。小麦幼苗中 SOD 活性高低与组织耐脱水力之间存在着正相关。

在正常情况下,细胞内活性氧的产生和清除处于动态平衡状态,活性氧水平很低,不会伤害细胞。可是当植物受到胁迫时,活性氧累积过多,这个平衡就被打破。活性氧伤害细胞的机理在于活性氧导致膜脂过氧化,SOD 和其他保护酶活性下降,同时还产生较多的膜脂过氧化产物,膜的完整性被破坏。其次,活性氧积累过多,也会使膜脂产生脱酯化作用,磷脂游离,膜结构被破坏。膜系统的破坏可能会引起一系列的生理生化紊乱,再加上活性氧对一些生物功能分子的直接破坏,这样植物就可能受到伤害,如果胁迫强度增大,或胁迫时间延长,植物就有可能死亡(图1-6)。

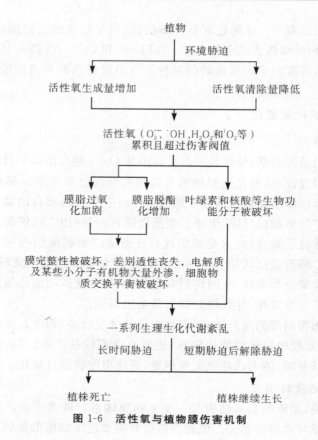

图 1-6　活性氧与植物膜伤害机制

3.膜透性的改变

细胞质膜是细胞与环境之间的临界面,各种逆境对细胞的影响首先作用于质膜,逆境胁迫对质膜结构和功能的影响通常表现为选择透性的丧失,电解质与某些小分子有机物质大量外渗,叶片质膜透性往往随胁迫的加剧而不断增大。干旱胁迫下苔藓和小麦膜透性的增加与膜脂过氧化产物丙二醛(MDA)含量的增加呈明显正相关。涝渍导致玉米叶片 MDA 含量增加,当 MDA 含量积累到一定程度时,细胞电解质外渗剧增。逆境胁迫所引起的膜脂过氧化均使植物细胞质膜透性增大。膜脂过氧化引起膜透性增加的直接原因可能是脂类性质的改变,间接的原因可能是膜蛋白在过氧化过程中受到伤害。

4.膜流动性的变化

正常功能的生物膜应处于一种流动的液晶态,膜的流动性保证了膜的能量转换、物质运输、信息传递和代谢调节等过程的正常进行。影响膜流动性的因素很多,如膜脂的分子运动、膜脂极性基、脂肪碳链不饱和度和膜蛋白等。膜脂过氧化会引起膜中蛋白质的聚合和交联以及膜中类脂的变化而损伤生物膜。水分胁迫下甘蔗叶片膜脂不饱和度的降低与膜脂过氧化的加剧密切相关,因而可以认为,膜脂过氧化引起的膜脂不饱和度的降低可能是引起膜流动性降低的重要因素。此外,甘蔗叶绿体和线粒体对水分胁迫和外源 O_2^- 处理的敏感性的一致性,以及水分胁迫和外源 O_2^- 处理引起的线粒体膜脂过氧化和膜流动性变化之间的相关性,都表明活性氧自由基积累是水分胁迫引起植物线粒体伤害的一个重要原因。

四、渗透调节与植物抗性

(一)渗透调节的概念

渗透胁迫(Osmotic stress)是指环境的低水势对植物体产生的水分胁迫,包括土壤干旱、盐渍等,低温和冰冻也会对细胞产生渗透胁迫。在渗透胁迫下,植物细胞失水,膨压减小,生理活性降低,严重时细胞完全丧失膨压,最后导致细胞死亡。

多种逆境都会对植物产生水分胁迫。水分胁迫时植物体内积累各种有机和无机物质,以提高细胞液浓度,降低其渗透势,这样植物就可保持其体内水分,适应水分胁迫环境。这种由于提高细胞液浓度,降低渗透势而表现出的调节作用称为渗透调节(Osmotic adjustment)。渗透调节是在细胞水平上进行的。

在一定范围内,某些植物细胞可通过自身的渗透调节作用抵御外界的渗透胁迫。渗透调节是植物的一种适应渗透胁迫的生理生化机制,它通过主动增加细胞内溶质的作用,降低渗透势来促进细胞吸水从而维持细胞的膨压。植物是否具有渗透调节能力最主要的标志就是细胞有无主动增加溶质的能力,渗透调节能力的强弱也可以通过细胞膨压的变化来衡量(图 1-7)。

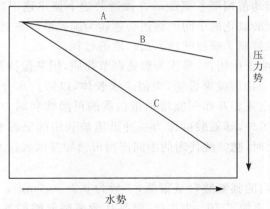

A.植物有较强的渗透调节能力;B.植物有一定的渗透调节能力;C.植物没有渗透调节能力

图 1-7　渗透调节与水势和压力势的关系

(二)渗透调节物质

渗透调节物质的种类很多,大致可分为两大类。一类是由外界进入细胞的无机离子,另一类是在细胞内合成的有机物质。

1.无机离子

逆境下细胞内常常累积无机离子以调节渗透势,特别是盐生植物主要靠细胞内无机离子的累积来进行渗透调节。无机离子的种类和累积量因植物物种、品种和器官的不同而有差异。如野生种番茄与栽培种相比,前者能积累更多的 Na^+、Cl^-;圆葱不积累 Cl^-,而菜豆和棉花则积累 Cl^-。K^+、Na^+、Ca^{2+}、Mg^{2+}、Cl^-、SO_4^{2-}、NO_3^- 对盐生植物的渗透调节贡献较大。在中度水分胁迫下完全展开的高粱叶子,积累的无机离子主要为 K^+、Mg^{2+};完全展开的向日葵叶子主要积累 K^+、Mg^{2+}、Ca^{2+}、NO_3^-;部分展开的向日葵叶子在严重水分胁迫下,则主要积累 Cl^- 和 NO_3^-。

逆境下有关细胞内无机离子累积作为渗透调节物质的报道有很多。特别是盐生植物主要靠细胞内无机离子的累积进行渗透调节。

植物对无机离子的吸收是主动过程,细胞中无机离子浓度可大大超过外界介质中的浓度。在小麦和燕麦中发现,这种吸收和积累与ATP酶的活性有关,ATP酶活性大,吸收和累积在细胞中的无机离子就多。无机离子进入细胞后,主要累积在液泡中,细胞质中的浓度仅为液泡的$1/3 \sim 1/2$。有人在研究轮藻时发现,处于不同离子浓度溶液中的轮藻,通过渗透调节后,虽然细胞质和液泡的渗透势一样,但两者中的无机离子浓度不同,细胞质中明显低于液泡。因此无机离子主要作为液泡中的渗透调节物质。

2.脯氨酸

脯氨酸(Proline,Pro)是最重要和有效的有机渗透调节物质。几乎所有的逆境,如干旱、低温、高温、冰冻、盐渍、低pH、营养不良、病害、大气污染等都会造成植物体内脯氨酸的累积,尤其干旱胁迫时脯氨酸累积最多,可比处理开始时含量高几十倍甚至几百倍。

脯氨酸主要有两个来源,一是谷氨酸,二是鸟氨酸,分别由不同的酶参与催化。在逆境下脯氨酸累积的原因主要有三:一是脯氨酸合成加强。标记的谷氨酸在植物失水萎蔫后能迅速转化为脯氨酸,高粱幼苗饲喂谷氨酸后在渗透胁迫下能迅速形成脯氨酸。二是脯氨酸氧化作用受抑,而且脯氨酸氧化的中间产物还会逆转为脯氨酸。三是蛋白质合成减弱,干旱抑制了蛋白质合成,也就抑制了脯氨酸掺入蛋白质的过程。

脯氨酸在抗逆中有两个作用:一是作为渗透调节物质,用来保持原生质与环境的渗透平衡。它可与胞内一些化合物形成聚合物,类似亲水胶体,以防止水分散失;二是保持膜结构的完整性。脯氨酸与蛋白质相互作用能增加蛋白质的可溶性和减少可溶性蛋白的沉淀,增强蛋白质的水合作用。另外,脯氨酸可作为一种迅速被利用的氮源和碳源,是沟通C/N代谢和渗透胁迫的桥梁;同时,脯氨酸代谢的中间产物可诱导基因表达及降低渗透胁迫所造成的氧损伤作用。

正常情况下植物体内的脯氨酸含量很低,一般为$0.2 \sim 0.7$mg/g干重,缓慢失水时可增加到$40 \sim 50$mg/g干重,增加了$70 \sim 200$倍,但是从游离脯氨酸的绝对量来看,仍只有几十个$\mu mol/g$鲜重,如果它散布在细胞或液泡内,那么它的渗透调节作用是非常有限的,因而倾向于把它看作一种局限于细胞质中的渗透调节物质。有人用甜菜贮藏根组织为材料研究发现,脯氨酸在细胞质和液泡中的分布是不均等的,细胞质中脯氨酸含量与液泡中含量的比值为$15 \sim 98$。细胞质中的脯氨酸含量远比液泡中的高,因而脯氨酸是细胞质的主要渗透调节物质(Cytoplasmic osmoticum)。

脯氨酸有很强的溶解度[162.3g/100g(H_2O),19℃],是一种偶极含氮化合物,在生理pH范围内不带静电荷,对植物无毒害作用,浓度达600mmol/L时对离体酶活力无抑制作用。它是氨基酸中最为有效的渗透调节物质。脯氨酸的渗透调节作用除保持细胞与环境渗透平衡防止水分散失外,还可能直接影响蛋白质的稳定性,对蛋白质起到一定的保护作用;与细胞内的一些化合物形成聚合物,类似亲水胶体,有一定的保水作用。

除脯氨酸外,其他游离氨基酸和酰胺也可在逆境下积累,起渗透调节作用,如水分胁迫下小麦叶片中天冬酰胺、谷氨酸等含量增加,但这些氨基酸的积累通常没有脯氨酸显著。逆境下植物体内游离氨基酸增加可能包括蛋白质的分解加强而合成受到抑制;从植物体其他部分输入氨基酸等。

3.甜菜碱

甜菜碱(Betaines)是细胞质渗透物质,也是一类季铵化合物,化学名称为 N-甲基代氨基酸,通式为 $R_4 \cdot N \cdot X$。植物中的甜菜碱主要有 12 种,其中甘氨酸甜菜碱(Glycinebetaine)是最简单也是最早发现、研究最多的一种,丙氨酸甜菜碱(Alaninebetaine)、脯氨酸甜菜碱(Prolinebetaine)也都是比较重要的甜菜碱。植物在干旱、盐渍条件下会发生甜菜碱的累积,主要分布于细胞质中。在正常植株中甜菜碱含量比脯氨酸高 10 倍左右;在水分亏缺时,甜菜碱积累比脯氨酸慢,解除水分胁迫时,甜菜碱的降解也比脯氨酸慢。如大麦叶片受到水分胁迫 24h 后甜菜碱才明显增加,而脯氨酸在 10min 后便积累。

甜菜碱在植物的渗透调节中具有重要作用。它有很强的溶解度[157g/100g(H_2O),19℃],在生理 pH 范围内不带静电荷,对细胞无毒害,浓度高到$(0.5\sim1.0)\times10^3$ mmol/L 时对苹果酸脱氢酶无抑制作用,而且可消除 NaCl 对某些酶的抑制作用。有不少证据直接或间接证明甜菜碱主要分布于细胞质中,与脯氨酸一样,也称为细胞质渗透物质。如液泡化程度低的组织中甜菜碱含量高,完整液泡分离技术证明甜菜碱在细胞质中含量要高于液泡中,组织化学技术证明甜菜碱高度集中在细胞质中。

4.可溶性糖

可溶性糖是另一类渗透调节物质,包括蔗糖、葡萄糖、果糖、半乳糖等。比如低温逆境下植物体内常常积累大量的可溶性糖。

逆境下植物体内可溶性糖增加的原因可能有,大分子碳水化合物的分解加强而合成受到抑制,蔗糖合成则加快;光合产物形成过程中直接转向低分子量的物质蔗糖等,而不是淀粉;从植物体其他部分输入有机溶质糖等。

在一种天然的 C_4 植物狗尾草(*Setaria sphacelata*)中,研究其在快速和慢速缺水条件下光合作用过程中碳水化合物的成分及含量变化,发现在短期胁迫条件下,蔗糖和淀粉含量减少,而在长期胁迫下,可溶性糖含量增加,淀粉含量减少。代谢向蔗糖的转换可能是由于淀粉的合成和降解比蔗糖的合成和降解更易受到影响。海藻糖是一种非还原性糖,存在于细菌、藻类和一些对缺水耐受能力强的植物中。用转基因技术在水稻中过量表达海藻糖后,植株可获得耐受多种胁迫的能力。在转基因植物中,适量增加海藻糖含量可增加其在胁迫条件下的光合速率,并降低光合氧损伤程度,这可能是其本身具有可逆的吸水能力,从而保护了生物分子免受缺水胁迫的损伤之故,而低水平的海藻糖可能是受特异的海藻糖酶的作用而降解,下调海藻糖酶的表达水平可增加海藻糖的积累。

5.多元醇

多元醇也是一类渗透调节物质。多元醇具有多个羟基,亲水性强,在细胞中积累,能有效维持细胞的膨压,包括甘露醇、山梨醇、肌醇等。许多研究表明高含量的多元醇在植物抵御干旱、高盐中发挥了渗透调节作用。甘露醇是一种在盐和水胁迫下积累的糖醇,可减轻非生物胁迫对植物所造成的危害。表达大肠杆菌甘露醇-1-磷酸脱氢酶基因 *MtID* 的转基因小麦对水和盐胁迫的耐受能力显著提高,且此转基因小麦在产量、植物干重及分蘖数上都有显著提高。

如甘露醇可作为·OH 的有效清除剂,叶绿体中甘露醇的存在,可以通过清除·OH 而使植物免受氧化伤害,甘露醇对植物的保护作用可能是保护敏感的巯基调节酶,如磷酸核酮糖激酶、硫氧还蛋白、铁氧还蛋白等。植物体内·OH 的增加在破坏的组织内引发植物抗毒素的合成,而山梨醇、甘露醇、肌醇等均是·OH 的高效清除剂。

6.渗透调节物的共性及作用

渗透调节物质种类虽多,但它们都有如下共同特点:分子量小、易溶解;有机调节物在生理 pH 范围内不带静电荷;能被细胞膜保持住,引起酶结构变化的作用极小;在酶结构稍有变化时,能使酶构象稳定,而不至于被破坏;生成迅速,并能累积到足以引起渗透调节的量。

渗透调节是植物对逆境适应性的一种反应,不同植物对逆境的反应不同,因而细胞内累积的渗透调节物质也不同,但都在渗透调节过程中起作用。

必须注意的是,参与渗透调节的溶质浓度的增加不同于通过细胞脱水和收缩所引起的溶质浓度的增加,也就是说渗透调节是每个细胞溶质浓度的净增加,而不是由于细胞失水、体积变化引起的溶质相对浓度的增加。虽然后者也可以达到降低渗透势的目的,但是只有前者才是真正的渗透调节。在生产实践中,常常用外施渗透调节物的方法来提高植物的抗性。

(三)渗透调节的生物学效应

1.渗透调节的方式

植物细胞的水势通常由几个组分组成,即:$\Psi_w = \Psi_s + \Psi_p + \Psi_m$。方程式中 Ψ_w 为水势,Ψ_s 为渗透势,Ψ_p 为压力势(膨压),Ψ_m 为衬质势。Ψ_m 除了在干组织或干种子中外,一般极小,故不予考虑。在正常情况下 Ψ_w 和 Ψ_s 均为负值,植物体内水分运输的方向是从高水势到低水势。在水分胁迫下,植物既要从水势变低的介质中继续吸水以维持体内水分平衡,又要维持压力势基本不变以保证体内生理生化过程的正常运转,所以通过降低渗透势来进行调节就是极其重要的一种方式。根据渗透势的含义,渗透势决定于一定体积溶液中溶质的质点数。因而降低渗透势在植物体内可通过三个途径达到:一是细胞内水分减少,二是细胞体积减少,三是细胞内溶质增加。实际上植物体内这三个途径是共存的,但只有通过代谢活动使细胞内溶质主动增加才是渗透调节,许多植物都有这种调节能力,如小麦、玉米、高粱、水稻、棉花、向日葵、桃、苹果、柑橘等。

植物渗透调节作用的存在,可以在一定范围内维持细胞的膨压和一定的含水量,这对蒸腾作用、光合作用、呼吸作用、细胞生长、细胞膜运输、酶活性都是十分重要的。但是渗透调节作用具有一定的局限性,主要表现在渗透调节作用的暂时性、调节幅度的有限性,此外,植物渗透调节能力的表达还需要逐步的诱导,将植物突然置于高强度的渗透胁迫下植物表现不出渗透调节能力(渗透休克)。

2.渗透调节与维持细胞膨压

渗透调节的主要生理作用就是完全或部分地维持细胞膨压,从而有益于其他生理生化过程。水稻在慢速干旱条件下,尽管植物组织的水势下降,但由于渗透调节的结果,叶片膨压并未发生变化,苹果在 7~9 月份渗透势下降约 0.3MPa,但膨压不因水势下降而变化,仍保持正常。通过渗透调节维持膨压也表现在叶子水分状况的日变化中,玉米叶片膨压在水分胁迫下随着叶子水势的变化而每天周期性变化($\triangle \Psi_w = 0.99MPa$),叶组织渗透势也伴有周期性变化($\triangle \Psi_s = 0.66MPa$),从而完全或部分地维持细胞的膨压。

3.渗透调节与细胞持续生长

膨压对细胞生长具有关键性作用,由于在水分胁迫下通过渗透调节可能维持膨压,因而能保持细胞的持续生长。在土壤机械阻力相似,土壤水势为 -0.1MPa 和 -0.8MPa 时,因为渗透调节维持膨压的结果,使小麦苗根系的伸长生长基本相同,玉米、大豆的根系也有类似现象。在渗透胁迫下绿豆幼苗上胚轴的生长与细胞有效渗透势(即对生长起作用的渗透势)之间有较高的相关性。在缓慢干旱处理下玉米叶片成熟部分由于渗透调节渗透势下降,可延缓玉米叶片伸长速率的下降。Hsiao 等指出膨压为细胞扩大生长提供驱动力,并发现膨压与细胞扩大生长呈线性关系。Meyer 和 Boyer 指出渗透调节有助于水分胁迫下植物缓慢生长的维持,能使细胞的扩大和生长继续进行。

4.渗透调节与气孔导度和光合作用

光合作用是受水分胁迫影响最明显的生理过程之一。水分胁迫下光合速率的下降受气孔因素和非气孔因素双重限制。渗透调节对光合作用的调节可通过气孔因素以及与膜有关的电子传递过程即非气孔因素的影响而实现。其作用机制如下:①渗透调节能力的提高导致气孔有效关闭时水势下降;②渗透调节可使植物维持适度气孔导度和蒸腾速率;③渗透调节还可使植物叶片维持较高的光合电子传递能力,维持 RuBP 羧化酶/加氧酶和叶绿体光合能量转换系统的活性;④在缓慢的水分胁迫下,通过渗透调节维持膨压保护 PSⅡ,维持类囊体的稳定性,有利于光合作用的正常进行;⑤渗透调节通过维持细胞内的水分状况,保持叶绿体体积的相对稳定来维持光合作用。

水分胁迫导致叶片水势降低,而渗透调节可通过维持膨压使植物叶片维持一定的气孔导度,有利于叶肉细胞间隙 CO_2 含量保持较高水平,从而避免或减小光合器官受到的光抑制作用。如干旱条件下渗透调节能力强的高粱品种比调节能力弱的品种气孔关闭时的叶水势值低 0.6MPa,可在较长时间内维持一定的气孔导度,有利于光合过程的正常进行和碳水化合物的积累。

5.渗透调节与抗氧化作用

渗透调节和抗氧化能力的提高是植物在逆境下得以生存的两种重要机制。许多渗透调节物质对活性氧的产生及清除有一定的影响,如脯氨酸、甘露醇有清除活性氧的能力,Ca^{2+}能提高清除酶的活性。钙在稳定细胞膜和增强细胞对胁迫环境的抵抗力方面的作用,以及糖类对细胞的作用早已得到肯定。

叶绿体中甘露醇的存在,可以通过清除·OH 而使植物免受氧化伤害,甘露醇对植物的保护作用可能是保护敏感的疏基调节酶,如磷酸核酮糖激酶、硫氧还蛋白、铁氧还蛋白等。研究受锌胁迫的芥菜和绿豆的结果证实,锌含量高时,植物体内自由基的产量增加,脯氨酸同时大量积累,脯氨酸的积累与自由基的非酶清除有一定的相关性,离体线粒体中,脯氨酸可减少高光强诱导下自由基的产生。水分胁迫下,·OH 可引起水稻幼苗体内脯氨酸大量积累,积累的脯氨酸有明显的抗氧化作用。

6.渗透调节与其他生理过程

渗透调节与卷叶(Leaf rolling)的关系被许多研究者重视。水稻在干旱胁迫下由于渗透调节作用,卷叶推迟,能维持叶片较好的气体交换,从而延缓叶片的死亡;小麦通过渗透调节,卷叶也推迟,维持较好的气体交换及其他生理过程继续进行或在较高水平上进行,有助于抗旱能力的提高。

此外,渗透调节对其他生理生化过程也有一定的作用,如蒸腾作用、呼吸作用、酶活性和膜透性等方面的调节。

虽然渗透调节能维持一些基本生理生化过程的持续进行,但调节幅度是有一定限度的,并不能完全维持这些过程。即使在能进行渗透调节的水势变化范围内，水分胁迫的影响仍是存在的，如生长速率下降，气孔扩散导性变小和光合速率下降等。

五、细胞程序性死亡与植物抗性

(一)细胞程序性死亡的概念和意义

1. 细胞程序性死亡的概念

细胞衰老死亡是细胞生命活动的必然规律。细胞的死亡可以分为两种形式：一种是坏死或意外性死亡(Necrosis 或 Accidental death)，它一般是物理、化学损伤的结果，即细胞受到外界刺激，被动结束生命；另一种死亡方式称为程序性死亡(Programmed cell death，PCD)，这是一种主动的、为了生物的自身发育及抵抗不良环境的需要而按照一定的程序结束细胞生命的过程，因此，PCD 是生命活动不可缺少的组成部分。在 PCD 发生过程中，一般伴随有特定的形态、生化特征出现，此类细胞死亡被称为凋亡(Apoptosis)。当然，也有的细胞在 PCD 过程中并不表现出凋亡的特征，这一类 PCD 被称为非凋亡的程序性细胞死亡(Non-apoptotic programmed cell death)。

PCD 与通常意义上的细胞衰老死亡不同，它是多细胞生物中一些细胞所采取的一种自身基因调控的主动死亡方式。它与细胞坏死的形态特征也截然不同，其最明显的特征是细胞核和染色质浓缩，DNA 降解成寡聚核苷酸片断，细胞质也浓缩，细胞膜形成膜泡，最后转化成凋亡小体(Apoptotic body)。细胞凋亡的典型形态和生化特征还包括核降解以及出现 DNA 梯状条带(DNA ladder)等。

在形态上，发生 PCD 的细胞先以细胞质和细胞核浓缩、染色质边缘化为特征，随后由膜包围 DNA 片段而形成凋亡小体。在生化上，PCD 与信号传导有关，信号分子可能是蛋白质、激素、过氧化物、无机离子等化学成分，发生 PCD 的细胞表现为被诱导产生核酸内切酶，核 DNA 从核小体间降解断裂，产生带有 3'-OH 端的、大小不同的寡聚核小体片段，这些片段在凝胶电泳上可以见到以 140 bp 倍增的"梯状"DNA 条带。在遗传上，PCD 受到基因有序活动的控制，需要特定基因的转录和蛋白质合成，并可被特定基因表达所控制。

植物细胞程序性死亡主要发生在细胞分化过程中，如维管系统的发育，性别发生过程中某些生理器官的败育，导致单性花的形成。在发生过敏反应时，细胞程序性死亡可在感染区域及其周围形成病斑(Lesion)，从而防止病原体的扩散。

PCD 是高等生物体内广泛存在的一种能够及时清除不需要的细胞和可能有害机体的细胞的机制。在植物中，PCD 是植物发育及对环境应答反应过程中的一个重要组成部分，可保证植物正常生长发育，维持内环境的相对稳定，更好地适应生存环境，减轻不利条件下对植物的整体损伤。

不同浓度和不同强度的胁迫，会使植物产生不同的反应。一般来说，中等浓度和强度的胁迫使植物发生 PCD 的概率较大，低浓度和强度的胁迫不会引起植物的 PCD，高浓度和强度的胁迫会直接导致植物细胞的坏死。这是因为在诱导过程中，存在一个阈值(Stress threshold)，当伤害强度超过这一阈值时，就会诱发 PCD。

2.胁迫下细胞程序性死亡的意义

无论在植物的生殖过程中，还是在植物营养体的生长发育过程中都有许多细胞发生自然死亡。这一过程是由细胞内已存在的、由基因编码的代谢过程控制的。如籽粒糊粉层细胞的退化消失、根冠细胞的死亡、导管分子的形成、花的发育、大小孢子的形成与发育、雌雄配子体的发育、胚的发育等都是 PCD 的结果或有 PCD 的过程，PCD 被认为是植物生长发育必不可少的生理过程。那么，逆境胁迫下植物 PCD 又有什么生物学意义呢？

植物的根固定于土壤中，其个体及其细胞不像动物细胞那样能自由运动，而它们又必须面临千变万化的环境，进化的适应性要求它们必须具有高度的可塑性。所以植物必须通过各种机制来抵御不良环境的侵害，并在这种植物与环境互作中获得了对不良环境的适应性。从进化角度来看，细胞的程序性死亡是植物在长期的逆境中获得的一种适应性机制。PCD 能被各种不良环境因子诱导并在植物的特定部位发生，很可能在植物抵御不良环境的过程中发挥着重要作用。

植物细胞程序性死亡的主要特点在于它的主动性，无疑这是植物抵抗不良环境的一种生理反应。其重要作用至少有如下几点：①割裂组织间的相互联系。受胁迫的细胞通过局部细胞死亡而主动形成一道死亡细胞屏障，避免胁迫对其他组织的进一步侵害。如在过敏性反应（HR）中，维管束鞘细胞的局部死亡，可以阻止病原菌从维管系统进入植物而产生系统扩散。在盐胁迫时，根尖细胞通过局部细胞死亡而主动形成一道死细胞屏障，阻止了盐离子进一步进入植物体的其他组织。②形成特殊的组织结构。如在水涝和供氧不足时，玉米根和茎基部的部分皮层薄壁细胞死亡，由此而形成通气组织，使植株有更多的气体通道。③有效利用和回收营养。Simpson 等发现小麦叶片衰老时谷氨酸脱氢酶、氨基转换酶和水解酶的活性都增强。大麦叶片老化时可诱导出乙醛酸循环的两种主要酶：异柠檬酸裂解酶和苹果酸合酶。叶片老化时诱导出的以及原有的部分酶活性增强，均意味着它们要参与物质的转移再分配，也可谓 PCD 的特性。死细胞的 DNA 可主动降解为核苷酸（有些蛋白质也可主动降解为氨基酸）以让植物体重新利用或用来修复逆境胁迫所带来的伤害。

细胞程序性死亡从分子角度揭示了生命调控的精细性，揭示了生命的多彩和生化过程的合理性。PCD 是植物体中受基因调控的一种既普遍又十分重要的生命现象，细胞的主动死亡有利于自身结构的优化和组织的分化。动植物 PCD 不仅在形态和生化特征上相似，在分子调控上也相似。但植物细胞与动物细胞相比，具备细胞壁、液泡和叶绿体，且植物的根固定在土壤中，必须面对多变的环境，要求具有高度的环境适应能力。因此，植物细胞可能有着更复杂和多样的 PCD 途径。可以推断越是容易发生 PCD 的植物，对外界的不良反应适应越快；具有更复杂和精密 PCD 的植物适应不良环境的能力更强。

（二）细胞程序性死亡在抗逆性中的作用

1.细胞程序性死亡与抗病性

许多植物感病后，细胞、组织、器官乃至整株植物会逐渐死亡，但是有一些细胞的死亡被认为是植物抵抗病原体进一步侵染的机制，最典型的例子就是 HR。HR 是由于病原体的一个特异无毒基因和寄主的一个特异的抗病基因之间非亲和互作而引起的。HR 表现为受病原体感染的部位迅速出现死斑，由于死亡组织的迅速水解，阻断了病原物的营养供应。同时，水杨酸（SA）合成增加，病程相关蛋白（PRs）以及植物抗毒素等抗病原物质的积累，限制了病原体的扩散，使植物整体得以保护，这已被广泛认为是植物抗病品种的一个显著特征。细胞染色反应显示 HR 中死亡的细胞都靠近维管束，表明维管束鞘细胞的死亡，对于阻止病原体进入维管系统,防止病原体的系统传播有积极意义。已有充分的证据表明,植物抗病反应中,特别是 HR 中的细胞死亡是 PCD 的一种形式。

2.细胞程序性死亡与缺氧胁迫

通气组织(Aerenchyma)是植物薄壁组织内一些气室或空腔的集合。许多水生和湿生植物在根、茎内均形成通气组织,其他植物(包括两栖类和陆生植物)在缺氧环境中也分化产生通气组织或加速通气组织的发育。通气组织被认为是氧气运入根内的通道,是对淹水缺氧逆境的良好适应。通气组织有两类,即裂生性(Schizogenous)和溶生性(Lysigenous)。前者具有种属的特异性,是成熟细胞经过有规律的相互分离形成的细胞间空腔,是许多水生植物的基本特性;后者源于一些活细胞的死亡和溶解。虽然在淹水缺氧逆境条件下,根轴皮层部分细胞自溶的过程非常复杂,甚至对接受缺氧信号的靶细胞和行将解体的细胞还难以辨认,但感受缺氧逆境后,皮层薄壁组织中只有部分细胞选择性地发生解体死亡,而周围的细胞还保持完整性,这意味着在皮层内,细胞的解体是一个调控严格的代谢过程,因此是一个程序性过程。研究已表明通气组织的形成,包括感受氧的缺乏、信号的产生、原初信号传递,进而诱导乙烯的合成,通过乙烯浓度变化引起级联反应,最终诱导细胞死亡,是一系列联系紧密而有序的过程。

3.细胞程序性死亡与干旱胁迫

用 20% 聚乙二醇(PEG 6000)模拟干旱处理苹果属植物平邑甜茶[*Malus hupehensis* (Pamp.) Rehd.]和新疆野苹果[*M. sieversii* (Ledeb) Roem.],研究干旱胁迫诱导植株的细胞程序性死亡。通过对其叶片及根系中各细胞器的超微结构分析发现,干旱胁迫诱导的新疆野苹果细胞程序性死亡有以下特点:随着干旱处理时间的延长,根系中各细胞器形态结构发生变化的时间普遍早于叶片;同是叶片,海绵组织中各细胞器形态结构发生变化的时间早于栅栏组织;同是根系,皮层细胞中各细胞器形态结构发生变化的时间普遍早于中柱细胞。

干旱胁迫下湖北海棠的根系线粒体 $\Delta\psi_m$ 缓慢降低,第 6d 后急剧下降。线粒体中 H_2O_2 含量在处理的第 1~6d 里缓慢升高,第 6d 后则快速上升。$3'$-OH 末端标记法(TUNEL)原位检测显示,处理能够使根系切片上出现清晰的阳性反应斑点,且随着处理时间的延长,阳性反应斑点增多;处理第 3d 和第 6d,根系中类 Caspase-3/7 活性较低,而处理第 9d 和第 12d 类 Caspase-3/7 活性成倍升高,这表明干旱胁迫能够诱导湖北海棠根系细胞程序性死亡。

4.细胞程序性死亡与抗盐性

许多植物在盐浓度达到一定值时,会破坏根尖细胞的正常生命活动,部分细胞甚至死亡,使根尖乃至植株整体的生长受到抑制,这是一种常见的生理现象。高盐胁迫下的大麦、玉米、水稻和烟草等植物根尖分生组织死亡具有 PCD 典型的形态和生化特征,主要表现为原生质体皱褶,形态不规则;核物质浓缩和 DNA 片段化等,许多研究者认为 PCD 可能是植物抗盐的一种普遍的生理机制,其主要功能是根尖细胞通过局部细胞死亡而主动形成一道死细胞屏障,阻止了盐离子进入植物体的其他组织。

高盐胁迫下的大麦根尖分生组织细胞死亡具有 PCD 典型的形态和生化特征。对小麦根系进行渗透胁迫,在小麦叶片 DNA 琼脂糖凝胶电泳图谱上观察到明显的梯状 DNA 条带,表明处理诱发了 DNA 核小体间的断裂,末端脱氧核糖核酸转移酶介导的 TUNEL 检测出现阳性结果。这些结果表明,在诱导小麦叶片死亡过程中,有一个阶段存在明显的细胞程序性死亡过程。研究结果同时还表明在小麦叶片处于程序性死亡时期,蛋白质含量、叶绿素含量的下降和电解质泄漏率的增加都比处于坏死时期的慢。

5.细胞程序性死亡与温度胁迫

玉米根尖在4℃下处理3周后,能用常规琼脂糖电泳检测出较清晰的DNA梯状图谱,但尚有部分大片段存在。处理4周后,几乎所有的大片段都断裂成小片段。以Marker参照可以得出"梯子"是以180bp为单位组成的;以原位标记TUNEL检测,发现胁迫处理1周后,10%细胞发生凋亡,出现TUNEL阳性;2周后,25%左右的细胞出现明显的TUNEL阳性;4周后,70%细胞呈TUNEL阳性。由此可见,低温可诱导植物细胞发生PCD。

不同剂量的热激可以诱导烟草产生PCD,用TUNEL检测,烟草细胞受热激后其基因组DNA产生较多的3′-OH断裂,其中48℃4h热激处理烟草细胞凋亡率最高。这表明适当的热激处理会导致植物发生PCD。黄瓜子叶细胞热激55℃10min,可以引起PCD,并且导致细胞产生典型的形态和生化方面的变化。在热处理12h后,可以检测出明显的DNA梯状图谱。小球藻在46.5℃温度下处理1h,高分子量DNA开始降解,而持续处理24h后,仍然还可以检测出DNA片断。

6.细胞程序性死亡与营养胁迫

缺氮或缺磷可诱导玉米根系皮层细胞解体产生通气组织,缺磷的菜豆和小麦等植物的根轴内也发现了类似的现象。大量研究表明,在氮磷胁迫条件下,由于光合产物有优先向地下部供应的趋势,植物根系的相对生长量增加,从而导致对光合产物有更多的需求,以维持现有组织的正常代谢,而此时植物叶丛生长变缓,光合面积显著减小,而且叶丛的光合能力也显著减小,同化产物的供给能力明显减弱。因此,器官间对同化物的竞争更加激烈。此时部分皮层细胞解体以及通气组织的形成显著地降低了根部老组织的呼吸消耗,减缓老幼组织间对同化物的竞争,对保证幼嫩组织的正常生长,特别是根系的伸长生长有一定的作用。在皮层薄壁细胞逐渐解体形成通气组织的过程中,胞内所含的氮磷营养被运往生长旺盛部位以便循环利用,以保证植物的生长发育,在一定程度上缓解了养分的缺乏。

36μmol/L Al^{3+}胁迫玉米根尖48h,TUNEL检测呈阳性。在烟草培养细胞中Al^{3+}提高了Fe^{2+}介导的质膜脂过氧化程度,引起细胞死亡,这种细胞死亡要求较高的胞内Ca^{2+}浓度和蛋白酶活性,并产生DNA片段化,可能属于PCD。0.1~1.0mmol/L Al^{3+}处理大麦8h后,根尖细胞产生DNA片段化,但没有凋亡小体产生。

六、植物的交叉适应及逆境的相互作用

(一)植物的交叉适应现象

1.交叉适应的概念

植物存在着交叉适应(Cross adaptation)或交叉忍耐(Cross tolerances)现象,即植物经历了某种逆境后,能提高对另一些逆境的抵抗能力。这种植物对不良环境之间的相互适应作用,称为交叉适应。Levitt认为低温、高温等八种刺激都可提高植物对水分胁迫的抵抗力。现今已发现越来越多这样的案例。如缺水、缺肥、盐渍等处理可提高烟草对低温和缺氧的抵抗能力;干旱或盐处理可提高水稻幼苗的抗冷性;低温处理能提高水稻幼苗的抗旱性;外源脱落酸(ABA)、重金属及脱水处理可引起玉米幼苗耐热性的增加;冷驯化和干旱则可增加冬黑麦和白菜的抗冻性。

适度水分亏缺,可提高柑橘、黑麦、小麦、山茱萸对低温的抗性,降低菜豆对臭氧的敏感性;热激不仅提高植物的耐热性,且可诱导植物耐冷性、耐盐性、耐旱性和对重金属污染的抗性;盐胁迫预处理,可快速诱导菠菜和马铃薯耐冷性;创伤提高番茄耐冷性;低温驯化提高冬黑麦的耐热性;UV-B 照射可提高杜鹃耐冷性等。

多种逆境条件下植物体内的 ABA、乙烯含量会增加,从而提高对多种逆境的抵抗能力。高低温、渗透胁迫、盐胁迫、病原菌、紫外线辐射等都能导致植物内源一氧化氮(Nitric oxide,NO)的产生,而 NO 既作为抗氧化剂,又作为信号分子,与 ABA、乙烯(ETH)、茉莉酸(JA)和水杨酸(SA)等共同介导了植物对大多数生物性胁迫和非生物性胁迫的抗性提高作用。

逆境蛋白的产生也是交叉适应的表现。一种刺激(逆境)可使植物产生多种逆境蛋白。如一种茄属(Solanum commerssonii)茎愈伤组织在低温诱导的第 1d 产生相对分子质量为 21000、22000 和 31000 的 3 种蛋白,第 7d 则产生相对分子质量均为 83000 而等电点不同的另外 3 种蛋白。多种刺激可使植物产生同样的逆境蛋白。缺氧、水分、盐、ABA、亚砷酸盐和镉等胁迫都能诱导 HSPs 的合成;多种病原菌、乙烯、乙酰水杨酸、几丁质等都能诱导病原相关蛋白的合成。此外,脱落酸在常温下可诱导产生低温锻炼下形成的相对分子质量为 20000 的多肽。

多种逆境条件下,植物都会积累脯氨酸等渗透调节物质,植物通过渗透调节作用可提高对逆境的抵抗能力。

生物膜在多种逆境条件下有相似的变化,而多种膜保护物质(包括酶和非酶的有机分子)在胁迫下可能发生类似的反应,使细胞内活性氧的产生和清除达到动态平衡。

用人工气候箱研究干旱、低温交叉逆境下 2 个小麦品种活性氧清除系统的变化与交叉适应的关系。结果表明,经单一逆境(干旱或低温)处理后 SOD、CAT 活性和还原型谷胱甘肽(GSH)含量降低,POD 活性和抗坏血酸(AsA)含量有所升高,但总体表现出活性氧清除系统功能降低,质膜相对透性增大(膜系统受损)。但经两种逆境交叉处理后,保护酶活性及抗氧化剂含量均明显增高,质膜相对透性降低至接近正常水平。表明小麦幼苗对干旱和低温逆境存在着明显的交叉适应现象,经一种逆境处理后可提高对另一逆境的抗性。外施 ABA 同样也能明显提高逆境下小麦活性氧清除系统的功能,增强对干旱和低温逆境的抗性。

2.交叉适应的机理

交叉适应是植物应答复合逆境的主要表现形式,它涉及环境刺激、信号转导、基因表达及细胞代谢调节等。

植物产生交叉适应现象可能是因为对多种逆境有共同的抗逆机制。研究发现植物常常用共同的受体、共同的信号传递途径,传递不同的逆境信号,诱导共同的基因表达,调控共同的酶和功能蛋白,产生共同的代谢物质,在不同的时空,抵御不同的抗逆性,这可能是植物抗逆性最经济和高效的抗逆防御体系。

(1)逆境信号传递的共同途径

不同的逆境信号,常常会分享同样的信号转导途径,这也是交叉抗性产生的重要原因。可能在一种逆境下植物生长受到抑制,各种代谢速度减慢,从而减弱了其对胁迫条件的敏感性,加上基因表达的改变,故对另一种胁迫可能导致的危害有了更强的适应性。植物交叉适应与活性氧代谢、ABA 和 SA 等有着密切的关系。

大量研究表明，干旱、盐、冷、光、病原菌等胁迫都可诱导 ABA 产生，发生信号转导，同时许多逆境胁迫可以启动 Ca^{2+} 信号转导和抗氧化系统信号转导以及渗透调节等。研究表明，位于细胞膜上的受体蛋白激酶可感应干旱、高盐、低温、ABA 以及发育信号，引发一系列信号转导。已从拟南芥中分离出至少 6 种蛋白激酶基因，它们可以同时被干旱、高盐、低温、高温、ABA 或触伤等胁迫中的 3～4 种胁迫所诱导。促分裂原活化蛋白激酶（Mitogen-activated protein kinases，MAPKs）级联途径与干旱、高盐、低温、激素（乙烯、ABA、赤霉素、生长素）、创伤、病原菌以及细胞周期调节等产生的多种反应信号的传递有关。Mizoguchl 等利用酵母 Two-hybrid System 方法证明，ATMEKK1（MAPKKK 激酶）参与了拟南芥植物中传递干旱、高盐、低温以及触伤胁迫信号的 MAP 激酶级联途径，该级联途径由 ATMEKK1→MEK1（MAPKK 激酶）→ATMPK4（MAPK 激酶）组成，并证明植物与动物、酵母等真核生物一样，细胞中确实存在 MAPK 激酶级联途径，并在感受外界胁迫和信号传递中起作用。

低温、干旱锻炼和外喷 ABA 三种处理均提高了黄瓜幼苗的抗冷性和 ABA 含量，体内 ABA 含量与幼苗抗冷力呈极显著正相关，低温锻炼不仅提高了过氧化物酶活，还出现了一条新的同工酶带。这条酶带是在处理前细胞内已存在的 mRNA 上翻译而来的。

蛋白磷酸化和去磷酸化显著影响细胞的基因表达和生理代谢。在真核细胞中，MAPKs 级联途径参与细胞分化、增殖、伸长、死亡及对各种逆境的响应等几乎所有的细胞活动过程。植物对各种生物逆境或非生物逆境的响应也离不开 MAPK 级联反应。

（2）抗逆基因的多功能性

分子遗传研究表明，在玉米、水稻、番茄、烟草和拟南芥中，广泛存在多个可以调控与植物干旱、高盐及低温耐性有关的非 ABA 依赖型功能基因 *RD29A* 表达的 DREB 转录因子。利用 *RD29A* 基因启动子的 DRE 顺式作用元件和酵母 One-Hybrid 方法，在干旱、低温或高盐胁迫条件下，克隆和鉴定了调控报告基因表达的拟南芥 DREB 转录因子。被分别命名为 DREB1A-C 和 DREB2A-B。这一研究结果从分子水平上找到和证实了植物整体抗逆性的遗传机制。利用基因工程导入或增强一个控制多种抗逆性的转录因子，从而可以改良品种的多个综合性状。

有些基因与抗旱、抗盐、抗热、抗冷等有关，一个抗逆基因可以调控几种胁迫耐性。如拟南芥中的 *cor*6.6，*cor*47，*cor*15B，*lti*30，*lti*78，*lit*40，*rab*18 和 *Ccr*2；大麦中的 *blt*4，*blt*4.2，*blt*4.9；小麦中的 *Wcor*410，*Cor*39；苜蓿中的 *MasciA*，*SM*2075；马铃薯中的 *A*13，*Ci*21A，*Ci*7 等基因同时可以被低温、干旱和 ABA 诱导。拟南芥中的 *kin*2，*rad*29A，*RD*29B 基因可以被低温、干旱、ABA 和高盐 4 种胁迫所诱导。

（3）逆境产生共同的代谢物质

在各种逆境条件下，可共同产生渗透调节物质、ABA、抗氧化物质等。如渗透调节是植物抗盐的重要机制，双子叶和单子叶盐生植物的无机渗透剂 Na^+、Cl^- 的含量随盐浓度的增加而增大，只是双子叶盐生植物的增幅远大于单子叶盐生植物，因而，双子叶盐生植物的无机离子主要是 Na^+ 和 Cl^-，而单子叶盐生植物的无机离子主要是 K^+，其体内的 Na^+ 与 K^+ 比值远低于双子叶盐生植物。此外，盐生植物还能利用一些有机小分子物质来平衡细胞内外的渗透势，如脯氨酸、甜菜碱、四铵化合物、松醇、甘油醇及山梨糖醇等，这些有机渗透物质除了能调节细胞的渗透势之外，还能稳定细胞质中酶分子的构象，使其不受盐离子的直接伤害。冬小麦抗寒锻炼期间,抗寒力愈强的品种渗透势降低的幅度愈大,与渗透变化有关的可溶性糖等渗透物和水分状况均向降低渗透势的方向发展。有许多试验也证明了抗旱品种具有高的渗透调节能力。另外有大量研究表明,干旱、高盐、高温、低温等胁迫都与脯氨酸积累有关,都可以诱导产生 ABA、乙烯等激素。

干旱和高盐都可以诱导水通道蛋白的表达。许多植物在遇到干旱、高盐和寒冷等非生物胁迫时都可以引起 LEA 类蛋白的产生和积累。许多 LEA 基因也可被 ABA 调控。所以 LEA 蛋白的产生可能是植物适应各种渗透胁迫的共同机制。干旱和高温都可以诱导热激蛋白的产生,在维护干旱和高温条件下的光合能力方面有重要作用。

对狐米草（Partina patens）进行 NaCl、ABA、PEG 6000 三种处理后,在不同时间段分别收集叶片,用高盐溶液处理,进行抗胁迫相关蛋白的检测。结果表明,每种处理对狐米草各生理生化指标均有不同程度的影响,且能够使蛋白含量发生变化,其中表观相对分子量为 40.5kDa、39.5kDa、38kDa、36kDa 的蛋白与狐米草抗胁迫能力有相关性。同时证明,用低浓度盐和 ABA 处理的狐米草能不同程度地抵抗高浓度盐胁迫,存在交叉适应现象。

（4）活性氧在植物交叉适应中的作用

正常条件下,植物细胞活性氧（Reactive oxygen species, ROS）的产生和清除机制完善,可维持细胞氧化还原自稳态。逆境因子刺激植物氧化酶基因转录上调,NADPH 氧化酶活性增强,ROS 积累。

ROS 积累引发细胞凋亡和植物不可逆伤害,然而,ROS 也可以作为可扩散信号分子,调节基因表达,促进有益于植物生存的代谢过程。H_2O_2 诱导植物防卫基因如谷胱甘肽-S-转移酶（GST）和谷胱甘肽过氧化物酶（GPx）的表达,阻断大豆非致病性病原体侵染细胞与正常细胞之间的信号传导,防卫基因将无法成功表达。UV-B 处理烟草叶片,病程相关基因（PR-1）的诱导,也需要 ROS 的积累。Gong 等认为内源 H_2O_2 瞬时升高是热激诱导玉米幼苗对随后的高温、低温、干旱、盐胁迫产生交叉抗性的重要环节。通过转基因方法,使葡萄糖氧化酶超表达,或抑制过氧化物体中过氧化氢酶表达,促进细胞中 H_2O_2 积累,将提高 PR 基因和蛋白表达以及植物对病原体的抗性。烟草过氧化氢酶基因缺失突变体,叶片 H_2O_2 积累,可以系统性地诱导防卫蛋白（GPx, PR-1）表达。用联二亚苯碘（Diphenylene iodonium, DPI）抑制拟南芥 NADPH 氧化酶,GPx、PR-2 无法正常表达,并影响超敏反应和对病原菌的抗性。外源 H_2O_2 处理玉米幼苗,可诱导植株的耐寒性;用 H_2O_2 处理马铃薯外植体,与对照相比耐热性显著提高。机械伤害也可以使植物细胞 H_2O_2 水平升高,而且有人认为 H_2O_2 作为第二信使可诱导编码蛋白酶抑制子、多酚氧化酶等防卫基因的表达。因此,可能首发逆境（或原初逆境）首先刺激细胞中 ROS 积累,然后通过信号传导途径,调节抗氧化酶和病程相关蛋白等基因的表达,最终提高植物对继起逆境（或次生逆境）的抗性。

H_2O_2 与其他信号系统特别是激素信号相互作用,是激素介导的信号传导通路上的上游或下游组分;H_2O_2 影响和修饰其他第二信使,如钙信号的作用,在 H_2O_2 信号和钙信号之间发生众多的交互作用进而调节植物对多种胁迫的交互耐性。

（5）植物激素在交叉适应中的作用

ABA 与植物对多种非生物逆境的响应有关,而 SA、JA、ETH 等也是植物生物逆境信号网络的关键因素。

植物激素的合成及其介导的生理反应与植物交叉适应关系密切。9-顺式-环氧类胡萝卜素加氧酶(9-cis-epoxycarotenoid dioxygenase,NCED)催化的环氧类胡萝卜素氧化裂解被认为是 ABA 合成的限速步骤。包括干旱、盐渍等逆境因子均能上调 $AhNCED1$ 基因表达,加速 ABA 合成。$NCED$ 基因已分别从玉米突变体($vp14$)、番茄、拟南芥、葡萄、橘子、花生、蚕豆、豇豆等多种植物中获得。ABA 快速合成,兼作胞内信号和胞间信号诱导大量逆境胁迫相关基因的表达。Shen 等在拟南芥中鉴定了 245 个 ABA 诱导基因,其中 63% 的基因能被干旱诱导,52% 的基因能被高盐诱导,10% 的基因能被低温诱导;而且发现 46% 的基因能被干旱和高盐共同诱导,8% 的基因能被干旱和低温同时诱导。Seki 和 Rabbani 等运用微矩阵方法分析了 ABA 处理后拟南芥的 7000 个基因,也发现 245 个基因受 ABA 诱导,并获得 179 个 ABA 诱导基因的 cDNAs。相似结果在水稻中也得到证实。ABA 诱导基因表达产物已知的有植物凝集素、酶抑制剂、脂质体蛋白和贮藏蛋白等。

外源 ABA 的施用为阐释 ABA 在植物交叉适应中的作用提供了直接证据。外源 ABA 抑制菜豆植株 Cl^- 和 Na^+ 由根系向地上部的运输,增加大麦液泡 Na^+ 浓度,并抑制 Na^+ 在木质部的运输和经原生质膜的流入,提高细胞脯氨酸等有机可溶性小分子物质含量,改善白杨树($Populus\ alba$)的根/冠比,使植物获得耐盐性。此外,ABA 还可以提高多种植物的抗冷性,甚至在多数情况下,ABA 对抗冷性的诱导效果优于低温锻炼。可以设想,植物在原初逆境作用下,刺激 ABA 的合成代谢,使细胞 ABA 水平瞬时或持续升高,诱导多种抗性相关基因的异常表达(Ectopic expression),进而调节生理代谢,最终提高植物对继发逆境的抵抗力。

SA 不仅与植物系统获得性抗性(Systemic acquired resistance,SAR)有关,而且介导植物对许多非生物逆境的抗性,如抗盐性、耐热性、重金属污染适应性等。SA 与 CAT 结合,降低 CAT 催化活性,促进 H_2O_2 积累,但也有人认为 SA 提高细胞 H_2O_2 水平与 CAT、APX 无依存关系,而是通过提高 Cu/Zn-SOD 活性,增加 H_2O_2 产出,SA 极可能位于 ROS 上游,依赖 ROS 信号途径调节生理代谢和抗性形成。JA 及其甲酯、ETH 作为植物重要的信号组成,也广泛参与植物对多种逆境的响应,可被多种逆境因子,如创伤、臭氧、干旱、病原菌侵染等诱导,并介导 PR-10 等逆境蛋白的异常表达,提高植物对继发逆境的抗性。

在植物对逆境的应答反应中,ABA、SA、JA、ETH 的作用并不是独立的,而是存在明显的相互作用。ABA 缺陷型番茄突变体 $sitiens$ 表现为对病原菌侵染有较强的抗性,已知该抗性受 SA 介导,外源 ABA 处理降低 $sitiens$ 抗病性。突变体 $era3$(Enhanced response to ABA3)遗传分析显示 $ERA3$ 的等位基因是编码膜上二价阳离子受体的 $EIN2$(Ethylene Insensitive2),推测此位点可能是 ABA 和 ETH 作用的重要交叉点。JA 耐受型突变体($jar1$)和敏感性型突变体($jin4$)对 ABA 介导的种子萌发抑制高度敏感。ABA 与 SA、JA、ETH 之间可能存在相互制约作用。外源 ABA 处理诱导 JA、ETH 响应基因表达,而 JA、ETH 不能恢复被 ABA 抑制的防卫基因的表达。可能 ABA 位于 JA、ETH 的上游,并在激素信号转导途径中占据主导位置。

(二)逆境间的相互作用

1.逆境间相互作用的发生

植物在生长发育过程中,很少仅有一种环境因子发生变化。相反,一般是多种因子同时发生相应变化。一些因子往往是一起发生变化的,如强光和热相伴随;有些因子是独立变化的,如土壤中的重金属和空气中的臭氧。植物对单个因子的反应可能受其他因子变化的影响,逆境间的相互作用对植物的影响更为错综复杂。因此,有关植物对单个因子反应的研究常具有一定的局限性,把单个因子反应的研究结论用于综合性的、自然逆境影响的分析时必须非常谨慎。

如低温和干旱都直接抑制根系的呼吸与吸收作用,影响水分与矿质离子在体内传导。随着温度的降低和干旱程度的加重,有些元素的缺乏所引起症状也会随之发生。营养物质尤其是碳水化合物的贮备和含糖量增加是植物抗寒和抗旱性的重要内因。因此施用适当的氮、磷、钾及微量元素,都能增加植物的抗寒性和抗旱性。但如配合不当,施氮、磷肥过多,尤其是氮肥过多时,可能造成植株徒长,影响营养物质的贮备,因而更容易受到冻害和旱害。

又如研究发现,植物对低温胁迫、渗透胁迫和盐胁迫可能有共同的和交叉的途径,其过程见图 1-8。

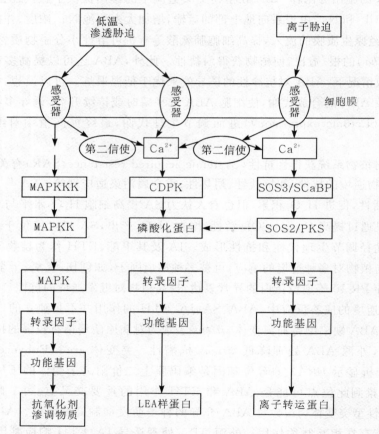

图 1-8　植物对低温、渗透胁迫和离子胁迫反应的信号转导途径

MAPKKK:促分裂原活化蛋白激酶激酶激酶;MAPKK:促分裂原活化蛋白激酶激酶;MAPK:促分裂原活化蛋白激酶;LEA:胚胎发生后期丰富蛋白;CDPK:依钙的蛋白激酶;SOS3:一种 Ca^{2+} 感受蛋白;SCaBP:SOS3 样钙结合蛋白;PKS:蛋白激酶 S。

逆境间的相互作用包括逆境间的协同互作和逆境间的拮抗互作等。

逆境间的协同互作(Synergistic interaction)是指逆境组合(Stress combination)诱导的

对植物的有害影响,比任何一种逆境单独诱导的有害影响都大。这实际上反映了多种逆境对植物造成的复合伤害。

逆境间的拮抗互作(Antagonstic interactions)是指植物对一逆境的适应或驯化可为另一种同时发生的逆境提供保护,即提高了植物对另一种逆境的抗性。这实际上就是所谓的交叉适应或交叉忍耐现象。例如,适应营养限制的植物通常有低的生长速率,相应地减少了植物对水分胁迫的敏感性。

2.逆境间的协同互作

关于逆境间的协同互作,即多种逆境对植物造成的复合伤害也有不少研究。

(1)低温和强光的复合伤害

当强光与低温等其他环境胁迫同时存在时,光抑制现象尤为重要。研究发现,当猕猴桃生长在中光[$650\mu mol/(m^2 \cdot s)$]、低温(10℃)下时,叶片遭受严重伤害,包括光致漂白(Photobleaching)、叶缘黄化、叶扩展速率下降和梢尖死亡。然而当猕猴桃生长在低光[$280\mu mol/(m^2 \cdot s)$]、低温(10℃)下时这些症状并不明显。猕猴桃在 $5\sim35$℃下均发生光抑制,但低温时光抑制最大。以粳稻9516和籼稻汕优63为试验材料,在不同温光条件下生长4d,结果表明:适温即白天温度(26 ± 1)℃、晚上(21 ± 1)℃,中等光强即 $350\sim700\mu mol/(m^2 \cdot s)$ 下两品种 F_v/F_m 和膜脂过氧化产物(MDA)水平无变化,未见光抑制和光氧化表现;适温、强光即 $1050\sim1400\mu mol/(m^2 \cdot s)$ 下两品种 F_v/F_m 下降,MDA 水平无变化,有光抑制无光氧化表现;低温即白天温度(11 ± 1)℃、晚上(10 ± 1)℃,强光下两品种 F_v/F_m 和 MDA 水平均下降,有光抑制和光氧化表现。

(2)缺水或低光和低养分的复合伤害

干旱期间,随着土壤水分下降,养分可利用性下降。因此,在养分可利用性低的环境中延长干旱会加剧养分的限制。水分胁迫也影响根蛋白的运输、抑制营养的累积。因为水分胁迫抑制土壤养分和植物养分累积过程,降低矿化(Mineralization)速率,养分限制常和水分胁迫一起发生。

研究表明,低光抑制根细胞的养分累积。低光减少植物的根/梢比,因而减少营养的累积。此外,光照减少,降低了碳水化合物从叶向根的运输,从而减少了营养累积和可利用的能量。低光下,即使组织中氮含量增加,光合作用增加很少。适应低光的植物营养累积的组织比适应高光的植物的营养组织发育差。

植物生长速率降低是植物对资源限制反应的重要适应方式之一。适应易干旱区(Drought-prone regions)或低光的植物常有低的生长速率、低的营养需要和低的营养积累潜力。因此,适应营养限制的植物可能减少对水分胁迫或低光的敏感性。相反,在水分、养分充足地区进化的植物种类将受到营养限制和水分(或光)胁迫的协同影响。

(3)高温和盐分的复合伤害

在冷凉、湿润条件下,大多数植物的耐盐性比在炎热、干旱的条件下高。如盐胁迫对生长在炎热、干旱条件下的草莓的有害影响比生长在冷凉条件下的显著,由于高温、高水蒸气压亏(Vapour pressure deficits,VPD)导致蒸发蒸腾作用(Evapotranspiration)加强,从而引起土壤盐度的增加。这些因子也影响专一盐分的伤害症状。随着晚春或初夏热而干燥的气候开始,对过量 Cl^- 或 Na^+ 累积引起的叶伤害十分敏感的木本果树常发生叶坏死。葡萄在冷凉、多云的春天,即使叶片含有引起毒害水平的 Cl^-,也不会显示叶伤害症状。虽然增加湿度也可提高耐盐性,但一般认为温度是植物对盐胁迫反应的主要因子。研究证明温度对耐盐性的影响大于相对湿度。在油梨($Persea\ americana$)上观察到遮光(Shading)可减少NaCl处理引起的叶坏死面积(Leaf necrotic area)。还发现处理树的叶温(29.2℃)比对照树的叶温(28.4℃)高,这可能与盐处理引起的气孔导度下降有关。不管是否处理,遮光叶与不遮光叶 Na^+ 或 Cl^- 浓度均无差异,说明遮光与不遮光叶坏死的不同不是由于离子浓度的变化,而是由于叶温的变化而引起的,高温可加剧盐分的危害。

(4)淹水和高温的复合伤害

高温下植株的耐涝力下降。兔眼越橘($Vaccinium\ ashei$)在较低温度的春季淹水可存活106～117d,而在温度较高的夏季淹水时则只能存活78～90d。让淹水伍达德兔眼越橘的根处于不同土壤温度(20℃、25℃和30℃)下,评价其 LD_{50}(50%的植株死亡所需天数)时发现,在所有试验中,20℃时 LD_{50} 值最大,其次是25℃,30℃时最小。可能的原因有二:第一,高温下氧在水中的溶解度低于低温下氧在水中的溶解度;第二,温度与组织的呼吸速率(Respiration rate)呈正相关,其温度系数(Q_{10}:温度每升高10℃,呼吸速率的变化值)约为2,在高温下,氧更容易耗尽。

(5)强光和矿质元素缺乏的复合伤害

矿质元素如 Mg^{2+} 的缺乏在强光下更易使植株受害。研究发现,强光下缺 Mg^{2+} 明显抑制黄瓜植株的生长,叶片中 O_2^- 产生速率、H_2O_2 和MDA含量以及SOD、AsA-POD、抗坏血酸还原酶(DR)和谷胱甘肽还原酶(GR)活性明显增加;而弱光下缺 Mg^{2+} 则对植株生长影响较小,叶片中 O_2^- 产生速率、H_2O_2 和MDA含量以及SOD、AsA-POD、DR和GR活性无明显变化,CAT的活性在各处理间均无显著差异。认为强光下缺 Mg^{2+} 对植株的伤害较大与植株体内活性氧类(AOS)的增加有关。缺 Mg^{2+} 造成强光下植物叶片中碳水化合物的积累,引起光抑制作用,使Mehler反应形成的 O_2^- 增加,造成叶绿体的光氧化伤害,也与上述的结果一致。

本章小结

逆境(胁迫)是指对植物生存与发育不利的各种环境因素的总称,可分为生物性胁迫和非生物性胁迫。植物对逆境的抵抗和忍耐能力叫植物抗逆性(抗性)。植物对逆境的适应方式是多种多样的,包括避逆性、御逆性和耐逆性。胁迫对植物的伤害可分为原初伤害与次生伤害。

在逆境条件下,环境胁迫直接或间接引起植物体发生一系列形态与细胞结构以及生理生化变化,包括有害变化和适应性变化,不同胁迫引起的变化存在一定的共性,如植物形态结构的变化、植物生理代谢的变化。植物发育阶段与抗逆性关系密切。通过锻炼可提高植物对逆境的抵抗能力,但植物抗性的强弱主要是由遗传决定的。

逆境下膜结构和组分发生变化,产生膜脂过氧化作用,活性氧对细胞膜形成损伤,膜透性与膜的流动性改变。

渗透胁迫是指环境的低水势对植物体产生的水分胁迫。植物可提高细胞液浓度,降低渗透势而进行渗透调节。渗透调节是在细胞水平上进行的。渗透调节物质可分为两大类:一类是由外界进入细胞的无机离子;一类是在细胞内合成的有机物质,后者如脯氨酸、甜菜碱、可溶性糖、多元醇等。

细胞程序性死亡与植物抗性密切相关,是植物抵抗不良环境的一种主动生理反应。

植物对逆境存在交叉适应(交叉忍耐)现象,即植物经历了某种逆境后,能提高其对另一些逆境的抵抗能力。交叉适应是植物应答复合逆境的主要表现形式,它涉及环境刺激、信号转导、基因表达及细胞代谢调节等。

复习思考题

1.试述植物逆境与抗性的概念及其类型。

2.举例分析逆境对植物的原初伤害与次生伤害。

3.逆境条件下植物形态和代谢发生哪些变化?

4.细胞程序性死亡与植物抗性有何联系?

5.简述生物膜的结构和功能与植物抗逆性的关系。

6.渗透调节物质主要有哪些? 其提高植物抗逆性的机制何在?

7.为什么植物存在交叉适应现象?

第二章　自由基与植物抗性

一、自由基与活性氧的作用

(一)自由基与活性氧

1.自由基

(1)自由基的概念

一切物质是由原子组成的,原子的中心称为原子核,核的外周分布着电子,能量低的电子靠近核,能量高的电子远离核,因此不同能量的电子分布在不同的电子轨道上,每个轨道上最多只能分布两个电子,它们自旋的方向相反,即一个是顺时针旋转,另一个必然是逆时针旋转的,它们称为成对电子(Paired electrons)。最外面的电子能量最高,称为价电子,它可以与其他原子或分子的电子连结起来成为键。形成一个共价键必须有两个电子,通常用一个黑点来表示电子,当 A 与 B 两个分子或原子形成共价键时,就可用 A∶B 来表示。

A∶B 的共价键电子本来是成对电子,当得到能量发生均裂后,A 或 B 各得到一个电子,不再成对,称为不配对电子或孤独电子(Unpaired electron)。这些单独存在的、具有不成对价电子的分子、原子、离子和基团就定义为自由基(Free radical)。可见自由基既可以是分子或原子,也可以是带有正或负电荷的离子,也可以是呈分子片段的基团,唯一的共同特征是最外层的电子不成对。

自由基的表示方式是在分子式上加一个黑点作为不成对电子。例如,氯原子($Cl\cdot$),羟自由基($\cdot OH$),超氧阴离子自由基($O_2^{\cdot-}$)和一氧化氮分子($NO\cdot$)等。有时为了更精确地表示这个不成对电子所处的确切位置,就把黑点标在贡献不成对电子的原子上,例如,羟自由基在一般情况下可以用 $OH\cdot$ 来表示,但当确切表示时就必须改为 $\cdot OH$ 或 $HO\cdot$,反映出不成对电子是由 OH 中的氧原子所贡献的,或者说不成对电子是定位在 O 原子上的。羟烷基 $R_2C\cdot OH$ 表示不成对电子定位在 C 原子上。有些自由基常不标出黑点,例如,NO 和超氧阴离子自由基,不过 $O_2^{\cdot-}$ 不标出黑点时,必须标出阴离子,如 O_2^-(本书多用这种表示方法)。

既然自由基具有不成对电子,它就很容易从周围的分子上夺到一个电子,或失去一个电子,恢复为成对电子,即变成了分子。也就是说自由基很容易还原,也很容易氧化,所以自由基本身极不稳定,寿命极短,化学活泼性很强。寿命短和活泼性强就是自由基的两大特点,它们是互相依存的。正因为如此,不论在溶液中或身体中自由基浓度总是很低的。但也有例外,有些种类的自由基很稳定,寿命很长,例如 $NO\cdot$、抗坏血酸自由基、维生素 E 自由基、酚氧基等。在 37℃条件下,单线态氧($^1O_2$)、O_2^- 和烷氧基($RO\cdot$)的半衰期为 $10^{-6}s$,$\cdot OH$ 为 $10^{-9}s$,烷基($R\cdot$)为 $10^{-8}s$,烷过氧基($ROO\cdot$)为 $10^{-2}s$,氧分子(O_2)>100s,NO 为 6~50s。

当体内物质如 H_2O_2、维生素 C 等与金属离子发生单电子氧化还原反应时,可以产生自由基。最著名和重要的是 Fenton 反应,当细胞内的过氧化氢碰到体内二价铁离子后可生成 $OH\cdot$:

$$H_2O_2 + Fe^{2+} \rightarrow OH \cdot + OH^- + Fe^{3+}$$

自由基反应可分成 3 类:抽氢、电子转移和自由基加成(表 2-1)。

表 2-1 自由基反应

1.抽氢:$A \cdot + RH \rightarrow AH + R \cdot$
$CH_3CH_2 \cdot + CH_3CH_2 \cdot \rightarrow CH_3CH_3 + CH_2 = CH_2$(歧化反应)
2.电子转移:$X \cdot^- + Y \rightarrow X + Y \cdot^-$
3.自由基加成:$X \cdot + RCH = CHR \rightarrow XRCH - CHR \cdot$
$T \cdot + T \cdot \rightarrow T_2$(终止反应)

(2)生物自由基及其特点

从化学观点来看,自由基是一些具有未成对电子的实体,其最大特点是:非常活泼,具有很强的氧化能力;不稳定,只能瞬时存在;能持续进行连锁反应。

生物自由基(Biological free radicals)除了具备一般自由基所有的以上几个特点外,它还是通过生物体自身代谢产生的一类自由基。生物自由基种类很多,但以氧自由基为主,又称活性氧,如 O_2^-、$\cdot OH$、$^1O_2$ 和 H_2O_2 等。

自由基具有很强的氧化能力,对许多生物功能分子有破坏作用,但在正常情况下,由于细胞内自由基水平很低,所以不会引起伤害。细胞为了维持正常的生命活动,自由基必须处于一个低水平,细胞内存在着自由基清除系统,在正常情况下细胞内自由基的产生与清除处于一种动态平衡状态,一旦这种平衡受到破坏,就可能产生伤害作用。

植物组织中氧自由基的产生是多途径、多渠道的。主要可以分为:分子氧单电子还原过程中产生、某些酶催化产生和某些生物物质自动氧化产生。

分子氧具有顺磁性,这是它与其他气态分子的最大区别之一。每个氧原子外层有 6 个电子,氧分子有 12 个电子,其中 10 个电子填满了 5 个轨道,余下的 2 个电子各占据一个轨道且其自旋方向相同,表明分子氧具有不配对电子,这也就是分子氧的顺磁性。这种特性决定了分子氧不可能同时接纳两个电子。

这种电子自旋方向的限制,可以通过一次加一个电子而避开,这就是分子氧的单电子还原。它可以通过某些含有 Fe^{2+} 或含有 Cu^{2+} 的氧化酶催化进行,也可以在某种特定条件下由电子传递链将电子传递给分子氧而进行,两种情况都可能产生 O_2^-。例如,当植物在光照充足、CO_2 同化速率很慢且 $NADP^+$ 供应不足时,光合链 PSI 还原端的组分就将电子传递给分子氧产生 O_2^-。分子氧的单电子还原不仅能产生 O_2^-,而且也能产生其他自由基,如 $^1O_2$、$\cdot OH$ 和 H_2O_2 等。

已经证明有些酶能催化产生自由基。在有氧情况下,黄嘌呤氧化酶系统能导致脂类过氧化,向该系统中加入 SOD 或 CAT 时,脂类的过氧化反应受到抑制,表明至少 O_2^- 和 H_2O_2 是在该系统中产生的。

许多生物分子自动氧化(Autooxidation)也能产生 O_2^-,如氢醌、儿茶酚胺、硫醇和还原铁氧还蛋白等。

目前研究人员对植物细胞中产生自由基的部位及细胞器也进行了大量的研究。细胞壁在木质化及解体过程中产生 H_2O_2 和 O_2^-,而且这些过程需要不同类型的 POD 参与。考虑到吞噬细胞(Phagocytic cell)通过产生大量自由基破坏细菌质膜从而杀死细菌的机制,人们由此认为细胞壁中自由基的产生可能与防止寄生菌的侵染有关。过氧化物酶体通过乙醇酸

氧化产生 H_2O_2 早已是众所周知,但至今尚没有事实表明过氧化物酶体能产生 O_2^-,因为还没有在这类细胞器中观察到 SOD 活性。植物线粒体能在消耗 NADH 的同时产生 H_2O_2 和 O_2^-。相对来说,人们对叶绿体中自由基的机制了解得比较清楚。叶绿体为既能产生 O_2 同时又能消耗 O_2 的细胞器。有实验证明微粒体和细胞核也能产生自由基。

2. 活性氧

当地球上尚未出现氧时,原始生物是由糖的酵解获得能量的,1 分子葡萄糖经酵解产生 2 个 ATP。当地球上出现氧后,生物呼吸以氧为最终电子受体,1 分子葡萄糖经氧化可产生 36 个 ATP,所得能量比酵解时多了 17 倍。原始的单细胞生物由此得以利用较多的能量进化成复杂的多细胞生物。生物进化得益于氧,但也为此付出了代价,使生物体生成了活性氧。进入机体的氧 95% 以上转化成能量后,自身还原成水,但还有不到 5% 的氧还原成活性氧。

从氧衍生出来的自由基及其产物称为活性氧。活性氧有时也叫作氧自由基(Oxygen radicals 或 Oxy radicals),显然这是不确切的称呼,因为其中不少物质不是自由基而是普通分子,不过一些文献中还在沿用这个名称。

在氧还原成水的过程中必然要接受电子,一共要接受 4 个电子。由于氧分子的电子排布的特性,它不能同时接受 4 个电子一步就还原成水,而必须每次接受一个电子经过四步反应才能还原成水,从而产生了 3 个中间产物,它们依次为超氧阴离子自由基、H_2O_2 和 $\cdot OH$:

$$O_2 + e^- \rightarrow O_2^-$$
$$O_2^- + e^- \rightarrow H_2O_2$$
$$H_2O_2 + e^- \rightarrow H_2O + \cdot OH$$
$$\cdot OH + e^- \rightarrow H_2O$$

其中 H_2O_2 不是自由基,而是普通分子。

活性氧还包括脂质过氧化物(RO^-,ROO^-,$ROOH$)、$^1O_2$、臭氧(O_3)、氮氧化物($NO\cdot$,$NO_2\cdot$,HNO_2 等)。

活性氧在植物体内的性质极活泼,既可作为氧化剂也可作为还原剂参与许多重要的生化反应过程。其中,O_2^- 还能发生歧化反应——自身的氧化还原反应,即两个 O_2^- 相互作用,一个失去电子,另一个获得电子,在有 SOD 存在时这个反应进行得很快:

$$O_2^- + O_2^- + 2H^+ \rightarrow H_2O_2 + O_2$$

植物体内活性氧主要是在叶绿体和线粒体中产生的。此外,内质网、乙醛酸体、质膜、过氧化物酶体、细胞壁等也可产生活性氧。

如细胞质膜氧化还原系统是产生 H_2O_2 的重要部位。H_2O_2 在质膜上可以通过以下途径形成:细胞分泌出苹果酸,在细胞壁苹果酸脱氢酶的催化下,将辅酶Ⅰ(NAD^-)还原为还原型辅酶Ⅰ(NADH),后者在质膜 NADH 氧化酶的作用下,与氧反应生成 H_2O_2。另一条途径是在缺铁状态下,POD 活性下降,但是铁还原酶能力剧增,在质膜外表面,电子传递还原氧生成超氧化物阴离子自由基,Fe^{3+} 还原生成 Fe^{2+},超氧化物阴离子自由基和 Fe^{2+} 可以直接通过 SOD 发生歧化反应生成 H_2O_2;也可以先由 Fe^{2+} 与 O_2 反应生成超氧化物阴离子自由基,然后超氧化物阴离子自由基再与 Fe^{2+} 反应形成 H_2O_2。

(二)活性氧对植物的作用

植物生命活动中不可避免要产生活性氧,它的产生对植物既有消极的、有害的一面,又有积极的、有益的一面,对其伤害作用研究得较为广泛和深入。

1.活性氧对植物的伤害作用

(1)细胞结构和功能受损

高氧环境诱导活性氧的增加,对细胞结构和功能造成很大损害。线粒体也易受到活性氧的攻击。高氧环境下培养 3d 的水稻芽鞘线粒体出现肿胀、嵴残缺不全,基质收缩或解体,部分线粒体甚至只剩下不完整的外膜。O_2^-、H_2O_2、$\cdot OH$ 都不同程度地引起线粒体膨胀受损。氧化磷酸化效率的指标(P/O)明显降低,内膜上的细胞色素氧化酶活性下降。

(2)生长受抑

实验证实,当环境中氧浓度增加时会明显抑制植物的生长。以空气中(含氧 20%)培养的幼苗为对照(生长量为 100%),培养在氧浓度分别为 40%、60% 和 80% 中的水稻幼苗,由于体内活性氧升高,其生长量仅为对照的 83%、66% 和 25%,且根比芽对高氧逆境更敏感。植物受轻度的氧伤害后解除高氧逆境可恢复生长。

(3)诱发膜脂过氧化作用

膜脂过氧化(Membrane lipid peroxidation)是指生物膜中不饱和脂肪酸在自由基诱发下发生的过氧化反应。膜脂分子碳氢侧链的亚甲基上氢原子的解离能较低,它在活性氧的作用下容易解脱而形成不稳定的脂质自由基(Lipid radical, $R\cdot$),并在氧参与下进一步形成脂质过氧化物自由基(Lipid peroxyradical, $ROO\cdot$)。$ROO\cdot$ 一方面夺取邻近膜脂分子的氢而形成脂质氢过氧化物(Lipid hydroperoxide, $ROOH$)和一个新的 $R\cdot$,使反应连续不断发生;另一方面 $ROO\cdot$ 可自动转化为膜脂内过氧化物,并进一步降解成 MDA 及其类似物,而新的脂质自由基又继续参与反应。这就是膜脂过氧化自由基链式反应过程。

$\cdot OH$ 是启动这一反应的直接因子,而 O_2^- 和 H_2O_2、$^1O_2$ 可通过 Haber-Weiss 反应和 Fenton 反应等途径转化为 $\cdot OH$ 后诱发膜脂过氧化,膜中不饱和脂肪酸的含量降低,膜脂由液晶态转变成凝胶态,引起膜流动性下降,质膜透性大大增加。

膜脂过氧化作用不仅可使膜相分离,破坏膜的正常功能,而且过氧化产物 MDA 及其类似物也能直接对植物细胞起毒害作用。

(4)损伤生物大分子

活性氧的氧化能力很强,能破坏植物体内蛋白质(酶)、核酸等生物大分子。组成蛋白质的所有氨基酸都易被 O_2^- 特别是 $\cdot OH$ 氧化修饰,其中尤以具有不饱和性质的氨基酸,如酪氨酸、组氨酸、色氨酸等最为敏感。$\cdot OH$ 能破坏蛋白质的结构。

活性氧可导致多种酶失活,原因可能是:①O_2^-、$\cdot OH$ 与 MDA 一样,可使酶分子间发生交联、聚合,导致酶失活;②O_2^-、$\cdot OH$ 能攻击-SH;③氧自由基可通过氧化修饰酶蛋白的不饱和氨基酸来影响酶的活性;④氧自由基与酶分子中的金属离子起反应导致酶失活。

活性氧也能引起 DNA 结构的定位损伤。直接攻击 DNA 并造成 DNA 损伤的氧自由基是 $\cdot OH$,而 O_2^- 是通过驱动 Fenton 反应或 Haber-Weiss 反应转化成 $\cdot OH$ 起作用。

2.活性氧对植物的有益作用

(1)参与细胞间某些代谢

植物体内的许多酶促反应,往往以自由基的形式作为电子转移的中间产物。如 FMN 和 FAD 是很多黄素酶的辅基,在黄素酶的酶促反应中,电子从黄素转移时形成黄素半醌自由基,它是酶促反应实现电子转移的必要中间物;活性氧在植物代谢中另一种重要作用是导致某些化合物的合成与分解,如木质素合成反应和降解反应均有 H_2O_2 的参与。

(2)参与细胞抗病作用

当病原菌侵入植物体时,发生了与病原体识别作用有关的氧化激发(Oxidative burst),并产生大量 O_2^- 与 H_2O_2,作为植物抗病性直接作用因子,在细胞外直接杀死病原体,或使细胞壁氧化交联起到加固效果,从而防止病原菌侵入,同时还在细胞内启动与抗病相关蛋白的基因表达。

(3)参与乙烯的形成

乙烯的生物合成需要氧自由基的参与。目前的一种观点认为 O_2^- 通过激发乙烯合成酶(EFE),从而促进乙烯释放。另一种观点认为 $·OH$ 直接作用于蛋氨酸而产生乙烯。

(4)活性氧参与调节过剩光能耗散

光合作用包括光能固定和过剩光能耗散两方面。过量能量(如 ATP)传递给 O_2 后,将 O_2 激发形成 O_2^-、$·OH$、H_2O_2 等活性氧,然后又在 SOD、POD、CAT 等酶作用下发生猝灭,从而将过剩能量"消化"掉。研究证明,这一过程是植物消除过剩光能的一种合理保护机制。

(5)诱导抗性的提高

如外源 H_2O_2 可能通过大豆内源 H_2O_2 含量的提高诱导抗氧化酶活性的增强,从而减轻低温伤害,提高在低温下的萌发能力。

二、植物对自由基的清除和防御

(一)植物的自由基防御系统

当氧在细胞中氧化其他物质的过程中,自身要进行单电子还原,产生三种活性氧,即 O_2^-,H_2O_2 和 $·OH$,这些活性氧又能继发地产生其他更多种类的活性氧,它们与关键性生物分子如蛋白质、核酸、脂肪和碳水化合物发生反应,造成深刻的变化,改变生物多种重要功能,甚至引起疾病和死亡。在长期进化过程中,生物体发展出一整套十分复杂的防御系统。

1.将氧直接还原成水

呼吸作用时植物利用碳水化合物、脂肪和蛋白质等物质氧化分解,借以得到丰富的能量,进行各种活动。为了避免氧在氧化分解物质过程中产生有毒的活性氧,在进化过程中已经发展出一条十分复杂又精巧的途径,称之为细胞呼吸链。在没有酶参与的情况下,氧只能进行一个一个电子的还原,一共要得到 4 个电子才能还原成 H_2O。可是线粒体中的细胞色素氧化酶($Cyt\text{-}Fe^{2+}$)能使电子直接交给氧分子,每分子细胞色素氧化酶只能传递 1 个电子,4 个分子细胞色素氧化酶才能满足 O_2 直接还原成水的需要。在这过程中的氢是由还原型泛醌提供的。电子和氢向氧分子的传递都是协调偶联地进行的,被还原的氧中间产物牢固地束缚在酶的活性中心,电子不能泄漏出来,所以不产生活性氧:

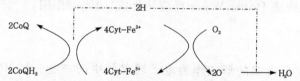

需氧生物由这条有细胞色素氧化酶参与的呼吸链避免了活性氧的产生。

虽然有了第一道防线,但是在正常的机体中仍有 $2\%\sim5\%$ 的 O_2 由线粒体泄漏的电子生成活性氧,在逆境条件下细胞会产生更多的活性氧,所以清除掉过多的活性氧依然是必要的。

植物对自由基具有相应的适应和抵抗能力,表现在其体内具有完善的抗氧化防御系统,又称活性氧清除系统,包括酶促系统和非酶促性的活性氧清除剂(抗氧化剂)。

2.抗氧化酶

能清除活性氧的酶也称为抗氧化酶(Antioxidant enzymes)。它们清除的效率十分高,如 O_2^- 的歧化反应,当有超氧化物歧化酶 SOD 时,反应的速度可快一万倍之多。

SOD 是 1969 年由 McCord 和 Fridovich 发现的,它能使 O_2^- 变成 O_2 和 H_2O_2。后者虽不是自由基,但仍属于活性氧,还需要清除,CAT 就执行这一任务,使 H_2O_2 变成 H_2O。H_2O_2 是无机过氧化物,对于活性氧中的有机过氧化物,如脂类过氧化物 ROOH 则由 GP 来完成。GP 是极有效的酶,既可清除有机的过氧化物,也可清除无机的过氧化物。GP 在真核细胞质中占 $60\%\sim75\%$,在线粒体中占 $25\%\sim40\%$。在清除过氧化物时需消耗 GSH,只有 GSH 得到源源不断的补充,GP 的清除作用才能充分发挥,GR 就配合着供给 GSH。

$$SOD:O_2^-+O_2^-+2H^+\rightarrow H_2O_2+O_2$$
$$CAT:H_2O_2+\ H_2O_2\rightarrow 2H_2O+O_2$$
$$GP:ROOH+2GSH\rightarrow ROH+H_2O+GSSG$$
$$GR:GSSG+NADPH+H^+\rightarrow 2GSH+NADP^+$$

在上述 GR 催化反应中还原型辅酶Ⅱ(NADPH)的消耗能得到补充。有两种酶可使辅酶Ⅱ(NADP$^+$)还原成 NADPH:葡萄糖-6-磷酸脱氢酶(Glucose-6-phosphate dehydrogenase,G6PDH)和 6-磷酸葡萄糖酸脱氢酶(6-phosphogluconate dehydrogenase,6PGDH)都可使 NADP$^+$ 还原成 NADPH:

$$G6PDH:葡萄糖-6-磷酸+NADP^+\rightarrow 6-磷酸葡萄糖酸+NADPH+H^+$$
$$6PGDH:6-磷酸葡萄糖酸+NADP^+\rightarrow 核酮糖-5-磷酸+NADPH+H^+$$

从以上一系列反应可看出在防御活性氧的过程中,各种酶不是孤立的,而是互相密切配合,协调有序的。

至于·OH,其氧化能力最强,一旦产生,就在产生的部位立刻与碰到的任何分子发生反应,它自身就消失了,不需要专门的酶来清除它,不存在清除·OH 的酶。

植物细胞内产生的 O_2^- 经 SOD 催化反应形成 H_2O_2,H_2O_2 可使卡尔文循环中的酶失活,若 H_2O_2 不及时清除,则叶绿体的光合能力很快丧失。高等植物叶绿体内没有 CAT,H_2O_2 的清除是由具有较高活性的抗坏血酸过氧化物酶(Asb-POD)经抗坏血酸循环分解来完成的。真核藻类、原核藻类及高等植物各个器官中都有 Asb-POD 分布。细胞内还存在以其他供氢体(如酚类、Cyt c、芳香族胺类等)为底物的 POD。

SOD、POD、CAT 以及其他酶类相互协调,有效地清除代谢过程产生的活性氧,使生物体内活性氧维持在一个低水平上,从而防止了活性氧引起的膜脂过氧化及其他伤害过程。因此通常把 SOD、CAT、POD、GR 等称为保护酶(Protective enzymes)。

3.抗氧化剂

植物体内除了上述的保护酶系统外,还有多种能与活性氧作用的抗氧化剂,如 Asb、GSH、维生素 E(V_E)、类胡萝卜素(Car)、巯基乙醇(MSH)、甘露醇等。植物体内最重要的 $^1O_2$ 猝灭剂是 Car。它包括 α-胡萝卜素、叶黄素和 β-胡萝卜素,其中以 β-胡萝卜素的含量最高,猝灭 $^1O_2$ 效率也最好。Car 存于叶绿体中,它既可通过与三线态叶绿素(^3Chl)作用防止 $^1O_2$ 的产生,也可将已经产生的 $^1O_2$ 转变成基态氧分子,因而能保护叶绿素免受光氧化的损害。

植物体内的一些次生代谢物如多酚、单宁、黄酮类物质也能有效地清除 O_2^-,其中没食子酸丙酯清除 O_2^- 的能力与 SOD 相近。

清除剂(Scavenger)能清除自由基,或者能使一个有毒的自由基变成另一个毒性较低的自由基。清除剂也常称为抗氧化剂(Antioxidant)。Halliwell 和 Gutteridge 对抗氧化剂定义如下:抗氧化剂指当它的浓度远低于被它氧化的底物浓度时能显著阻滞底物氧化的物质。

植物体内固有的清除剂称为内源性清除剂(内源抗氧化剂);从外界施加的叫外源性清除剂(外源抗氧化剂),如苯甲酸钠、二苯胺、2,6-二叔丁基对羟基甲苯和没食子酸丙酯等。

保护酶和内源抗氧化剂也常合称为膜保护系统(Membrane protective system)。包括维生素 C,含硫化合物,类胡萝卜素,酚的衍生物和 α-生育酚,硫辛酸以及其他物质。如许多金属络合物(Metal chelating complex)有抗氧化作用,如铜蓝蛋白、转铁蛋白、白蛋白。另外,柠檬酸等多种有机酸、酚类化合物、某些黄酮类化合物等也有抗氧化作用。

4.自由基性损伤的修复

机体首要的防御是清除自由基,防患于未然,不过机体的防御机能是不完善的,尤其当机体衰老时或在逆境下,清除自由基的能力较弱,这时自由基就会攻击生物体内重要分子,造成损伤。对损伤了的分子进行修复(Repair)就显得必不可少。Davies 指出修复应列作机体防御功能之一。修复包括两个步骤:①把损伤性物质降解成基本成分;②利用基本成分重新合成原来完好的物质,第二步才真正完成了修复。

(1)蛋白质的降解和修复

在细胞内溶酶体(Lysosomes)中和细胞质中都有各司其职的降解酶:蛋白酶(Proteinase)和肽酶(Peptidase),使蛋白质和多肽变成氨基酸,降解后的氨基酸为修复成原来的蛋白质提供了材料。

(2)DNA 的降解和修复

核酸遭到自由基攻击后产生多种损伤。外切酶(Exonuclease)Ⅲ担当着 85% 的修复任务,内切酶(Endonuclease)Ⅲ和Ⅳ担当着另外约 10% 的任务,使 DNA 断链、使多种 3'-核苷酸水解,以有利于 DNA 修复。DNA 聚合酶用 DNA 第二链作为模板合成切割后缺失的片段,最后由 DNA 连接酶将这些片段连接到 DNA 链上完成修复。有些大肠杆菌突变体缺少这些修复酶使它们对氧胁迫极敏感。

(3)脂类的降解和修复

磷脂酶(Phospholipase)A、B、C、D 分别使磷脂不同的酯键断裂,通过去酰化和重酰化以合成新的磷脂。

5.细胞程序性死亡

以上几种生物分子的修复过程以 DNA 修复研究得较为清楚,修复必须在复制之前完成,否则受损伤的 DNA 经过复制后会扩大损伤的后果,使得损伤的 DNA 带到每个子细胞中,造成突变等严重事件。为了限制事态的扩大,机体使严重损伤了 DNA 的细胞主动停止增殖,进而表现出生理性的、由特定基因控制的、主动性的细胞程序性死亡。显然它有别于病理性的、创伤性的、被动的坏死(Necrosis)。细胞程序性死亡除了在发育过程中和维持细胞稳态过程中起着重要作用外,还在植物抗逆性与预防自由基性损伤中起作用。

在长期进化过程中,需氧生物为了能安全地利用氧以得到高产额的能量就必然会有副产物活性氧生成,为了防止活性氧对生物分子的攻击,需氧生物又发展出了一整套防御机构,来层层设防,这样严密又彼此不同的防御机构反映出了活性氧对机体损害的广泛性和严酷性,也表现出植物对活性氧清除能力的有效性和多样性。

(二)自由基平衡与植物抗逆性

从自由基很活泼的化学性质可以推测,无论是生命的起源,还是生物的进化,自由基均起到重要的作用。虽然自由基具有很活泼的化学性质,能参与多种化学反应,但是在正常的生物体内却一直保持着自由基稳衡性动态(Free radical homeostasis)的特征,即自由基不断在产生,但也不断地被 SOD 等抗氧化酶和抗氧化剂组成的抗氧化系统清除,使自由基的产生与清除达到接近于平衡的正常程度;平衡中的自由基能履行信号转导和调控细胞分裂、分化与基因转录、表达等生理功能;没有清除掉的自由基仍可能损伤重要生物分子,但其损伤可被修复或者其损伤分子被置换掉,并重新进行生物合成。因此,自由基稳衡性动态可维持正常,在一般环境中引起氧化损伤的氧化应激(Oxidative stress)发生得不明显或短暂发生。一旦出现氧化应激,生物体不能适应,则可能出现自由基稳衡性动态的异常。如果其程度达到了发生自由基的损伤而又不能修复时则会出现细胞凋亡、组织坏死或引发疾病,甚至危及生命。

许多事实表明,环境因素可使植物体内的代谢发生改变,直接或间接使植物体内自由基的产生与清除失去正常平衡,从而造成自由基水平异常增高而发生氧化应激,但在漫长的进化过程中植物体有适应的能力。如果植物不能适应,则可发生自由基对机体造成损伤的事件。下面举一些逆境下自由基水平失调与动态平衡的例子。

1.干旱与自由基平衡

干旱胁迫与自由基产生和清除密切相关。

(1)干旱胁迫与自由基产生

对干旱敏感的藓类在干燥中会出现自由基,而且其损伤程度与自由基积累量是相关的。因此,其水分丧失会造成叶绿体破坏、类胡萝卜素损失、脂质过氧化等活性氧所致的损伤,但是对干旱不敏感的藓类几乎不出现自由基所致的损伤。

干旱胁迫时,叶片气孔关闭,CO_2 固定,但光合电子传递并未减少,即暗反应速率远低于光反应,使得 $NADPH/NADP^+$ 比值增高,这时 O_2 便替换部分 $NADP^+$ 成为光合电子受体,进而产生 O_2^- 和 H_2O_2 等活性氧。干旱破坏了叶绿体内自由基的平衡,累积的自由基损伤了类囊体膜结构,使光合电子更易传递给 O_2 而形成更多的 O_2^-,造成恶性循环。光合链中至少有 PQ 池、Fe-S 中心和铁氧还蛋白 3 个位点可以将电子传递给 O_2 形成 O_2^-。

PEG-6000 模拟根际水分胁迫对马铃薯试管苗的影响的研究结果表明:经水分胁迫后,叶片 MDA 含量、CAT、POD 和 SOD 活性上升;再经过一定时间各品种 MDA 含量,CAT、POD 和 SOD 活性分别达到不同峰值,随后活性氧清除酶类 SOD、POD 和 CAT 活性及 MDA 含量开始下降;当解除水分胁迫后,CAT、POD、SOD 活性开始上升,MDA 含量降低,实验中马铃薯品种间对水分胁迫敏感程度存在差异。

(2)干旱胁迫对活性氧防御系统的影响

小麦幼苗 SOD 活性的高低及其在干旱胁迫下的变化情况可作为一个判断植物抗旱潜

力的有用指标。水分胁迫下 MDA 含量增加，细胞抗氧化酶活性降低，与干旱敏感植物相比，抗旱性强的植物能通过增加合成能力和同工酶的种类进行补偿。干旱（叶片水势达 -1.3MPa）使豌豆叶片类胡萝卜素轻微减少，还原型谷胱甘肽减少。鼠尾粟属植物的叶片在脱水后，H_2O_2/脱氢抗坏血酸的比例升高，氧化型谷胱甘肽/还原型谷胱甘肽的比例却下降。复水后，前者增幅更大，后者恢复正常。在干旱情况下有些植物（如西瓜）的体内瓜氨酸（Citruline）含量增加。瓜氨酸是一种具有清除·OH 效能的氨基酸，因此可提高这些植物抗活性氧的能力。

2.盐害与自由基平衡

盐胁迫对氧自由基特别是超氧阴离子的形成有直接或间接的影响。

在植物细胞中，叶绿体、线粒体和过氧化物酶体是产生自由基的重要场所。盐胁迫下，植物通过部分关闭气孔以阻止蒸腾，随之是 CO_2 摄入减少，内源 CO_2 浓度降低，$NADP^+$ 从光系统 I 接收电子的能力降低，因此产生大量 O_2^-，伤害酶和膜结构。盐胁迫一般抑制植物呼吸，但对磷酸戊糖途径和糖酵解途径有刺激作用，对 O_2 吸收影响也较小，但由于呼吸链电子传递受阻和硝酸还原酶（NR）及亚硝酸还原酶（NiR）等其他还原酶受抑也引起 NADPH 或 NADH 累积，刺激 H_2O_2 和 O_2^- 产生。盐胁迫可使细胞色素氧化酶活性降低，也可引起 O_2^- 累积。此外盐胁迫还刺激乙醇酸氧化酶，使光呼吸增加，同时也引起光呼吸中间产物的积累，光呼吸异常导致 NADH 累积，引起活性氧产生。

随着 NaCl 浓度的升高，海滨木槿叶片中 SOD、APX、POD、GR 和 GST 的活性先升高后降低，而 CAT 的活性呈持续下降趋势，但它们达到最高活性时的 NaCl 浓度不同；各处理的 MDA 含量先下降后升高，但始终低于对照；抗氧化物质抗坏血酸（AsA）和 GSH 的含量均高于对照，且在 200mmol·L^{-1} 时达到最高；各处理渗透调节物质可溶性糖和脯氨酸的含量均较对照增加且升幅较大。研究表明海滨木槿在 NaCl 胁迫下具有较强的活性氧清除能力和渗透调节能力，从而表现出较强的耐盐性。

不同种类盐对植物伤害的浓度不同。50～200 mmol·L^{-1}NaCl 显著促进海蓬子生长与 SOD、POD 和 CAT 活性，而与 NaCl 浓度相同的 KCl 明显抑制海蓬子生长和此 3 种酶的活性，但 KCl 处理下的 O_2^- 和 MDA 含量增加程度则明显高于同浓度的 NaCl 处理。KCl 伤害海蓬子的原因之一是抗氧化酶活性下降，不能及时清除活性氧，以致活性氧和 MDA 积累，引起质膜伤害，生长受抑和生物量下降。

3.低温与自由基平衡

寒冷可诱导植物细胞中叶绿体和线粒体中 SOD 活性下降，O_2^- 与·OH 的水平增高，从而造成膜脂质过氧化，但是经低温驯化的植物或耐寒植物的抗氧化酶的活性降低较少，甚至有所增加。不同海拔高寒植物的抗氧成分就有适应性的变化。低温诱导植物细胞抗氧化酶活性增高，可能是植物抗寒性提高的生化机制。针叶树在早秋就获得了耐寒能力。通过类囊体脂类不饱和度和单半乳糖和双半乳糖比例改变，氧化型谷胱甘肽（GSSG）和 GR 活性升高，从而提高耐寒力。红松获得耐寒力过程和 GR 活性升高过程在时间上相关联。在冬天为了维持 GSH 水平，GR 保持在相当高的活性水平上。苜蓿对寒冷适应与几种耐寒基因（*CAS*）的 mRNA 水平升高有关，这些 *CAS* 基因表达，与几种苜蓿对低温耐受有关。红松和菠菜都表达特异 GR 以适应寒冷，因此编码 GR 的序列可能在 *CAS* 基因之列。

4.光氧化与自由基平衡

植物在同化作用中利用光辐射的光能,而且还可以使其耗散,从而有耐受光辐射的能力,但高强光辐射可使 PSI 的接收器上的 O_2^- 产生量也增高,并且还使 $^1O_2$ 产生量也增高。不过,植物可防御高强光辐射对机体的损伤,如抗坏血酸与活性氧作用后产生的脱氢抗坏血酸通过脱氢抗坏血酸还原酶的催化而再生的能力可得到相应的加强。

在光氧化应激下植物叶子吸收光能不是传给 $NADP^+$,而是传给 O_2 成为 O_2^-,并继发衍生为 H_2O_2,甚至在过镀金属离子的介导下产生 $\cdot OH$。如在高强度的光照射下使干旱敏感的藓类干燥,可使活性氧所致的损伤较不照射干燥时更为严重。

5.病害与自由基平衡

虽然在一般情况下,线粒体和叶绿体是植物叶片中活性氧自由基产生的主要部位,但在寄主植物—病原菌相互作用过程中产生的活性氧可能和线粒体及叶绿体无关。因为病原菌诱导的活性氧水平上升在细胞膜外也能大量地检测到,而 O_2^- 对生物膜的穿透能力很差,不太可能由线粒体或叶绿体产生后再转运到细胞外去。受病原菌侵染后,植物产生活性氧的来源极有可能是位于细胞膜上的酶。如细胞膜上的 NADPH 氧化酶、NADH 过氧化物酶或脂氧合酶。其产生的信号调控途经可能与诱导物受体、Ca^{2+}、GTP 结合蛋白及蛋白激酶有关。当病原真菌侵染植物时植物对病原菌的过敏反应中产生的活性氧对病原真菌有直接杀伤作用,而且可强化植物的细胞壁,延缓病原真菌的侵染。活性氧还可诱导植物体内植保素(Phytoalexin)的合成,并对其基因表达有调控作用。

寄主植物—病原菌相互作用中活性氧自由基平衡还与植物的生态环境有关。如以抗旱性和抗病性不同的小麦为材料,观察病原菌和水分复合胁迫对小麦叶片相对含水量、活性氧代谢以及对抗氰呼吸的发生、运行的影响,发现复合胁迫下,抗病小麦显然具备更强的水分调控能力,而感病品种不能有效控制病叶水分散失。水分胁迫能引起抗氰呼吸的下降,但不能抵消因病原菌侵染引起的抗氰呼吸的增强,条锈菌侵染对小麦抗氰呼吸的影响远远大于水分胁迫。病原菌侵染和水分复合胁迫下,活性氧产生的速率表现出累加效应,而抗氰呼吸表现出和基质抗氧化酶的活性互补的现象。植物交替氧化酶在干旱与病原菌侵染复合胁迫中具有重要的抗氧化功能,并可能调节着逆境下物质与能量需求间的矛盾。

本章小结

生物自由基是通过生物体自身代谢产生的一类自由基。植物组织中自由基的产生是多途径、多渠道的。从氧衍生出来的自由基及其产物称为活性氧。

活性氧对植物既有消极的、有害的一面,又有积极的、有益的一面。活性氧对植物的伤害作用包括细胞结构和功能受损、生长受抑、诱发膜脂过氧化作用、损伤生物大分子等。活性氧对植物的有益作用包括参与细胞间某些代谢、细胞抗病作用、乙烯的形成、调节过剩光能耗散和诱导抗性的提高等。

植物在长期进化过程中,发展出一整套十分复杂的自由基清除和防御系统。首先是将氧直接还原成水,其次是用酶促性和非酶促性的活性氧清除剂(抗氧化剂)进行清除。其中抗氧化酶如 SOD、CAT、POD、GP、GR 等,抗氧化剂如 Asb、GSH、V_E、Car、甘露醇等。保护酶和内源抗氧化剂也常合称为膜保护系统。此外,植物还可以对自由基性损伤进行修复以及通过细胞程序性死亡来层层设防。

自由基平衡与植物抗逆性密切相关。在干旱、盐害、低温、光氧化、病害等逆境下，自由基平衡的重建都具有重要意义。

复习思考题

1.讨论自由基、活性氧的概念及其研究的意义。

2.活性氧对植物的作用表现在哪些方面？

3.植物对自由基的清除和防御系统都有哪些？

4.举例分析抗氧化酶与抗氧化剂在植物抗逆性中的作用。

5.你怎样理解自由基平衡与植物抗逆性的关系。

第三章　信号转导与植物抗性

一、植物的信号转导系统

(一)植物信号转导的特点

1.物质流、能量流与信息流

(1)物质和能量代谢与信号系统的关系

生物体的新陈代谢和生长发育既受遗传信息也受环境信息的调节控制。遗传基因决定代谢和生长发育的基本模式,而其实现在很大程度上受控于环境的刺激;环境刺激信息包括生物体的外界环境信息和体内环境信息两个方面。对植物而言,由于基本上是生长在固定的位置,环境对其的影响更为突出。植物细胞的环境信息包括外界(如光、温、气等)和体内(如激素、电波等)两方面的信息。植物体要正常生长,就需要正确辨别和接受各种信息并做出相应的反应。

植物体内的大分子、细胞器、细胞、组织和器官在空间上是相互隔离的,植物体与环境之间更是如此。根据信息论的基本观点,两个空间隔离的组分之间的相互影响和相互协调,不管采取何种方式,都必须有信息与信号的传输或交流。因此,生物体在新陈代谢时,不但有物质与能量的变化,即存在物质流与能量流,还存在信息流;存在调节物质和能量代谢的信号系统,存在对复杂的代谢过程进行精细调节控制的机制。

我国著名生物学家贝时璋教授指出:"什么是生命活动?根据生物物理学的观点,无非是自然界三个量综合运动的表现,即物质、能量和信息在生命系统中无时无刻地在变化,这三个量有组织、有秩序的活动是生命的基础。"信息流起着调节、控制物质与能量代谢的作用。著名物理学家薛定谔在讨论"生命是什么"这个问题时,更是明确提出"生命的基本问题是信息问题"这一观点。

生命与非生命物质最显著的区别在于生命是一个完整的自然的信息处理系统。一方面生物信息系统的存在使有机体得以适应其内、外部环境的变化,维持个体的生存;另一方面信息物质如核酸和蛋白质信息在不同世代间传递维持了种族的延续。生命现象是信息在同一或不同时空传递的现象,生命进化实质上就是信息系统的进化。

信号传递是生物信息流的一种最基本、最原始和最重要的方式。生物的细胞每时每刻都在接触着来自细胞内或者细胞外的各种各样的信号。有的信号促进细胞增殖;有的信号使细胞向一定的方向分化;有的信号使细胞无节制地分裂;有的信号让细胞凋亡。

细胞对信号有一个接受、归纳、分析、筛选、放大、传达、处理和答复(响应)的过程与机制,使得细胞最终决定代谢的方向。信号是诱因,生理反应是信号作用于细胞的最终结果。相同的信号作用于不同的细胞可以引发完全不同的生理反应;不同的信号作用于同一种细胞却可以引发出相同的生理反应。细胞的一切生命活动都与信号有关,信号是细胞一切活动的始作俑者。

（2）细胞信号转导的概念

植物感受各种物理或化学的信号，然后将相关信息传递到细胞内，调节植物的基因表达或酶活性的变化，或其他代谢变化，从而做出反应，这种信息的传递和反应过程称为植物的信号转导（Signal transduction）。

在植物信号反应中，已发现植物细胞的信号分子有几十种，按其作用和转导范围可分为胞间通讯信号分子和胞内通讯信号分子。多细胞生物体受刺激后，胞间产生的信号分子又称为初级信使（Primary messenger）即第一信使（First messenger），如各种植物激素；胞内信号分子常称为第二信使（Second messenger）。

构成信号转导系统的各种要素必须具有识别进入信号、对信号做出响应并发挥其生物学功能的作用。这些功能不是仅靠个别物质就能够完成的，而是需要有一个体系协同地进行操作。细胞信号转导系统应当包含信号转导最必需的关键组分，其可分为：①接受细胞外刺激并将它们转换成细胞内信号的成分；②有序地激活信号转导通路，以诠释细胞内的信号；③使细胞能够对信号产生响应，并做出功能上或发育上的决定（如基因转录、DNA 复制和能量代谢等），将细胞所做出的决定加以联网，这样，细胞才能对作用于它的、种类繁多的信号做出协同响应。

2.植物信号系统的类型

就各种信号刺激所导致的细胞行为变化而言，信号可分为如下几类：①细胞代谢信号，调节细胞代谢功能，提供细胞生命活动所需要的能量；②细胞分裂信号，使与 DNA 复制相关的基因表达，调节细胞周期，使细胞进入分裂和增殖阶段；③细胞分化信号，调控细胞内的遗传程序有选择地表达，从而使细胞分化成有特定功能的成熟细胞；④细胞功能信号，如控制细胞的运动，释放某些化学介质等，使细胞能够进行正常的活动等；⑤细胞凋亡信号，这类信号一旦发出，为了维护植物的整体利益，在局部范围内和一定程度上发生细胞的程序性死亡。

（1）生物大分子的结构信息

从广义上讲，细胞信息可以包括生物大分子（蛋白质、多糖、核酸）的结构信息，这种信息包含在决定大分子三维外形的亚基结构顺序信息之中。亚基的结构顺序靠强大的共价键保持长期稳定；而大分子外形主要靠非共价弱键（氢键、离子键、范德华力和疏水键）维持相对稳定，而且在分子内或分子间识别水平上起重要作用。

以生物大分子结构信息为基础的分子识别在细胞中占有独特的功能。当结构信息在细胞内部交流时，大分子识别负责细胞成分的组装，决定细胞的基本结构和基本的代谢形式，指导着细胞代谢及其调节（如酶的催化反应及变构调节）。在细胞间交流时，大分子识别决定同种细胞的黏连（Adhesion）、聚集（Aggregation）及性细胞的融合等。而核酸的结构信息是在亲代细胞向子代细胞间传递遗传信息，并决定子代生长发育的最基本模式。

尽管生物大分子结构包含信息，但还不能说它们都是信号分子，因为它们之中许多是结构物质，并不专司信号传导功能。狭义的细胞信号是指下述的物理信号与化学信号，在化学信号分子中有上述的大分子物质，也有其他许多小分子物质。应该指出，对于那些大分子信号分子来讲，上述结构信息往往正是其执行信号功能的基础。

（2）物理信号（Physical signal）

电场、磁场、光、声、辐射等物理因素不仅是可以影响植物生长发育的重要外界环境因子，而且也可以在生物体器官、组织、细胞之间或在其内起信号分子的作用。

①电信号。电信号（Electrical signal）是生物体内最重要的物理信号。它主要指细胞膜静息电位改变时所引起动作电位的定向传播，它在外界刺激—细胞反应偶联中起重要作用。

当用一个微电极插入一个未受刺激的细胞内时，可以记录到细胞内外有一电位差，称为静息电位。一般细胞中这种电位差为内负外正，在−100mV 到−50mV 之间，即正常细胞一般都处于极化状态。当给予一个刺激时，只要能引起静息电位发生一定程度的去极化，则此时的电位称为动作电位，也叫动作电波。一次动作电位变化包括去极化、超射、复极化、超极化的过程。这个过程包括了膜上刺激点局部电流的变化。这种局部电流变化产生的刺激足以使邻近膜的静息区达到临界点去极化，因此邻近区也产生动作电位。以此类推膜区依次去极化而形成动作电位定向传播。

细胞膜内外静息电位与动作电位的产生是由于细胞内外离子浓度的差别以及各种电压门控的离子通道（Ion channel）交互启闭所造成的。

以电位传播这种物理信号完成信号传递的过程是神经细胞的主要特点，但在其他动物细胞乃至植物细胞中也可发生，如轮藻与拟轮藻。应指出，神经系统信息传递不仅需要物理信号，而且当信号在两个细胞（神经元）之间传递时，还需要化学信号——神经递质。

植物体内的电信号是指植物体内能够传递信息的电位波动。娄成后等人经过数十年的研究发现"电波的信息传递在高等植物中是普遍存在的"。高等植物体内的信息传递可以靠电化学波来实现，植物体内电波的传递可以靠细胞间的局部电流和伤素的释放相互交替来完成，维管束系统是电波传递的主要途径。一些敏感植物或组织（如含羞草的茎叶、攀缘植物的卷须等）当受到外界刺激时，会发生运动反应（如小叶闭合下垂，卷须弯曲等）并伴随有电波的传递。甚至非敏感植物也能够对外界刺激产生兴奋从而导致动作电位、变异电位或复合电波的产生。那么，植物中电波的产生和传递有无生理意义？对烧伤刺激引起的气孔运动和叶片伸展生长的抑制进行研究的结果表明，在烧伤刺激引起相应生理效应时伴随有电信号的传递；如果阻断电波的传递，则刺激就不能导致生理效应的产生。研究系统素（Systemin）在传递植物受到虫咬或其他机械损伤刺激信号过程中的作用时，也发现伴随有电波的传递。有人测到捕虫植物的动作电位幅度为 110～115mV，传递速度可达6～30cm/s。

外界的各种刺激，如光、热、冷、化学物质、机械、电以及伤害性刺激等，都可以引起植物体内电信号的产生及电波传递反应，而电波传递又与植物的生理效应相关联。如含羞草叶的下垂运动、捕蝇草捕虫器的关闭、胞质环流的启动或停止、蒸腾强度的变化、卷须的伸长生长及盘旋运动等，都分别伴随有动作电位、自发电位、变异电位的产生或消失。

当让平行排列的轮藻细胞中的一个细胞接受电刺激而引起动作电位后，该细胞就可以将其传递到相距 10mm 处的另一个细胞而且引起同步节奏的动作电位。Wildon 等用番茄做实验，指出由子叶伤害而引起第一真叶产生蛋白酶抑制剂（Proteinase inhibitors，PIs）的过程中，动作电位是传播的主要方式。他们采取让电信号通过后马上就除去子叶以及使子叶叶柄致冷以阻碍筛管运输、排除化学物质传递的试验，其结果都证明单有电信号就可以引起 PIs 反应，而且他们也首次证明了电信号可引起包括基因转录在内的生理生化变化。因此，电波传递是高等植物体内信息传递的一种重要方式。

植物的电波传递又可分为动作电波（Action potential，AP）和变异电波（Variation potential，VP）（图 3-1A，B）。一般来说，植物中动作电波的传递仅用短暂的冲击（如机械震击、电脉冲或局部温度的升降)就可以被激发出来,而且受刺激的植物没有受到伤害,不久便恢复原状。若用有伤害的局部刺激(如切伤、挫伤或烧伤),植物会引起变异电波的传递。AP 和 VP 的出现都是细胞质膜电位去极化的结果,而且伴随有化学物质的产生(如乙酰胆碱)。各种电波传递都可以产生生理效应。

在对含羞草小叶片切伤刺激的研究中,还发现主叶柄上有复合电波的传递,即前端的 AP 拖带着 VP(图 3-1C)。此外,将植物在弱光、干旱等逆境下锻炼一段时间,它们的敏感性也可能增强,用无伤害刺激就会测到 AP 的传递,甚至有时连续几小时内会出现周期性的电波震荡(图 3-1D)。

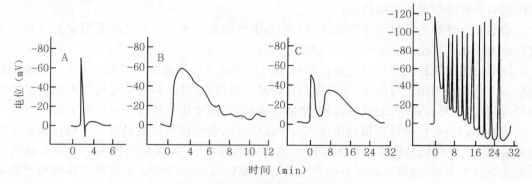

图 3-1　高等植物体内的电波传导
A. 动作电波;B. 变异电波;C. AP-VP 复合波;D. 电波震荡

②水信号。水信号(Hydraulic signal)是指能够传递逆境信息,进而使植物做出适应性反应的植物体内水流(Water mass flow)或水压(Hydraustatic pressure)的变化。有人也将其称为水力学信号。

长期以来,人们一直将特定的叶片水分状况(水势、渗透势、压力势和相对含水量)与特定的胁迫程度相联系。在以往许多文献中,一般将土壤干旱对植物的影响普遍解释为:当土壤干旱时,水分供应减少,因而根部的水分吸收减少;由于地上部分蒸腾作用的存在,使得叶片水势、膨压下降,继而影响到脱落酸、细胞分裂素等植物激素的合成、运输、分配以及地上部分的生理代谢活动(如光合、呼吸、气孔运动等),最终影响植物的生长发育。显然,这一解释的基础是假定根冠间通讯是靠水的流动来实现的。但已有很多实验结果表明,在叶片水分状况尚未出现任何可检测的变化时,地上部分对土壤干旱的反应就已经发生了,从而使植物避免或至少推迟了地上部分的脱水,有利于植物的生长发育。这说明植物根与地上部分之间除水流变化的信号外,还有其他能快速传递的信号的存在。

近年来,人们开始注意植物体内静水压变化在环境信息传递中的作用。由于水的压力波传播速度特别快,在水中可达 1500m/s,因此静水压变化的信号比水流变化的信号要快得多,这有利于解释某些快速反应(如气孔运动、生长运动等)的现象。由于在细胞膜上发现有水孔蛋白(Aquaporin)的存在,使人们对于植物体内水信号的存在和作用予以了更多的关注。相信进一步的研究将使人们对由水流和静水压信号介导的逆境信息传递机制有更清楚的了解。

(3)化学信号(Chemical signal)

生物体内有许多化学物质,它们既非营养物质,又非能源物质,也不是结构成分,其主要功能是在细胞间和细胞内传递信息。它们是生物细胞内最重要的一类信号分子,包括胞间信号分子与胞内信号分子等。以下讨论的信号转导过程主要涉及化学信号的传递。

3.信号传递的基本特性

在细胞中有许多生物反应通路，如物质代谢通路、基因表达通路和DNA复制通路等，事实上信号转导也存在通路。这些通路都是由前后相连的反应所组成的，前一个反应的产物可能作为下一个反应的底物或者发动者。但信号转导通路比传统意义上的代谢通路等要复杂得多，它主要表现在：①人们可以通过示踪技术检测出代谢底物化学转化的连续步骤，但是不能够直接用这种方法来研究信号转导。因为在信号转导通路中输入信号的化学结构与信号的靶结构一般是没有关系的。实际上，在信号转导通路中，信号最终控制的是一种反应，或者说是一种响应。②与代谢反应等不同，信号的化学结构并不对其下游的过程产生影响。而代谢底物或者基因转录调节因子的构象会影响各自相关通路的进行。③与依赖模板的反应，如基因转录和DNA复制不同，在信号转导通路中不存在对全过程的进行和结局起操纵作用的模板。④其他通路常常是由线性排列的过程组成的，一个反应接着另一个反应地沿着既定的方向依次进行，直到终止，它们多是直通式的、纵向交流的；而信号转导通路是非线性排列的，常相互形成一个网络。

（1）信号分子较小且易于移动

作为一个有效的、可传递信息的信号分子，首先要求它产生之后容易转移到作用靶位，因此一般来说信号分子都是小分子物质而且可溶性较好，易于扩散。如果需要跨膜转移，它们要通过特殊通道或载体。

（2）信号分子应快速产生和灭活

生物细胞为了对环境刺激尽快产生反应而且"适可而止"，就要求信号分子快速产生和灭活。如 Ca^{2+} 通过离子通道开放很快进入胞质产生 Ca^{2+} 信号，cAMP 环化酶活化快速产生 cAMP 信号。在这里快速灭活与产生同样重要。除 Ca^{2+} 通道关闭使 Ca^{2+} 信号很快灭活外，细胞内有一类专司信号分子灭活的酶，如磷酸二酯酶可将 cAMP 信号灭活。一种信号如果产生指令的某个信号分子或组分的基因活化，它绝不会永远继续下去致使细胞造成伤害，反馈机制将使被激活的基因表达停止且恢复到非激活状态。被激活的各种信号分子在完成任务后又恢复钝化状态，准备接受下一波的刺激。它们不会总处在兴奋状态。

（3）信号传递途径的级联放大作用

信号通路有连贯性，各个反应相互衔接，有序地依次进行，直至完成。其间，任何步骤的中断或者出错，都将给细胞，乃至机体带来重大的灾难性后果。细胞信号传递途径由信号分子及其一系列传递组分组成，它形成一个级联（Cascades）反应将原初信号放大。一个激素信号分子结合到其受体之后，决不会只引起胞内一个酶分子活性的增加，它可能通过 G 蛋白激活多个效应酶，如腺苷酸环化酶活化，产生许多 cAMP 第二信使分子；一个 cAMP 分子又可激活依赖它的蛋白激酶，从而将许多靶蛋白磷酸化。因此，一个原初的激素信号，通过信号传递过程的级联反应，可以在下游引起成百上千个酶蛋白的活化；一种数量有限的激素的产生，可以引起生物体内十分明显的发育表型变化。当然，这种级联放大作用也是受到严格控制的。

（4）信号传递途径是一个网络系统

信号系统之间的相互关系及时空性并不是一种简单因果事件的线形链，实际上是一种信息网络。多种信号相互联系和平衡决定一定的特异细胞反应。人们已用"Crosstalk"一词代替以往的"Interaction"来描述这种关系。当胞外环境因子和胞内信号刺激细胞时，细胞膜上受体直接感受信号,通过细胞壁—质膜—细胞骨架连续体(Continuum),引起细胞骨架蛋白变构而传递信息,并与胞内的 G 蛋白、第二信使系统以及调节因子构成信息网络,特定刺激引起特定基因表达和特定生理反应。

如植物信号受体有激素受体、光受体和病原激发受体等。激素受体有生长素结合蛋白(ABP)、ABA 结合蛋白和乙烯受体等。分析这些受体蛋白序列结构的结果表明,它们与植物特有的具有受体功能的丝氨酸/苏氨酸激酶有很大同源性。植物信号系统内 G 蛋白与植物激素、光敏色素、蓝光信号作用和 IP_3 生成有关。第二信使包括 cAMP、Ca^{2+}-CaM 系统、IP_3 等。cADPR 参与干旱和盐胁迫诱发的 ABA 信号转导途径,同时 Ca^{2+}-CaM 参与此过程的调控,直接证明了植物体内 cAMP 的第二信使功能。细胞壁寡聚糖或糖蛋白的合成与降解参与细胞间 Ca^{2+} 信号的调节,同时寡聚糖或糖蛋白可能为一种信号分子,参与逆境和病原激发引起特定基因表达和特定生理反应。激素结合膜上受体后,使得膜附近的磷脂酶 C 活化,水解膜脂释放 IP_3,IP_3 在细胞内易移动与膜上带正电荷的受体结合,活化 Ca^{2+} 泵,引起 Ca^{2+} 的跨膜运输和 Ca^{2+}-CaM 系统的活化,激活蛋白激酶 C,引起细胞内信号的级联放大反应,而 IP_3 消耗了磷酸基团后降解为 IP_2 和 IP_1,又重新转化为膜上的磷脂。上述这些研究结果表明细胞信号系统具有立体交叉的网络系统特点。

在信息传递时细胞的空间结构中一组特定区域的受体、离子通道、酶泵和 CaM(Calmodulin)结合蛋白等可能形成一个具有特定反应的信号转导体系。自由大分子如 CaM 和 IP_3 可穿梭于不同体系之间。已经报道了细胞骨架与一些信号网络分子的关系,如一种依赖于 Ca^{2+}-CaM 的蛋白磷酸酶(Calcineurin)与质膜—细胞骨架相连,参与细胞间 Ca^{2+} 信号转导。IP_3 是细胞骨架结构形成的调节因子,其前体磷酸甘油-4-磷酸激酶的编码基因受水分胁迫和 ABA 诱导。冷逆境可以引起 Ca^{2+} 信号变化和细胞骨架蛋白变构而传递信息等。这些说明了细胞内信号传导途径的复杂性与内在功能相连性,而这个复杂的网络系统在细胞结构水平上可能如同动物细胞的神经系统一样是通过细胞骨架系统支持的(图 3-2)。

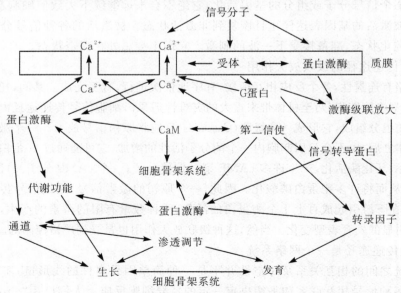

图 3-2 植物细胞信号转导网络系统

4.植物信号传递的四个阶段

对于植物细胞信号传递的分子途径,可分为四个阶段,即:胞间信号(Intercellular signal)传递、膜上信号转换、胞内信号转导及蛋白质可逆磷酸化。

(1)胞间信号的传递

胞间信号的传递包括胞外(植物体外)环境信号和胞间(细胞组织器官之间)信号的传递。

胞外环境信号是指机械刺激、磁场、辐射、温度、风、光、CO_2、O_2、土壤性质、重力、病原因子、水分、营养元素、伤害等影响植物生长发育的重要外界环境因子。胞外信号的概念并不是绝对的,随着研究的深入,人们发现有些重要的胞外信号如光、电等也可以在生物体的组织、细胞之间或其内部起信号分子的作用。

胞间信号是指植物体自身合成的、能从产生之处运到别处,并对其他细胞产生刺激信号的细胞间通讯分子,通常包括植物激素、气体信号分子 NO 以及多肽、糖类、细胞代谢物、甾体、细胞壁片段等。当环境信号刺激的作用位点与效应位点处在植物不同部位时,胞间信号就要做长距离的传递。

(2)膜上信号转换

胞间信号从产生位点经长距离传递到达靶细胞,靶细胞首先要能感受信号并将胞外信号转变为胞内信号,然后再启动下游的各种信号转导系统,并对原初信号进行放大以及激活次级信号,最终导致植物的生理生化反应。

①受体与配体。受体(Receptor)是细胞表面或亚细胞组分中的一种天然分子,可以识别并特异地与有生物活性的化学信号物质——配体(Ligand)结合,从而激活或启动一系列生物化学反应,最后导致该信号物质特定的生物学效应。受体与配体(即刺激信号)相对特异性地识别和结合,是受体最基本的特征,否则受体就无法辨认外界的特殊信号——配体分子,也无法准确地获取和传递信息。二者的结合是一种分子识别过程,靠氢键、离子键与范德华力的作用,配体与受体分子空间结构的互补性是特异性结合的主要因素。受体与配体间的作用具有三个主要特征:特异性、饱和性、高度的亲和力。

在植物感受各种外界刺激的信号转导过程中,受体的功能主要表现在两个方面:第一,识别并结合特异的信号物质,接受信息,告知细胞在环境中存在一种特殊信号或刺激因素。第二,把识别和接受的信号准确无误地放大并传递到细胞内部,启动一系列胞内信号级联反应,最后导致特定的生理效应。要使胞外信号转换为胞内信号,受体的这两方面功能缺一不可。

植物细胞中已经发现存在 3 种类型的细胞表面受体:G 蛋白偶联受体(G protein-coupled receptor,GPCR)、酶连受体(Enzyme-linked receptor)和离子通道连接受体(Ion-channel-linked receptor)。

②通过 G 蛋白偶联受体跨膜转换信号。在受体接受胞间信号分子到产生胞内信号分子之间,往往要进行信号转换。G 蛋白是最重要的一种受体,可将转换偶联起来,故又称偶联蛋白或信号转换蛋白。G 蛋白全称为 GTP 结合调节蛋白(GTP binding regulatory protein),此类蛋白由于其生理活性有赖于三磷酸鸟苷(GTP)的结合以及具有 GTP 水解酶的活性而得名。G 蛋白是细胞膜受体与其所调节的相应生理过程之间的主要信号转导者。G 蛋白的信号偶联功能是靠 GTP 的结合或水解产生的变构作用完成的。当 G 蛋白与受体

结合而被激活时,继而触发效应器,把胞间信号转换成胞内信号。而当 GTP 水解为 GDP 后,G 蛋白就回到原初构象,失去转换信号的功能。

G 蛋白普遍存在于植物中。运用免疫转移电泳等生化手段先后在拟南芥、水稻、蚕豆、燕麦等植物的叶片、根、培养细胞和黄化幼苗中检测到植物 G 蛋白的存在。G 蛋白参与了光、植物激素以及病原菌等信号的跨膜转导,以及在质膜 K^+ 通道、植物细胞分裂、气孔运动和花粉管生长等生理过程中的调控。

③酶促信号的直接跨膜转换。该过程的跨膜信号转换主要由酶连受体来完成。此类受体除了具有受体的功能外,本身还是一种酶蛋白,当细胞外的受体区域和配体结合后,可以激活具有酶活性的胞内结构域,引起酶活性的改变,从而引起细胞内侧的反应,将信号传递到胞内。如具有受体功能的酪氨酸蛋白激酶,当其胞外的受体部分接受了外界信号后激活了胞内具有蛋白激酶活性的结构域,从而使细胞内某些蛋白质的酪氨酸残基磷酸化,进而在细胞内形成信号转导途径。在研究植物激素乙烯的受体时发现,乙烯的受体有两个基本的部分,一个是组氨酸蛋白激酶(Histidine protein kinase,HPK),另一个是效应调节蛋白(Response-regulator protein,RR)。当 HPK 接受胞外信号后,激酶的组氨酸残基发生磷酸化,并且将磷酸基团传递给下游的 RR。RR 的天冬氨酸残基部分(信号接收部分)接受了传递过来的磷酸基团后,通过信号输出部分,将信号传递给下游的组分。下游末端的组分通常是转录因子,从而可以调控基因的表达。

④通过离子通道连接受体的跨膜转换信号。离子通道(Ion channel)是在膜上可以跨膜转运离子的一类蛋白质。而离子通道型受体即离子通道连接受体,除了具备转运离子的功能外,同时还能与配体特异地结合和识别,具备受体的功能。当这类受体和配体结合接收信号后,可以引起跨膜的离子流动,把胞外的信息通过膜离子通道转换为细胞内某一离子浓度改变的信息。在拟南芥、烟草和豌豆等植物中发现有与动物细胞同源的离子通道型谷氨酸受体(Ionotropic Glutamate Receptor,iGluR),并且可能参与了植物的光信号转导过程。

(3)胞内信号的转导

如果将胞外各种刺激信号作为细胞信号传递过程中的初级信使或第一信使,那么则可以把由胞外刺激信号激活或抑制的、具有生理调节活性的细胞内因子称为细胞信号传递过程中的次级信使或第二信使。

一般公认的胞内信使(Intracellular messenger)有 Ca^{2+}、肌醇三磷酸(也称肌醇-1,4,5-三磷酸)、二酰甘油(Diacylglycerol,DG,DAG)、环腺苷酸(cAMP)、环鸟苷酸(cGMP)等。随着细胞信号转导研究的深入,人们发现 NO、H_2O_2、花生四烯酸、cADPR、IP_4、IP_5、IP_6 等胞内成分在细胞特定的信号转导过程中也可充当第二信使。

胞内第二信使系统主要有:钙信使系统、肌醇磷脂信使系统和环核苷酸信使系统。

①钙信使系统。植物细胞内的游离 Ca^{2+} 是细胞信号转导过程中重要的第二信使。几乎所有的胞外刺激信号(如光照、温度、重力、触摸等物理刺激和各种植物激素、病原菌诱导因子等化学物质)都可能引起胞内游离 Ca^{2+} 浓度的变化,而这种变化的时间、幅度、频率、区域化分布等却不尽相同,所以有可能不同刺激信号的特异性正是靠 Ca^{2+} 浓度变化的不同形式而体现的。胞内游离 Ca^{2+} 浓度的变化可能主要是通过 Ca^{2+} 的跨膜转运或 Ca 的螯合物的浓度调节而实现的,此外,在质膜、液泡膜、内质网膜上都有 Ca^{2+} 泵或 Ca^{2+} 通道的存在。胞外刺激信号可能直接或间接地调节这些 Ca^{2+} 的运输系统,引起胞内游离 Ca^{2+} 浓度变化以至

于影响细胞的生理生化活动。如保卫细胞质膜上的内向 K^+ 通道(Inward K^+ channel)可被 Ca^{2+} 抑制,而外向 K^+ 和 Cl^- 通道则可被 Ca^{2+} 激活等。

胞内 Ca^{2+} 浓度梯度的存在是 Ca^{2+} 信号产生的基础。在正常情况下植物细胞质中游离的静息态 Ca^{2+} 浓度水平为 $10^{-7} \sim 10^{-6}$ mol/L,液泡的游离 Ca^{2+} 浓度水平在 10^{-3} mol/L 左右,内质网中 Ca^{2+} 浓度在 10^{-6} mol/L 左右,细胞壁中的 Ca^{2+} 浓度为 $10^{-5} \sim 10^{-3}$ mol/L。因而细胞壁等质外体作为胞外 Ca^{2+} 库,内质网、线粒体和液泡作为胞内 Ca^{2+} 库。静止状态下这些梯度的分布是相对稳定的,当受到刺激时,Ca^{2+} 跨膜转运调节细胞内的钙稳态(Calcium homeostasis),从而产生钙信号。

Ca^{2+} 信号的产生和终止表现在胞质中游离 Ca^{2+} 浓度的升高和降低。由于在胞内、外 Ca^{2+} 库与胞质中 Ca^{2+} 存在很大的浓度差,当细胞受到外界刺激时,Ca^{2+} 可以通过胞内、外 Ca^{2+} 库膜上的 Ca^{2+} 通道由钙库进入细胞,引起胞质中游离 Ca^{2+} 浓度大幅度升高,产生钙信号。钙信号产生后作用于下游的调控元件(钙调节蛋白等)将信号进一步向下传递,引起相应的生理生化反应。当 Ca^{2+} 作为第二信使完成信号传递后,胞质中的 Ca^{2+} 又可通过 Ca^{2+} 库膜上的钙泵或 Ca^{2+}/H^+ 转运体将 Ca^{2+} 运回 Ca^{2+} 库(质膜外或细胞内的 Ca^{2+} 库),胞质中游离 Ca^{2+} 浓度恢复到原来的静息态水平,同时 Ca^{2+} 也与受体蛋白分离,信号终止,完成一次完整的信号转导过程。

胞内 Ca^{2+} 信号通过其受体——钙调蛋白转导信号,如钙调素(CaM)与钙依赖型蛋白激酶。CaM 是最重要的多功能 Ca^{2+} 信号受体,是由 148 个氨基酸组成的单链的小分子酸性蛋白。CaM 以两种方式起作用:第一,可以直接与靶酶结合,诱导靶酶的活性构象发生变化,从而调节靶酶的活性;第二,与 Ca^{2+} 结合,形成活化态的 Ca^{2+}-CaM 复合体,然后再与靶酶结合将靶酶激活,这种方式在钙信号传递中起主要作用。已知有十多种酶受 Ca^{2+}-CaM 的调控,如蛋白激酶、NAD 激酶、H^+-ATPase 等。在以光敏色素为受体的光信号传导过程中,Ca^{2+}-CaM 胞内信号起了重要的调节作用。

CaM 异型基因表达的差异很大,其在不同细胞内种类、含量不同可能导致同一个刺激在不同的细胞内产生不同的生理效应,同时 CaM 在不同细胞内不同区域的分布、含量不同也可能是不同形式的钙信号产生不同生理效应的另一种机制。

除了 CaM 外,植物细胞中 Ca^{2+} 信号也可以直接作用于其他的钙结合蛋白,研究得最多的是钙依赖型蛋白激酶(Calcium dependent protein kinase ,CDPK)。

②肌醇磷脂信使系统。生物膜由双层磷脂及膜蛋白组成。对于生物膜在信号转导中的作用,多年来人们把注意力集中在功能繁多的膜蛋白上,而脂质组分仅被视作一种惰性基质。20 世纪 80 年代后期的研究表明,质膜中的某些磷脂,在植物细胞内的信号转导过程中起了重要作用。

肌醇磷脂(Inositol phospholipid)是一类由磷脂酸与肌醇结合的脂质化合物,分子中含有甘油、脂酸、磷酸和肌醇等基团,其总量约占膜脂总量的 1/10。其肌醇分子六碳环上的羟基被不同数目的磷酸酯化,主要以三种形式存在于植物质膜中,即磷脂酰肌醇(Phosphatidylinositol,PI)、磷脂酰肌醇-4-磷酸(Phosphatidylinositol-4-phosphate,PIP)和磷脂酰肌醇-4,5-二磷酸(Phosphatidylinositol-4,5-bisphosphate,PIP_2)。

以肌醇磷脂代谢为基础的细胞信号系统,是在胞外信号被膜受体接受后,以 G 蛋白为中介,由质膜中的磷酸脂酶 C(PLC)水解 PIP_2 而产生 IP_3 和二酰甘油(DG,DAG)两种信号分子。因此,该系统又称为双信号系统(Double messenger system)。在双信号系统中,IP_3通过调节Ca^{2+}浓度传递信息,而DAG则通过激活蛋白激酶C(PKC)来传递信息。IP_3和DAG完成信号传递后经过肌醇磷脂循环可以重新合成PIP_2,实现PIP_2的更新合成。

磷脂酶C催化磷酸基与甘油间键的断裂。PIP_2特异的磷脂酶C(PIP_2-PLC)与信号转导有关。由于PIP_2-PLC在植物感受逆境刺激的过程中起到放大和传递原始信号的作用,研究人员相继从一些植物中克隆并鉴定出 *PIP_2-PLC* 基因,并以之研究其在植物适应逆境生理过程中的作用。拟南芥 *AtPLC1s* 是从高等植物中克隆得到的第 1 个 *PLC* 基因。*AtPLC1s* 基因编码含有 561 个氨基酸、分子量为 54kD 的蛋白质,比植物中其他的 PLC 蛋白要小,预测的结构与动物中的 PLCδ 类似。细菌表达出来的 *AtPLC1s* 蛋白能够降解 PIP_2 且活性严格依赖于 Ca^{2+},这表明 *AtPLC1s* 编码的是真正意义上的 PIP_2-PLC。Northern 杂交分析显示,在正常(非胁迫)的情况下 *AtPLC1s* 在根、茎、叶都有表达,但表达水平很低。低温、高盐、干旱或 ABA 处理均能使 *AtPLC1s* 的转录表达量急剧增加,这表明 *AtPLC1s* 可能参与胁迫信号的传递过程。

③环核苷酸信使系统。环核苷酸(Cyclic nucleotide)是在活细胞内最早发现的第二信使,包括 cAMP 和 cGMP,其分别由 ATP 经腺苷酸环化酶、GTP 经鸟苷酸环化酶产生而来。

研究人员在植物中已检测出 cAMP,同时了解了合成 cAMP 的腺苷酸环化酶以及分解cAMP 的磷酸二酯酶活性。腺苷酸环化酶是一个跨膜蛋白,它被激活时可催化胞内的 ATP分子转化为 cAMP 分子,细胞内微量 cAMP(仅为 ATP 的千分之一)在短时间内迅速增加数倍甚至数十倍,从而形成胞内信号。细胞溶质中的 cAMP 分子浓度增加往往是短暂的,信号的灭活机制随之将减少。cAMP 信号在 cAMP 特异的环核苷酸磷酸二酯酶(cAMP specific cyclic nucleotide phosphodiesterase,cAMP-PDE)催化下水解,产生 $5'$-AMP,将信号阻断。

大量研究表明 cAMP 信使系统还在转录水平上调节基因表达。cAMP 通过激活 cAMP依赖的蛋白激酶而对某些特异的转录因子进行磷酸化,这些因子再与被调节的基因的特定部位结合,从而调控基因的转录。在这些转录因子中,有一种被称为 cAMP 响应元件结合蛋白(cAMP response element binding protein,CREB)。CREB 被磷酸化后与其被调节的基因特定部位结合,从而调节这些基因的表达。

cAMP 还与叶片气孔关闭的信号转导过程有关,并且参与 ABA 和 Ca^{2+} 抑制气孔开放及质膜内向 K^+ 通道活性的调控过程;花粉管的伸长生长受 cAMP 的调控;腺苷酸环化酶可能参与了花粉与柱头间不亲和性的表现;根际微生物因子作用于根毛细胞后可以导致cAMP 浓度的升高等。

有试验证明光诱导的叶绿体花色素苷合成过程中 cGMP 参与了受体 G 蛋白之后的下游信号转导过程。环核苷酸信号系统与 Ca^{2+}-CaM 信号传递系统在合成完整叶绿体过程中起协同作用。

(4)蛋白质的可逆磷酸化

蛋白质可逆磷酸化是细胞信号传递过程中几乎所有信号传递途径的共同环节,也是中心环节。植物体内许多功能蛋白转录后需经共价修饰才能发挥其生理功能,蛋白质磷酸化就是进行共价修饰的过程。蛋白质磷酸化以及去磷酸化分别由一组蛋白激酶(Protein kinase,PK)和蛋白磷酸酶(Protein phosphatase,PP)所催化,它们是上述的几类胞内信使进一步作用的靶酶。

外来信号与相应的受体结合,会导致后者构象发生变化,随后就可通过引起第二信使的释放而作用于 PK(或 PP),或者因有些受体本身就具有 PK 的活性,所以与信号结合后可立即得到激活。PK 可对其底物蛋白质所特定的氨基酸残基进行磷酸化修饰,从而引起相应的生理反应,以完成信号转导过程。此外,由于 PK 的底物既可以是酶,也可以是转录因子,因而它们既可以直接通过对酶的磷酸化修饰来改变酶的活性,也可以通过修饰转录因子而激活或抑制基因的表达,从而使细胞对外来信号做出相应的反应。

蛋白质的磷酸化和去磷酸化在细胞信号转导过程中具有级联放大信号的作用,外界微弱的信号可以通过受体激活 G 蛋白、产生第二信使、激活相应的 PK 和促使底物蛋白磷酸化等一系列反应得到级联放大。

虽然磷酸化和去磷酸化的过程本身是单一的反应,但多种蛋白质的磷酸化和去磷酸化的结果是不同的,很可能与实现细胞中各种不同刺激信号的转导过程有关。事实上,正是蛋白质磷酸化的可逆性为细胞的信息提供了一种开关作用。在有外来信号刺激的情况下,通过去磷酸化或磷酸化再将之关闭。这就使得细胞能够有效而经济地调控其对内外信息的反应。

植物细胞中约有 30% 的蛋白质是磷酸化的,真核生物有近 2000 个 PK 基因和 1000 个 PP 基因,约占基因组的 3%。拟南芥中目前估算约有 1000 个基因编码激酶,300 个基因编码 PP,约占其基因组的 5%。在单子叶植物玉米和双子叶植物矮牵牛、拟南芥、油菜、苜蓿、豌豆中也已克隆到 PP 基因,并在多种植物中发现其活性,推测其可能参与植物的一些重要功能。

5.信号传递的网络化

从上述植物细胞信号传递的四个阶段,人们很容易把信号转导系统看成是一种因果关系的线性链,然而参与信号转导的各因子之间的关系是非常复杂的,信号转导系统实际上是一个信号转导网络,多种信号分子相互联系,立体交叉,协同作用,实现生物体中的信号传导过程。多数信号分子都可以激活几种不同的细胞信号转导途径,信号转导途径中的一个组分也可以激活其他途径,形成一个分支。例如,PLC 的活化,既可引起下游 IP_3/Ca^{2+} 信号途径,又可引起 DG/PKC 途径;PK 可以使多种蛋白质磷酸化,其中包括其他激酶,从而引起下游的几个不同途径被激活,在细胞中产生多种反应。相反,几个不同途径也可在某一点激活同一种酶,使它们之间相互汇合到一起(图 3-3)。

信号传递并非一维的、直线的、单一的模式,而是复杂的、曲线的、网络的,甚至混沌的,同时还包括很强的定位和定量特性。信号传递是曲线的,这是因为机体内蛋白质相互作用十分复杂,一个信号不可能单一传导,而是有许多其他蛋白质或信号去增强它、抑制它,构成了一个信号反馈网络,从而保证了信号传导的精确性。信号传递还存在明显的震荡现象,正负反馈调节决定了震荡存在的必然性。信号转导的每一级都会形成一个小的反馈环,而整个信号又会形成一个大的反馈环,通过不断的调控和震荡,使信号精确传导下去。另外,信号传递中还存在一个定位问题。细胞接受外界信号,细胞内蛋白质传导这一信号,但信号并非遍布整个细胞,而是局限于细胞的局部。而且同一信号在细胞的不同部位,最终产生的效应也将是不同的,这种定位特征,使信号转导变得更为复杂和有趣。有报道认为细胞内存在一个调控 Ca^{2+}/CaM 信号的网络,这一研究也提示,信号传递本身也是受其他信号控制的,而且是一个复杂的网络信号的调控。信号转导可以用数学模型或物理模型进行模拟,信号转导的过程还呈现出一种混沌式的调节现象，而不仅仅是正负反馈。信号转导是生命的最本质特征，任何一种信号在传入细胞过程中，都在不断接受其他信号的调节，通过不断的调控，从而形成一种混沌式的控制模型，以保证信号的精确性。

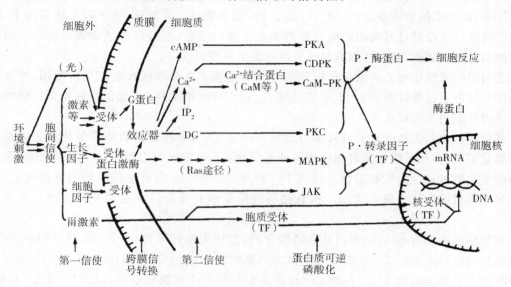

图 3-3 细胞信号转导主要途径模式图

IP₃：三磷酸肌醇；DG：二酰甘油；PKA：依赖 cAMP 的蛋白激酶；PKC：依赖 Ca^{2+} 与磷脂的蛋白激酶；CaM－PK：依赖 Ca^{2+} · CaM 的蛋白激酶；CDPK：依赖 Ca^{2+} 的蛋白激酶；MAPK：有丝分裂原蛋白激酶；JAK：另一种蛋白激酶；TF：转录因子

（二）植物的化学信号

1.化学信号的性质

化学信号（Chemical signal）是指能够把环境信息从感知位点传递到反应位点，进而影响植物生长发育进程的某些化学物质。根据化学信号的作用方式和性质，可分为正化学信号、负化学信号、积累性化学信号和其他化学信号等。

正化学信号（Positive chemical signal）：随着环境刺激的增强，该信号由感知部位向作用部位输出的量也随之增强；反之则称为负化学信号（Negative chemical signal）。积累性化学信号在正常情况下，作用部位本身就含有该信号物质并不断地向感知部位输出，以保证该物质维持在一个较低的水平，当感知部位受到环境刺激时，可导致该物质输出的量减少，表现上则是该物质积累增加，当其积累量超过一定阈值时其调节生理生化活动的作用也就明显地表现出来。

2.化学信号分子的种类

目前发现的化学信号分子已有几十种，主要包括以下几类。

（1）植物激素类

几大类植物激素都可以作为胞外信号分子传递环境信息。在植物感知土壤干旱时，ABA 可通过木质部传递到地上部分，调控叶片生长和气孔开关；IAA 在植物对重力的反应中起重要的信息传递作用；乙烯在传递植物根淹水信息中起到信号作用。另外，茉莉酸（Jasmonic acid，JA）、茉莉酸甲酯（Me-JA，MJ）、水杨酸（Salisylic acid，SA）等也都被发现可作为胞外信号分子传递逆境信息。Me-JA 诱发激活水杨酸前体的作用酶（苯丙氨酸氨基水解酶，PAL）、生物碱、蛋白酶抑制剂（Proteinase inhibitor），可在信号传递中起中介作用并诱导从受体反应的 ABA 积累到基因的转录激活过程。水杨酸广泛分布于单、双子叶植物，它是唯一确认在生理相关浓度下显示出对微生物病原体抗性的信号分子。最近还发现乙酰胆碱在植物逆境信号传递中也起一定作用。

ABA 和乙烯在根冠生长中有相互作用。在水分胁迫条件下，根和冠中的 ABA 浓度增加并抑制其生长；在水分状况良好的状态下，外施不同浓度的 ABA 也可以抑制其生长，对冠部生长的抑制强于对根部的抑制。早期积累的 ABA 主要是起限制生长作用，在后期积累的 ABA 主要是维持生长的作用，这主要是因为乙烯由促进变为抑制效应的变化引起的。

但在植物根系受到水渍的时候，厌氧条件下首先触发乙烯增生，诱导通气组织和次生根的形成，以缓解缺氧，根中的细胞分裂素（Cytokinin，CTK）和 GA 迅速下降，根的生长速率也因此下降，CTK 向地上部分的运输量减少，以致植株生长速率下降。根和叶片中的 ABA 含量增加，特别是老叶中 ABA 合成量明显增加，一方面导致老叶枯萎死亡，另一方面将 ABA 传送到幼叶，导致气孔关闭。

由于土壤干旱引起木质部 CTK 浓度降低，作为一种根源负信号的物质参与气孔关闭。在水稻上发现水分胁迫下气孔导度下降，木质部汁液中的 CTK 含量下降了 4 倍，土壤干旱影响了根中 CTK 的合成。推测干旱条件下根系和木质部汁液中 CTK 的含量降低，但 CTK 可能并不直接控制叶片气孔开度，CTK 和 ABA 之间平衡关系的改变或许调节着干旱条件下的气孔运动。

JA 和 ABA 普遍存在于高等植物中，都能抑制植物生长、促进离体叶片的衰老，参与对气孔的调控，但作用和效果有异。JA 促进植物衰老比 ABA 的作用大，JA 类物质抑制植物生长的作用不如 ABA。ABA 和 MJ 抑制水稻幼苗生长，前者是可逆的，后者是不可逆的。一定浓度范围内的 JA 和 ABA 都可诱导气孔关闭。ABA 诱导气孔关闭有明显的浓度效应，在 $0.1\sim100\mu mol/L$ 范围内，作用效果随着 ABA 浓度升高而增强，但作用的时间效应不明显。JA 则有明显的时间效应。在 3h 内，其作用效应随着时间的延长而增强。MES 缓冲液对茉莉酸的恢复作用与 ABA 不同。ABA 和 JA 调控蚕豆气孔运动有一定的协同效应。

（2）寡聚糖类

寡聚糖类主要包括 1,3-β-D-葡聚糖、半乳糖、聚氨基葡萄糖、富含甘露糖的糖蛋白等。已发现真菌细胞壁中 β-葡聚糖成分诱导物以激素作用方式与植物细胞膜上受体高度亲和从而影响抗性基因的表达。大豆细胞壁上纯化的葡聚糖诱导物可以附着于膜上。这都表明细胞壁中寡聚糖成分在真菌与植物的相互作用中起重要作用。寡聚糖除了影响抗性基因表达外还可激活蛋白酶抑制剂，此外还参与蛋白质的磷酸化、离子流和动作电位的调控等。寡聚糖类化学信号由于有其作为细胞成分和植物与微生物相互作用的特殊一面，已成为植物细胞外信号中最引人注目的信号分子之一。

（3）多肽类

当受到虫咬或其他环境刺激时，在番茄和马铃薯叶片中可合成蛋白酶抑制剂的诱导物，它是一类可以移动的由 18 个氨基酸组成的多肽，称为系统素。系统素是在低浓度下可诱导抑制其他生物的蛋白酶功能的丝氨酸类蛋白酶抑制剂，这些抑制剂也是植物受到伤害后产生抗性所必须积累的因子,它们能使叶蛋白的消化性和营养性降低。因此系统素也被称作蛋白酶抑制剂的诱导因子,它可以通过植物韧皮部从受伤部位运输到未受伤部位,这是植物体内发现的第一种可以传递信号并调节植物生理功能的多肽类胞外信号。

植物还有其他肽类信号分子。如植物结瘤素(Nodulin),是由 10～13 个氨基酸组成的活性多肽,与豆科植物根瘤形成及维持共生功能有关。从大豆种子中分离出的与动物胰岛素特性相似的豆胰岛素(Leginsulin),由 37 个氨基酸组成,可促进胡萝卜愈伤组织的分化和小植株的形成。植物磺肽素(Phytosulfokine,PSK)又叫植物硫素、植物硫动蛋白,由 4～5 个氨基酸组成,可诱导细胞分裂和增殖,促进导管分化和胚性细胞形成,调节花粉细胞的群体效应,提高植物的耐热性。已在水稻、玉米、胡萝卜、番茄、松树、烟草等多种植物中发现了 PSK。

(4)其他种类

有人认为胞外 Ca^{2+}、H^+ 及其跨膜浓度梯度的变化可能作为胞外信号分子在逆境信息传递过程中发挥作用。

二、逆境下植物不同水平的信号转导

(一)植物抗逆信号在不同水平的响应

1.抗逆信号的响应水平

植物在各种逆境条件下,都有一定范围的适应性,可发生细胞水平上的生理反应、基因表达水平的变化和 DNA 水平的基因变异。长期刺激的环境信息或多或少地记录在植物上,使其获得抗逆性,以适应不同的环境变化。个体通过感受外界环境信号,传导信息,最终获得性状,此种主动适应的过程与信号转导密切相关。

一方面,生命的遗传物质——核酸,转录和翻译产生相应的蛋白质,这些蛋白质能适应环境而产生各种功能和结构;另一方面,环境则通过对蛋白质与核酸的影响来调控基因表达,产生个体、器官和细胞间的差异。长久的较为稳定的环境变化,会使高频转录产生的 RNA 通过逆转录方式形成 cDNA,最后整合到 DNA 上,从而遗传物质的增量会被记录到 DNA 遗传信息库中,在遗传上强化其性状或产生新性状。推动这种反馈调控的正是环境与生物之间的信号转导。

蛋白质与核酸等大分子是生命的主要体现者,但不是生命本身。生命的本质就是这些生物大分子之间,以及它们与环境之间复杂而有序的相互联系和相互作用。植物细胞处于复杂外界环境的"信息轰炸"(Signal bombard)之下,这些信号分别或协同地启动细胞各种信号转导途径,最终使植物做出合理的生理反应。

有人将细胞信号转导的作用方式喻为电脑的工作,即细胞所接受的外界信号如同输入电脑的不同数字、字母或符号,细胞内的各种信号转导途径及其组分就如同电脑线路中的各种集成块。信号在这些集成块中流动,经分析、整合,最终将结果显示在荧屏上。而在植物细胞中,这些经分析、整合后的信号最终表现为已经调整的生理功能。细胞有自动修复、补偿能力。一定程度的损伤并不能导致细胞死亡,细胞信号转导途径中某一组合的丧失,如含有某一编码基因的信号分子的缺失,往往只会影响细胞功能的某一方面,或代谢途径的一点改变,或表现形态上的某些变化而不会影响植株的整个生理过程。

2.抗逆信号的交叉连接

植物的不同胁迫信号转导途径之间,既相互独立,又密切联系。如分别用低温、干旱、高盐和 ABA 处理水稻后,分析其基因表达情况。结果表明:每种处理条件均诱导了特异基因的表达,同时有 15 个基因受这 4 个处理条件的诱导表达,25 个基因受干旱和低温处理诱导表达,22 个基因受低温和高盐处理诱导表达,43 个基因同时受干旱和 ABA 处理诱导表达,17 个基因受低温和 ABA 处理诱导表达。

人们普遍认为 ABA 作为非生物胁迫相关激素,提高了植物对非生物胁迫的抗性,在大多数情况下 ABA 负调控了植物对生物胁迫的抗性,而 SA、JA 和 ET 在生物胁迫抗性中起作用。如番茄 ABA 缺陷突变体 sitiens 对病原体的抗性增强,外源施加 ABA 后恢复了其对病原体的敏感性,而该突变体增强了 SA 中介的胁迫反应。这些结果表明在番茄中高的 ABA 浓度抑制了 SA 中介的防御反应。在植物的发育过程中,ABA 信号途径和 ET 信号途径往往是相互拮抗的,如 ERA3（Enhanced response to ABA3）和 EIN2（Ethylene insensitive2）是等位基因,编码膜定位的 Ca^{2+} 感受器,该基因是 ABA 信号转导和 ET 信号转导途径的交叉点。JA 抗性突变体 jar1 和 JA 不敏感突变体 jin4 对 ABA 抑制种子的萌发是超敏感的,表明 ABA 信号途径和 JA 信号途径是相互拮抗的。转录因子 AtMYC2 是 ABA、ET 和 JA 三种信号转导途径的交叉点,对于 AtMYC2 的研究首先是从 ABA 中介的植物干旱胁迫抗性开始的,该基因过表达后降低了 JA/ET 中介的病原菌诱导基因的表达。atmyc2 突变体降低了 ABA 诱导基因的表达,表现为 ABA 敏感,但增强了 JA/ET 中介的病原菌诱导基因的表达,增强对病原菌的抗性,以上结果也表明 AtMYC2 是植物生物胁迫和非生物胁迫转导途径的交叉点。

（二）逆境下植物信号转导的调控

1.基因表达水平的调控

逆境下植物基因表达往往发生改变。盐、干旱胁迫和 ABA 诱导基因表达水平的变化早期研究主要集中在结构蛋白上,如 LEA 蛋白基因、Em 蛋白基因、脱水素蛋白基因和一些编码与渗透调节物质生物合成有关的酶,如醛糖还原酶、甜菜碱醛脱氢酶,以及具有调节功能和信号传导功能的蛋白,如 RNA 结合蛋白（RNA-bound protein）、myb-like、b-Zip-type、转录因子和组蛋白（Histone）等表达产物上。现在则转向对逆境应答的基因表达调控的研究,报道最多的是顺式作用元件和反式作用因子。如已证明水稻中由 ABA 诱导的 Rab16 基因的启动子中 TACGTGGC、CGCCGCGCCTCC 和 CGC/GCGCGCT 定位在 $-295 \sim -25$ 之间,认为这段对 ABA 的应答是重要的,也有可能与核蛋白作用,因此认为 Rab16 基因是在 ABA 应答引起基因表达过程中起调控作用的顺式作用元件。

大麦中由 ABA 和干旱诱导的基因 HVA22,它至少有 3 个元件,其中两个定位在启动子区,一个定位于第一个内含子中,高水平 ABA 诱导其表达,启动子区的两个顺式作用元件是典型的 ABARE 结构序列,消除其中一个元件便使 ABA 应答极显著降低,其产物含有已知的调控蛋白保守结构的特点。因此,ABA 和干旱诱导的基因表达是受多重顺式作用元件顺序调控的。盐胁迫下水稻中 ABRE 响应元件结合的两个多肽链的合成受 GTP 调节,这两个多肽链可能为反式调节因子。

玉米中 ABA 和水胁迫应答蛋白 Rab17（Leu 基因的产物）高度磷酸化,定位于核内,与核内定位信号肽结合，以磷酸化的形式在核内出现。Rab17 与 NLS（核内定位信号肽）的结合依赖于磷酸化，而 NLS 是反式调节因子的典型结构序列。玉米中干旱和 ABA 响应基因 VP1 与核内染色质的结合状态依赖于转录因子的磷酸化和去磷酸化共激活。玉米 Rab 基因中发现了一个 RNA 结合蛋白的保守序列，它与 GU 丰富的 RNAs 作用有关。由此可知，逆境诱导的基因表达是通过信息传导对顺式作用元件和反式调节因子的激活而实现的。

乙烯信号传导途径的遗传学模型为 ETO1、ETO2、ETO-ETR1-CTR1-EIN2-EIN3 三重反应。其中一些成分是蛋白激酶，如 ETR1、CTR1 蛋白的氨基酸序列与原核生物中双组分系统（Two-component system）的蛋白质超家族具有显著的相似性，这种双组分信号调控系统由感受器（Sensor）和应答调节器（Response regulator）组成，位于细胞质膜上的组氨酸蛋白激酶作为感受器，其 N-末端部分具有感受环境信号的结构域，C-末端则为传递信号的功能域，含有 240 个氨基酸，有几个保守的小区域，其中之一为 H 盒，应答调节器用于调节基因表达或传递来自感受器的信号。这种结构为植物对外界环境变化的适应性反应提供了有效机制。EIN3 可能是一种转录因子。拟南芥的两个反式调节因子 DREB1、DREB2 由干旱和低温诱导表达，结构分析表明，它们均含有一个 DNA 结合域和一个乙烯应答区。

因此，逆境应答的基因转录调节这一信息传递过程正是利用了基本元素组合的原理。转录因子可分为两大类：一类是基本转录因子，它们是一类较为通用的转录因子，如与某些启动子的共有序列 TATA 盒子相结合的 TBP（TATA box binding protein），即基本转录因子，另一类则为特异性较强的转录因子，某些组织特异性转录因子即属此类，这些转录因子常与 DNA 调控区的某些特异识别部位，如与增强子序列相结合，使某些具组织特异性的蛋白质得到表达。多个转录因子与 RNA 聚合酶构成复合酶系统，在接受特异信号传递后，可能参与信号传导而调节特异基因的转录。

2.基因组变异水平的调控

植物在生活过程中由于环境的变化，可以产生新的性状以适应新的环境，这种性状可以遗传。这显示逆境中获得的性状与 DNA 顺序的增加或丢失有关，如亚麻栽培在高氮土壤中 2～3 代后，其基因组中 rDNA 发生扩增。烟草培养细胞在受伤条件下逆转座子 Ttol 异常活跃，Ttol RNA 转录激活，并大量表达，结构分析表明 Ttol 序列中有一个顺式调节区可以感受外界的刺激信号。自从在玉米中发现逆转座子以后又进一步证实其中有反转录酶基因，且此种酶可将 RNA 逆转录为 DNA。现有的大量资料表明，植物中存在反转录酶和 RNA 逆转录为 DNA 过程已是事实。逆境下植物中逆转座子被激活，反转录酶活性得到启动，促进 RNA 逆转录为 DNA，于是合成新的或多拷贝 cDNA 整合到基因组中，从而获得新的性状。

3.蛋白可逆磷酸化与植物抗逆性

由蛋白激酶和蛋白磷酸酶催化的蛋白质可逆磷酸化是细胞信号转导中的组成部分，概括地说，这种翻译后修饰可以改变信号通路中许多关键蛋白质的性质，如酶活性和细胞内定位等，从而影响细胞的增殖、分化和凋亡。蛋白质的可逆磷酸化在控制细胞对外刺激的反应过程中的重要性已经得到广泛的认知，而且细胞的生长、发育、分化及许多其他的受到信号转导调控的生理学反应大多都建立在磷酸化和去磷酸化的基础之上，蛋白质的可逆磷酸化反应对于信号的快速、精确传递起着无可替代的作用。

已在根、茎、叶、种子及果实等几乎所有植物器官中检测到蛋白质可逆磷酸化的存在。

并且证明多种胞外刺激在胞内的传递中涉及蛋白质的可逆磷酸化过程,包括光照、温度(冷、热)、风、雨、触摸、盐胁迫、伤害、真菌激发子、水分胁迫和吸水等环境刺激以及生长素、脱落酸、乙烯、水杨酸、赤霉素和细胞分裂素等植物激素的刺激。越来越多的研究发现,在信号转导中尤其是在由环境胁迫所激活的信号通路中,蛋白质的可逆磷酸化有着重要作用。

(1)蛋白激酶与植物抗逆性

真核生物中发现的蛋白激酶很多,有多种分类方法。

根据其底物蛋白被磷酸化的氨基酸残基种类,可将蛋白激酶分为 5 类:丝氨酸/苏氨酸蛋白激酶、酪氨酸蛋白激酶、组氨酸蛋白激酶、色氨酸蛋白激酶以及天冬氨酰氨/谷氨酰氨蛋白激酶。植物中发现的蛋白激酶以前 3 类为主。

根据催化区域氨基酸序列的相似性,植物蛋白激酶可分为 5 大组:AGC 组、CaMK 组、CMGC 组、PTK 组和其他组。与逆境信号传递关系最密切的主要有分裂原激活蛋白激酶、钙依赖而钙调素不依赖的蛋白激酶(Calcium-dependent and calmodulin-independent protein kinase,CDPK)、受体蛋白激酶(Receptor protein kinase,RPK)、核糖体蛋白激酶(Ribosomal-protein kinase)、转录调控蛋白激酶(Transcription-regulation protein kinase)。

(2)蛋白磷酸酶与植物抗逆性

真核生物中的蛋白磷酸酶根据其底物特异性可分为两大类:丝氨酸/苏氨酸蛋白磷酸酶类(Protein serine/threonine phosphatases,PSPs)和酪氨酸蛋白磷酸酶类(Protein tyrosine phosphatases,PTPs)。其中,PTPs 类包括酪氨酸蛋白磷酸酶和双特异性蛋白磷酸酶(Dual specificity phosphatases,DSPs),DSPs 能使磷酸化的丝/苏氨酸和磷酸化的酪氨酸脱磷酸,在结构上是与其他 PTPs 相似的一类特殊蛋白磷酸酶。真核生物中,酪氨酸残基上的磷酸化只占所有磷酸化氨基酸位点的很少一部分,但在酪氨酸残基上的可逆磷酸化作用对于细胞的生长和分化是必不可少的。所有的 PTPs 均含有一个活性位点的特征性元件(Active site signature motif):(I/V)HCXAGXXR(S/T)G。

PSPs 根据催化亚基的不同及对特定抑制剂的敏感性不同分为 PP1 和 PP2 两类。PP1 对哺乳动物磷酸化酶激酶 β 亚基的去磷酸化活力较高,受内源蛋白抑制物 I-1 和 I-2 的抑制。PP2 对磷酸化激酶 α 亚基的去磷酸化活力较高,且不受 I-1 和 I-2 的抑制,此酶的催化亚基可单独存在,无需特定调节亚基的结合,但其功能的实现需要特定的调节亚基将其在细胞内定位或者识别特定的底物。PP2 按照亚基的结构、活力及对二价阳离子的依赖性又被进一步分为 3 个亚类:PP2A,PP2B 和 PP2C。所有的 PP2A 均由一个催化亚基和一个调节亚基 A 组成其核心,多数物种中还含有另一个调节亚基,此调节亚基分 B、B' 和 B"3 个类型,其中 B' 又包括 α、β、γ、δ 等众多亚型,PP2A 的活性不依赖于二价阳离子;PP2B 是迄今发现的唯一依赖于 Ca^{2+}/CaM 的蛋白磷酸酶,由一个催化亚基和一个调节亚基构成;PP2C 是一种单体蛋白磷酸酶,其活力依赖于 Mg^{2+} 或 Mn^{2+}。

高等植物中 PP2C 广泛参与 ABA 调控的各种信号途径,包括 ABA 诱导的种子萌发/休眠、幼苗根系的伸长、保卫细胞及离子通道调控和气孔关闭、逆境胁迫等。PP2C 还参与植物创伤反应、生长发育以及抗病原菌侵害等多种途径。研究表明,植物中 PP2C 可能在许多信号转导途径中作为负调控因子,在调节由环境胁迫如冷害、干旱、损伤等激活的信号通路中起作用。

本章小结

植物对信息的传递和反应过程称为植物的信号转导。植物信号系统的类型包括生物大分子的结构信息、物理信号如电信号、水信号以及化学信号等。植物细胞信号传递的分子途径可分为胞间信号传递、膜上信号转换、胞内信号转导及蛋白质可逆磷酸化。信号系统实际上是一个信号网络，多种信号分子立体交叉，协同作用，实现生物体中的信号转导过程。植物的化学信号主要有植物激素类、寡聚糖类、多肽类和其他种类。

植物在各种逆境条件下可发生细胞水平上的生理反应、基因表达水平的变化和 DNA 水平的基因变异。通过感受外界环境信号，传导信息，最终获得性状，此种主动适应的过程与信号转导密切相关。植物的不同胁迫信号转导途径之间，既相互独立，又密切联系。

逆境下植物信号转导的调控包括基因表达水平的调控、基因组变异水平的调控、蛋白可逆磷酸化等。

复习思考题

1.谈谈物质流、能量流与信息流的关系。

2.植物信号传递的基本特性是什么？

3.植物的化学信号与抗逆性有何联系？

4.植物抗逆信号在不同水平情况下的响应如何？

5.举例分析植物抗逆性中的信号转导。

第四章　逆境蛋白与抗逆相关基因

一、植物逆境蛋白的多样性

在长期进化过程中植物形成了对逆境的一定的抵御能力,在代谢水平上、生理水平上和植株发育水平上做出适应性的反应,但是赋予植物最终抗逆能力的是植物的基因型和在环境胁迫下的基因表达特性。植物抗逆性的分子基础是植物抗性生物学研究的热点。

随着分子生物学的发展,人们对植物抗逆性的研究也在不断深入。已发现多种因素如高温、低温、干旱、病原菌、化学物质、缺氧、紫外线等能诱导植物体合成新的蛋白质或酶。

在环境胁迫下,植物表达的基因蛋白主要有两种分类方法。一种是根据诱导其合成的环境因子和合成的发育阶段进行分类,如热击蛋白(热激蛋白)、低温诱导蛋白、厌氧胁迫蛋白、盐胁迫蛋白、胚晚期丰富蛋白和 ABA 响应蛋白等。另一种是根据蛋白在植物的逆境反应中所起的作用分类。一类是功能基因,其编码产物直接参与植物对逆境的保护反应;另一类是调节基因,其编码产物是调节基因表达的转录因子或在植物感受和传递胁迫信号中的蛋白激酶等。后一种分类方法似乎更为合理,但是有相当数量的胁迫蛋白的功能还不清楚,不能将其明确地归入某一类;而且有的蛋白如厌氧胁迫蛋白、胚晚期丰富蛋白和热击蛋白等往往有多种生理功能。下面介绍一些环境胁迫诱导表达的植物蛋白。

(一)根据诱导因子和发育阶段分类

多种多样的环境因子刺激都会使生物产生相应反应,生物体内正常的蛋白质合成常会受到抑制,而诱导新的蛋白质合成或使原有蛋白质明显增加。

1.热休克蛋白

由高温诱导合成的蛋白叫热休克蛋白,又叫热击蛋白(Heat shock proteins,HSP),广泛存在于植物体中。已发现在大麦、小麦、谷子、大豆、油菜、胡萝卜、番茄以及棉花、烟草等植物中都有热击蛋白。HSP 的分子质量为 15～104 kD,可存在于细胞的不同部分。

热击处理诱导 HSP 形成的温度因植物而有差异。Key 等认为,豌豆 37℃、胡萝卜 38℃、番茄 39℃、棉花 40℃、大豆 41℃、谷子 46℃均为比较适合的温度。当然热击温度也会因不同处理方式而有所变化。如生长在 30℃ 的大豆,在 32.5℃ 和 35℃ 下不能诱导合成 HSP,37.5℃下 HSP 开始合成,40℃时 HSP 合成占主导地位,45℃时正常蛋白和 HSP 合成都被抑制。但是若用 45℃先短期处理(10min),然后回到 28℃,大豆也能合成 HSP。通常诱导 HSP 合成的理想条件是比正常生长温度高出 10℃ 左右。植物的热击反应速度是很快的,热击处理 3～5min 就能发现 HSP mRNA 含量增加,20min 可检测到新合成的 HSP。处理 30min 时大豆黄化苗 HSP 合成已占主导地位,正常蛋白合成则受阻抑。

2.低温诱导蛋白

低温诱导蛋白(Low-temperature-induced proteins)亦称冷响应蛋白(Cold responsive protein)、冷击蛋白(Cold shock protein)、冷驯化蛋白(Cold acclimation protein,CAIP)或冷

调节蛋白(Cold regulated protein，CORP)。Johnson-Flaragan 等用低温锻炼方法使油菜细胞产生分子质量为 20kD 的多肽。Koga 等用 5℃冷胁迫诱导稻叶离体翻译产生新的分子质量为 14kD 的多肽。用低温处理水稻幼苗，也发现其可溶性蛋白的凝胶图谱与常温下的有区别，其中有新的蛋白出现。

当植物遭遇低温时，叶片表皮细胞和细胞间隙会形成特殊的蛋白质，与水晶体表面结合，抑制或减缓水晶进一步向内生长，这种蛋白叫抗冻蛋白(Antifreeze protein)。低温胁迫下在拟南芥中发现的抗冻蛋白能减少冻融过程对类囊体膜的伤害。

低温诱导蛋白的出现还与温度的高低及植物种类有关。水稻用 5℃，冬油菜用 0℃处理均能形成新的蛋白。一种茄科植物 Solanum commerssonii 的茎愈伤组织在 5℃下第一天就诱导 3 种蛋白合成，但若回到 20℃，则 1d 后便停止合成。

3.病原相关蛋白

其也称病程相关蛋白(Pathogenesis-related proteins，PR)，这是植物被病原菌感染后形成的与抗病性有关的一类蛋白。大麦被白粉病侵染后产生过敏反应，可诱导 10 种新的蛋白形成。烟草中发现了 33 种 PR。不但真菌、细菌、病毒和类病毒可以诱导 PR 产生，而且与病原菌有关的物质也可诱导这类蛋白质产生，如几丁质、β-1,3-葡聚糖以及高压灭菌杀死的病原菌及其细胞壁、病原菌滤液等也有诱导作用。

PR 的分子量往往较小，一般不超过 40kD，且主要存在于细胞间隙。PR 常具有水解酶活性，几丁质酶和 β-1,3-葡聚糖酶就是常见的代表，这两种酶对病原真菌的生长有抑制作用。高等植物细胞壁中富含羟脯氨酸的糖蛋白含量很低，但受到病原物侵染后，其合成会迅速增加，这与阻止病原菌侵入有关。

病害对植物是一种生物逆境。当植物被病原菌感染或一些特定化合物处理后，会产生一种或多种蛋白质。这些蛋白质没有病原特异性，而是由寄主反应类型决定的，说明是由寄主起源的。

4.盐胁迫蛋白

植物在受到盐胁迫时会新形成一些蛋白质或使某些蛋白合成增强，称为盐胁迫蛋白(Salt-stress protein)。已从几十种植物中测出盐胁迫蛋白。在向烟草悬浮培养细胞的培养基中逐代添加氯化钠的情况下，可获得盐适应细胞，这些细胞能合成分子质量为 26kD 的盐胁迫蛋白。大麦耐盐品种 CM72 幼苗在盐胁迫诱导下产生 8 种盐胁迫蛋白，不耐盐品种 Prato 产生 11 种盐胁迫蛋白，其分子质量在 20～27kD 范围内。

5.厌氧胁迫蛋白

厌氧处理可引起植物基因表达的变化，使原来的蛋白(需氧蛋白)合成受阻，但合成了一组新的蛋白质，即厌氧胁迫蛋白(Anaerobic protein，Anaerobic stress protein，ANP)。缺氧使玉米幼苗需氧蛋白合成受阻，一组新的蛋白质重新合成。大豆中也有类似结果。特别是与糖酵解和无氧呼吸有关的酶蛋白诱导合成增加显著。

已经在玉米、水稻、高粱、大麦和大豆等多种植物中发现了 ANP 的存在。玉米幼苗在厌氧处理后的前 5h，一组分子质量约为 33 kD 的多肽(称过渡蛋白，TP)迅速合成；在厌氧处理 15h 后大约 20 种 ANP 诱导合成，其合成量占全部掺入的标记氨基酸的 70%以上；厌氧处理 72h 后，ANP 合成降低。已经确定有些 ANP 是催化糖酵解和乙醇发酵的酶类，其中包括醇脱氢酶(ADH)、丙酮酸脱羧酶、葡萄糖-6-磷酸异构酶和果糖-1,6-二磷酸醛缩酶及蔗糖合成酶。

在已确定的 ANP 中，ADH 是研究最多的一种。由于在高等植物细胞中，乙醇发酵是厌氧条件下产生 ATP 的主要代谢途径，因此，它们在缺氧时含量和活性的增加，对于改善细胞的能量状态，提高植物对抗缺氧环境能力是有利的。

6.紫外线诱导蛋白

植物在受到强烈阳光照射时，阳光中过多的紫外线会对植物产生伤害作用。作为一种防御机制，植物合成类黄酮色素等吸收紫外线，从而减轻对植物自身的伤害作用。紫外线照射可诱导苯丙氨酸解氨酶（PAL）、4-香豆酸-CoA 连接酶等酶蛋白的重新合成，因而促进了可吸收紫外线辐射的类黄酮色素等的积累，这些蛋白称紫外线诱导蛋白（UV-induced protein）。

用紫外线处理芹菜悬浮培养细胞时，会引起 PAL、4-香豆酸-CoA 连结酶、查耳酮合成酶（CHS）和 UDP-芹菜糖合成酶的协同诱导，而这些酶类正是类黄酮色素生物合成所必需的。应用 cDNA 探针的研究发现，在紫外线照射时，编码这些酶的 mRNA 水平增加，说明紫外线诱导了这些基因的转录和蛋白质的重新合成。

7.水分胁迫蛋白

水分胁迫应包括涝害与旱害，但水分胁迫蛋白（Water stress protein）常指干旱应激蛋白（Drought stress protein），即植物在干旱胁迫下产生的蛋白。用 PEG 造成渗透胁迫，可诱导高粱、冬小麦等合成新的多肽。早在 20 世纪 30 年代人们就观察到水分胁迫可以影响蛋白质的代谢。目前对干旱诱导植物产生的特异蛋白，即水分胁迫蛋白的研究不断增多。研究表明，水分胁迫引起植物蛋白质合成上的变化与发育的种子蛋白质合成的变化有一些相似之处。

8.化学试剂诱导蛋白

多种多样的化学试剂如脱落酸、乙烯等植物激素，水杨酸、聚丙烯酸、亚砷酸盐等化合物，亚致死剂量的百草枯等农药都可诱导新的蛋白合成，这些蛋白称为化学试剂诱导蛋白（Chemical-induced protein）。

9.重金属结合蛋白

虽然一些重金属元素（如铜、锌等）是植物正常生长发育的必需营养元素，但当植物生长在含有过高浓度重金属的土壤中时，这些重金属元素会对植物产生强烈的毒害作用。有些植物在遭受重金属胁迫时，体内能迅速合成一类束缚重金属离子的多肽，这类多肽被称为植物重金属结合蛋白（Heavy metal binding protein）。根据植物重金属结合蛋白的合成和性质的差异，可将其分为金属硫蛋白（Metallothioneins-like，简称类 MT 蛋白）和植物螯合肽（Phytochelatin，PC）等。已从番茄、水稻、玉米、烟草、甘蔗、菠菜等多种植物中分离得到了镉和铜结合蛋白。这些蛋白分子质量一般很低，富含半胱氨酸（Cys），几乎无芳香族氨基酸，通过 Cys 上的—SH 基与重金属离子结合形成金属硫醇盐配位。

Murashgi 在 Cd^{2+} 处理的裂殖酵母中发现两种分子质量分别为 1.8 kD 和 4 kD 的镉结合肽，以后又在经 Cd^{2+} 处理的蛇根木悬浮培养细胞中分离得到了相同的多肽，将其称为 PC。许多重金属离子，如 Cd^{2+}、Pb^{2+}、Zn^{2+}、Ag^+、Ni^{2+}、Hg^{2+}、Cu^{2+}、Au^+ 等都可诱导 PC 合成。植物重金属结合蛋白，无论是类 MT 蛋白还是 PC，都含有丰富的 Cys 残基，能通过 Cys 上的—SH 与金属离子结合，因此推测它们可能起着解除重金属离子毒害以及调节体内金属离子平衡的作用。有人推测重金属结合蛋白可通过结合与释放某些植物必需营养元素离子

如 Cu^{2+}、Zn^{2+} 等,调节细胞内的离子平衡。

10.活性氧胁迫蛋白

有些环境因子,如缺氧、高氧、空气二氧化硫污染、除草剂(如百草枯)等能诱发植物体产生过量的 O_2^- 等活性氧,使植物受到伤害,甚至死亡。但在非致死条件下,这些环境因素可能诱导植物体内清除活性氧自由基的保护酶活性提高,这些保护酶也称作活性氧胁迫蛋白(Reactive oxygen stress protein)。如 SOD 同工酶的出现和活性增强。SOD 活性增加能有效地清除过量的 O_2^-,维持植物正常的生理功能,提高植物对上述逆境的抵抗能力。

11.其他逆境蛋白

逆境还能诱导植物产生其他蛋白。无论是物理刺激、化学刺激,还是生物因子刺激,在一定的条件下都有可能在植物体内诱导出某种逆境蛋白。下面再举一些例子。

(1)渗调蛋白

Bressan 等根据发生在细胞对高盐或干旱胁迫进行逐级调整的过程中分子质量为 26kDa 蛋白的合成和积累,将该蛋白定名为渗调蛋白(Osmotin)。在烟草悬浮细胞中首先分离出渗调蛋白以后,又在番茄、马铃薯、矮牵牛等植物中发现渗调蛋白,说明渗调蛋白的存在具有普遍性。通过大量的研究表明,渗调蛋白广泛存在于不同的植物组织、器官中,受干旱、盐渍、损伤、病原菌侵染、ABA、SA 等因子的诱导,与植物的抗旱、耐盐和抗病性有关,是一种逆境适应蛋白,伴随植物对各种胁迫的适应而产生,并大量积累。目前,编码渗调蛋白的基因已被分离测序,其基因表达的规律也被进一步研究。

某些渗调蛋白其实就是盐胁迫蛋白,只是不同研究人员在不同试验背景下的称谓不同。其他逆境蛋白的名称也有类似状况,这说明了逆境蛋白研究的复杂性。

(2)同工蛋白

逆境能诱导植物产生一些同工蛋白(Protein isoform)或同工酶。它们与"原来"的酶蛋白具有相同的功能、相似的结构和同源的 mRNA 编码区域,因此很难将它们严格区分开来。大麦的蛋白合成延长因子 EF-la 是一个高度保守的蛋白,经低温诱导后,用 BLT63 基因编码的 mRNA3′末端翻译序列作探针,在 Northen 印迹法中能找到一系列 BLT63 基因编码蛋白的同工蛋白,也就是说同工酶谱随温度发生变化。在离体蛋白质热锻炼过程中,蛋白质经过裂解和再合成可增加热稳定性,其间氨基酸顺序未变,疏水基团和亲水基团的亲和力变了,结果导致同工酶谱发生了变化。这种变化可造成温度胁迫诱导产生新蛋白的假象。研究发现,许多早期注意到的同工酶蛋白电泳图谱的变化,在分子生物学水平上证明是直接受到低温诱导的生化现象,而不是低温锻炼过程中的蛋白质结构变化导致的生化现象。

(3)激酶调节蛋白

激酶调节蛋白(Kinase-regulated protein)是参与逆境信号转导的蛋白,它能调节多种功能蛋白激酶的活性。例如,色氨酸、酪氨酸羟化酶依赖性激酶蛋白(14-3-3 蛋白,是一种动物中的激酶调节蛋白)。在拟南芥中发现的只受低温诱导的 RC114A 和 RC114B 具有与 14-3-3 蛋白相似的结构特点,因而被认为也是激酶调节蛋白。RC114A 和 RC114B 的 N 端区都有亲水和疏水兼有的两亲性 α 螺旋,具有蛋白激酶 A 和 C 的识别位点。RC114A 和 RC114B 在经低温诱导后可能通过调节激酶的活性参与低温信号转导。

(4)胚晚期丰富蛋白

种子成熟脱水期开始合成的一系列蛋白质称为胚胎发生晚期丰富蛋白(胚晚期丰富蛋

白）（Late embryogenesis abundant protein，LEA）。它们多数是高度亲水、在沸水中仍保持稳定的可溶性蛋白，缺少半胱氨酸和色氨酸。干旱、盐及低温胁迫均可诱导这些蛋白在营养组织中的表达，只是诱导途径不同。LEA 蛋白广泛存在于高等植物中。在植物个体发育的其他阶段，也会因 ABA 或脱水诱导在其他组织中高水平表达。LEA 蛋白通过以下三种方式保护植物细胞免受干旱胁迫下水势降低的损伤：作为脱水保护剂；作为一种调节蛋白参与植物渗透调节，对胚乳和生长组织的渗透胁迫有保护作用；通过与核酸结合而调节细胞内其他基因。

12.植物的抗逆相关基因

逆境蛋白是基因表达的产物。从抗逆相关基因（Stress resistant related genes）的研究出发，人们可以了解逆境蛋白的产生及其相互关系。下面举一些例子。

（1）低温诱导基因（Low-temperature-induced gene）

低温胁迫能诱导植物体内许多基因的表达，人们通过差示筛选（Differential screening）程序获得了低温诱导的 cDNA 文库，在双子叶植物中发现了 20 多个低温诱导的基因或基因族，在单子叶植物中发现了 10 多个。这些基因的表达与植物的抗冷性有关。

低温诱导可以诱发 100 种以上的抗冻基因表达，如拟南芥中这些基因表达会产生新多肽，在低温锻炼过程中一直维持高水平。新合成的蛋白质进入膜内或附着于膜表面，对膜起保护和稳定作用，从而防止冰冻伤害，提高植物的抗冻性。

（2）渗透调节基因（Osmotic regulated gene）

在渗透胁迫下，植物细胞中参与渗透调节的物质有的是从外界进入的，也有的是在细胞内合成的，这些蛋白（酶）及相关基因也不断被发现。

渗透调节相应地涉及多种蛋白和基因，一类是直接或间接参与渗透调节物质运输的蛋白及其基因，另一类是参与渗透调节物质合成的酶及其基因。另外与渗透调节有关的还有水分的进出，因此也涉及植物细胞水孔蛋白及其基因的表达和调控。如控制 K^+ 吸收的两个系统，均属于渗透调节物质运输蛋白，包括低亲和钾的组成系统（trk）和高亲和钾的渗透诱导系统（kdp），kdp 由三个协同诱导基因 $kdpA$、$kdpB$、$kdpC$ 所编码，$kdpA$、$kdpB$、$kdpC$ 的下游是两个调节基因 $kdpD$、$kdpE$。$kdpD$、$kdpE$ 的产物调节 $kdpA$、$kdpB$、$kdpC$ 的表达，在渗透胁迫条件下，由于细胞失水导致膨压下降，诱导 $kdpA$、$kdpB$、$kdpC$ 的表达，促进 K^+ 由细胞外进入细胞内。对于脯氨酸生物合成，从它的前体谷氨酸开始共涉及三个酶，即谷氨酸激酶、谷氨酰磷酸还原酶和吡咯啉-5-羧酸还原酶，编码这三个酶的基因分别为 $proA$、$proB$ 和 $proC$。而甜菜碱的生物合成关键酶是甜菜醛脱氢酶（BADH），有研究表明，盐胁迫可诱导 BADH 的 mRNA 转录明显增加。

（3）干旱应答基因（Responsive gene to dehydration）

干旱应答基因表达一些重要的功能蛋白和功能调节相关酶以保护细胞不受水分胁迫的伤害，使植物在低水势下维持其一定程度的生长发育和忍耐脱水能力。通过生理生化分析和差示筛选技术，对大批干旱诱导基因编码蛋白功能进行研究，部分功能已经清楚，部分功能根据蛋白的顺序同源性进行了推测。这些水分胁迫诱导基因产物不仅通过重要代谢蛋白保护细胞结构，而且起调节信号转导和基因表达的作用：即通过水通道蛋白、ATP 酶、跨膜蛋白受体蛋白、离子通道、有机小分子载体等膜蛋白加强了细胞与环境的信息交流和物质交换；通过代谢蛋白酶合成各种渗透保护剂（主要是低分子量糖、脯氨酸、甜菜碱等多元醇和偶极含氮化合物)来提高细胞渗透吸水能力；通过 LEA 蛋白、渗透蛋白、抗冻蛋白、分子伴侣、蛋白酶、CAT、APS 等来提高细胞排毒、抗氧化防御能力；通过蛋白激酶、转录因子、磷脂酶 C 等来提高细胞内信息传递和基因表达能力。

（二）根据在逆境反应中的作用分类

1.功能基因和相关蛋白

功能基因的编码产物直接参与植物对逆境的保护反应或者调控某些保护性物质的合成、分解，活性的改变。

（1）保护蛋白及相关基因

在逆境条件下植物表达保护生物大分子及膜结构的蛋白基因。如 LEA 蛋白基因家族，其主要作用包括：①作为渗透调节物质。②作为离子淬灭剂，许多 LEA 蛋白氨基酸序列的保守区域，可形成双亲性 α-螺旋结构，提供一个疏水区的亲水表面，螺旋的疏水面可形成同聚二聚体，处于亲水表面的带电基团可螯合细胞脱水过程中浓缩的离子；而组成 LEA 蛋白的氨基酸多为碱性、亲水性氨基酸，因此可以重新定向细胞内的水分子，束缚盐离子，以减轻脱水引起的离子强度增大对生物膜和功能蛋白的毒害。③作为分子伴侣，确保蛋白能够正确折叠。④抗冻蛋白的表达，该蛋白最先发现于极地海洋鱼类中，它能降低体液冰点，并通过吸附于冰晶的表面来有效地阻止和改变冰晶的生长。现已证明，低温驯化的冬黑麦、雪莲和沙冬青等植物中都有内源 AFP 的产生。

（2）渗透调节及相关基因

调节物质如甜菜碱、甘露醇、海藻糖及脯氨酸等合成酶相关的基因在逆境下表达改变的例子很多。如脯氨酸合成相关键酶基因（$\triangle$1-吡咯啉-5-羧酸合酶，P5CS）、鸟氨酸-δ-氨基转移酶（δ-OAT）基因、海藻糖合成酶基因、海藻糖-6-磷酸合酶（TPS）基因和海藻糖-6-磷酸酯酶（TPP）基因等。研究表明，干旱和冷胁迫都上调（促进）二氢吡咯-5-羧酸合成酶（脯氨酸合成途径中的酶）基因（*P5CS*）的表达和下调（抑制）脯氨酸脱氢酶基因（*ProDH*）的表达，从而导致脯氨酸的积累。植物受到低温和干旱胁迫时，*BADH* 活性增强，*BADH* 基因的表达量增加，从而使甜菜碱大量积累。

在盐胁迫情况下，某些植物的悬浮培养细胞会由于盐诱导而产生一种新的分子质量为 26 kD 的蛋白。由于它的合成总伴随渗透调节的开始，因此被命名为渗调蛋白。应指出的是，并非所有植物的培养细胞在盐适应条件下都有新蛋白质出现，或出现的蛋白质中都有分子质量为 26 kD 的蛋白。渗调蛋白的积累是植物生长受抑、适应逆境所产生的一种原初免疫反应，可能是一种耐脱水蛋白，并具有抗真菌活性。渗调蛋白是一种阳离子蛋白，在盐适应细胞中可稳定地产生，有可溶性或颗粒状两种形式存在，总量可达细胞总蛋白量的 12%。渗调蛋白的合成调节发生在转录水平上，ABA 可诱导其合成或增加渗调蛋白 mRNA 的稳定性，盐以某种方式调节渗调蛋白 mRNA 翻译的稳定性。渗调蛋白还具有促进非盐适应细胞对盐的适应能力。

（3）转运蛋白及相关基因

轻运蛋白如水通道蛋白（AQPs）、脯氨酸转运蛋白（PROT）、Na^+/H^+ 反向转运蛋白等，可通过调控水分和代谢物的运输，使植物适应环境的变化。

（4）解毒酶及相关基因

解毒酶包括活性氧清除系统酶等。多种胁迫都诱导植物各种抗氧化酶基因的表达,使编码产物增加,如 SOD、CAT、抗坏血酸过氧化物酶（AsA-POD）、谷胱甘肽-硫-转移酶（GST）和谷胱甘肽过氧化酶等。还包括乙醇脱氢酶（ADH）、乳酸脱氢酶（LDH）等。

（5）代谢酶及相关基因

代谢酶包括 PEP 羧化酶（PEPC）、蔗糖合成酶（SS）、苹果酸脱氢酶（MDH）、丙酮酸脱羧酶（PDC）等。这类酶活性的变化影响细胞关键物质的代谢,对植物耐逆性的提高有重要意义。在低温情况下,一些植物的甘油-3-磷酸酰基转移酶基因（*GPAT*）和编码叶绿体脂肪酸去饱和酶基因（*FAD7*）的表达加强,从而增加不饱和脂肪酸的合成,增大其在膜脂中的比例,从而提高植物的抗寒性。

2.调节基因和相关蛋白

在环境胁迫响应中,调节基因编码可调节抗逆基因表达的转录因子或编码在植物感受和传递胁迫信号中的信号蛋白、蛋白激酶等。如 DREB1a、DREB1b、DREB1c、DREB2（脱水响应元件结合蛋白）、CBF1、CBF2、CBF3、CBF4、AREB（ABA 响应元件结合蛋白）、MYB 转录因子、MYC 转录因子及 bZIP 转录因子等,以及感受和传导胁迫信号途径中的蛋白激酶、磷脂酶 C、磷脂酶 D、G 蛋白、钙调蛋白等的基因。

（三）植物逆境蛋白与抗逆相关基因的特性

1.逆境蛋白在植物中的存在部位

植物的逆境蛋白可在种子、幼苗、根、茎、叶等不同生长阶段或不同器官中产生。也可存在于组织培养条件下的愈伤组织以及单个细胞之中。

逆境蛋白在亚细胞的定位也很复杂。可存在于细胞间隙（如多种病原相关蛋白）、细胞壁、细胞膜、细胞核、细胞质及各种细胞器中。特别是细胞质膜上的逆境蛋白种类很丰富,这尤为引人注目。这是因为植物对逆境的抗性往往与膜系统的结构与功能有关。

2.逆境蛋白的相互关系及其功能

一种刺激（或逆境）条件下植物可同时或先后产生不同的逆境蛋白。最使人们感兴趣的是多种不同刺激可使植物产生相同反应、相同的逆境蛋白。HSP 是最早发现的逆境蛋白,人们总是以此为标准来比较其他应激反应产生的蛋白。已知缺氧、水分胁迫、盐、脱落酸、亚砷酸盐和镉等都能诱导 HSP 的合成。而多种病原菌、乙烯、阿司匹林、几丁质等都能诱导病原相关蛋白的合成。ABA 等在常温下可诱导低温锻炼下才形成的分子质量为 20kD 的多肽。

逆境蛋白与抗逆相关基因的表达,使植物在代谢和结构上发生改变,进而增强抵抗外界不良环境的能力。如热预处理后植物的耐热性往往提高;低温诱导蛋白与植物抗寒性提高相联系;病原相关蛋白的合成增加了植物的抗病能力;植物耐盐性细胞的获得也与盐逆境蛋白的产生相一致。有些逆境蛋白与酶抑制蛋白有同源性。有的逆境蛋白与解毒作用有关。某些同工蛋白可代替"原来"的酶蛋白（如低温下不能合成的）行使功能。抗冻蛋白具有减少冻融过程对类囊体膜等生物膜的伤害、防止某些酶因冰冻而失活的功能。

又如 HSP 家族中有很大一部分属于分子伴侣（Molecular chaperone）,分子伴侣是一类辅助蛋白分子,主要参与植物体内新生肽的运输、折叠、组装、定位以及变性蛋白的复性和降解。生物体受热激后体内蛋白质易变性,而 HSP 可与这些变性蛋白结合,维持其可溶状态或恢复其原有的空间构象和生物活性。HSP 也可与一些酶结合成复合体,使这些酶的热失活温度明显提高,增强植物的抗热性。

逆境蛋白的产生是基因表达的结果,逆境条件使一些正常表达的基因被关闭,而一些与适应性有关的基因被启动。从这个意义上讲,也是植物对多变外界环境的主动适应和自卫。如细胞遇热胁迫时,其他蛋白的翻译急剧下降或停止,而 HSP 的翻译却急剧增加。在细胞内有一种转录调节因子在热击(热激)条件下可激活热击基因的表达,被称为热击因子(Heat shock factor,HSF)。热击因子可促进 HSPmRNA 转录。在正常的生理条件下,HSF 单体不具有与 DNA 结合和直接诱导转录的能力,当遇到热胁迫时,HSF 形成三聚体,于是与DNA 的特殊序列元件结合,刺激热击蛋白的 mRNA 转录,翻译成为热击蛋白。

但是,有的研究也表明逆境蛋白不一定就与逆境或抗性有直接联系。这表现在:第一,有的逆境蛋白(如 HSP)可在植物正常生长、发育的不同阶段出现,似与胁迫反应无关;第二,有时发现有的逆境蛋白出现的量与其抗性无正相关性,如在同一植株上下不同叶片中病原相关蛋白量可相差达 10 倍,但这些叶片在抗病性上并没有显著差异;第三,许多情况下没有发现逆境蛋白的产生,植物对逆境仍具有一定的抗性。

虽然关于逆境蛋白基因表达的调控已有报道,也有在转录和翻译水平上调控的例子。但是,各种刺激如何被植物接受,信号的传递、转换等方式如何,不同刺激何以引起相同的反应、形成相同的逆境蛋白,其间的关系如何等诸多问题,都是令人感兴趣和值得深入研究的领域。

3.植物逆境响应信号转导与基因表达的模式

逆境条件使一些正常表达的基因关闭,而另一些与适应性有关的基因被启动,使植物对相应逆境的适应性增强。逆境蛋白是一定的逆境条件下基因的表达产物,这种逆境蛋白数量、活性大小往往直接与植物抗逆性有关。逆境蛋白的产生也是植物对逆境胁迫的主动适应和自卫过程。

胁迫诱导的代谢和发育的一些变化常常有利于改变基因表达。当植物在细胞水平上识别一种胁迫时,则这种胁迫响应即被发端(起始)。胁迫激活了细胞和植株中相应的信号转导途径,最后发生基因表达的变化。这些变化都被并入到可以修饰生长和发育甚至影响生殖能力的整体植物的响应中。胁迫的延续时间和剧烈程度支配这种响应的大小和持续时间。

图 4-1 是植物对各种理化逆境反应的信号转导途径的一种模式。

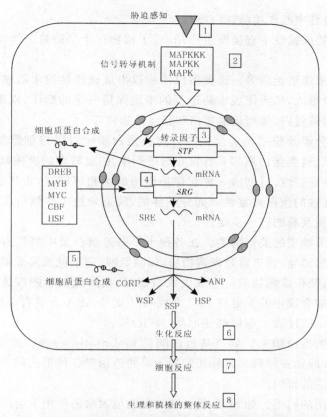

图 4-1　植物对各种理化逆境反应的信号转导途径的可能模式

1.植物通过细胞质膜上的受体感知环境胁迫。2.所感知的信号通过细胞信号转导系统进行级联放大，其中涉及磷脂酶、Ca^{2+}-结合蛋白、MAP 蛋白激酶。3.通过信号分子胁迫信号被传递到细胞核，活化的转录因子与胁迫转录因子基因（STF）的启动子序列结合，导致基因的表达，转录新的 mRNA 转入细胞质中进行翻译，合成转录因子 DREB、MYB、MYC、CBF、HSF，并回到细胞核内。4.胁迫响应基因（SRG）在转录因子的作用下表达。5.在细胞中合成功能蛋白，如冷调节蛋白（CORP）、水胁迫蛋白（WSP）、SSP、HSP。6.生化反应。7.细胞反应。8.生理的和最终植株的整体反应。

二、若干逆境蛋白的特性与功能

逆境蛋白之间可能有共同性，也有特异性，通过复杂的代谢协调发挥生理作用和进一步影响基因表达。为了解释这些基因表达蛋白和酶产物在植物逆境应答中的作用，人们把通过差示筛选法和 PCR 法等从植物中克隆到的基因序列进行比较，试图弄清各种逆境蛋白的特性与功能。

（一）干旱胁迫蛋白的特性与功能

1.干旱胁迫蛋白的种类

干旱胁迫诱导的基因产物的功能大致可分为两种类型，在植物的抗性提高过程中或参与代谢，直接发挥作用，或在信号转导和抗逆基因表达过程中起调节作用。

（1）在植物的抗性中起作用的蛋白质

这类蛋白在植物的抗性中直接发生作用，对于植物在干旱胁迫下维持正常功能有重要意义。

①运输蛋白如水通道蛋白等。这类蛋白质可以形成选择性的水运输通道，提高细胞膜的透水性，便于水分摄入，从而使脱水胁迫下的细胞保持一定的膨压，以维持正常的生命活动，另外还有其他运输蛋白，如糖运输蛋白和脂运输蛋白等。

②保护生物大分子及膜结构的蛋白质。这类蛋白质可以维持细胞结构、功能稳定性。如 AFP 及 LEA 等。这类蛋白质多具有保守的序列单元，含较多的极性氨基酸残基，它们一般具有热稳定性，不易变性，可创造一种起保护作用的水相环境，防止其他蛋白质进一步变性，甚至能帮助已变性的蛋白质复性。如分子伴侣，胁迫导致一些蛋白质变性，分子伴侣的诱导可以防止蛋白质及膜的进一步变性。

③合成渗透调节物质的关键酶类。在各种干旱胁迫蛋白质中酶类占很大一部分，各种作用不同的酶被大量诱导，首先就是渗调物质（如脯氨酸、甜菜碱及多元醇等）合成酶。这类酶可通过诱导产生，使得渗调物质的合成大大增加，从而降低细胞的渗透势，提高植物的抗胁迫能力。如脯氨酸合成中的关键酶 P5C 合成酶以及与 ABA 合成有关的酶。其次是一些去氧化酶类如 GST，SEH 及二氢叶酸还原酶（DFR）等。

④具保护作用的蛋白酶类。如巯基蛋白酶（Thiol protease）等。此酶可降解变性蛋白质，为新蛋白质的合成储备原料。另外还发现干旱胁迫诱导各种形式的半胱氨酸蛋白酶，以降解干旱胁迫下失活的蛋白质。

⑤具有解毒作用的酶类。如 SOD 等。植物在逆境因素的作用下会产生大量 ROS，而此类酶可抵御由 ROS 所引起的氧化损伤和致死效应，从而提高植物抗胁迫能力。

⑥代谢途径改变调控的相关酶类。一些和细胞基础代谢途径如糖酵解和卡尔文循环有关的酶如烯醇化酶和磷酸异构酶、3-磷酸甘油醛-NADP（H）氧化酶以及和木质化作用有关的酶等被干旱胁迫所诱导。水分胁迫还可诱导 PEP 羧化酶活性、酶蛋白和 mRNA 水平的提高，并导致景天酸代谢（CAM）途径形成。

（2）在信号转导和抗逆基因表达中起调节作用的蛋白质

这类蛋白质参与信号转导和抗逆基因表达，起调节作用。

①与第二信使生成有关和转导有关的酶类。如磷脂酶，该酶能够将 PIP_2 水解成 DG 和 IP_3，IP_3 能够诱导贮存于内质网的 Ca^{2+} 释放入胞液内，从而启动胞内信号转导过程。另外有 G 蛋白、CaM、CDPK、钙调磷酸酶、环腺苷二磷酸核酸等。

②与蛋白质磷酸化有关的蛋白激酶类。它们在信号转导中有重要作用。主要有蛋白激酶/蛋白磷酸酶、分裂原激活蛋白激酶，受体蛋白激酶、核糖体蛋白激酶、转录调控蛋白激酶等。其中最重要的是级联反应中所包括的三个关键的激酶 MAPK、MAPKK 和 MAPKKK。

③与抗逆基因表达调控有关的转录因子。如 MYC、MYB、bZIP、EREBP/AP$_2$等。在拟南芥中发现与 DRE 序列特异结合的反式转录因子 DREB2A 和 DREB2B 也可以被脱水所诱导。从拟南芥中克隆了 Cys(2)/His(2)-型锌指蛋白基因家族中 4 个不同的成员，水分胁迫诱导其合成增加，说明它们与下游基因的调控有关。

2.干旱胁迫蛋白的特性

从上可知，干旱胁迫诱导的蛋白种类很多。如果根据干旱诱导基因表达的信号途径来分,还可分为如下3类:一是只能被干旱所诱导;二是既能被干旱诱导,又能被 ABA 诱导;三是只能被 ABA 诱导。干旱诱导蛋白的产生不仅与植物的种类和品种有关,还与植物的器官、组织差异有关,与胁迫强度、时间及发育阶段有关。

(1)分子质量差异

用 10%PEG 处理不同水稻品种,其中 Sinaloa 品种中根部有 13 种多肽发生变化,相对分子质量从 13000 到 81000,差距很大。有研究表明,用 PEG 处理不同水稻品种,部分不同分子质量的蛋白能在不同品种中共同诱导产生。

(2)合成和降解差异

用 10%PEG 处理不同水稻品种,其中 Sinaloa 品种中根部有 13 种多肽发生变化,有 8 种多肽的合成量提高,5 种含量降低。而在耐旱的 Chiaps 品种中仅有 4 种多肽合成量提高,未引起任何多肽含量的降低。

(3)诱导时间差异

根据水分胁迫诱导蛋白在诱导时间上的差别将拟南芥中的水分胁迫诱导蛋白分成两大类:RD(Responsive to dehydration)和 ERD(Early responsive to dehydration)。这是因为拟南芥在遭受干旱胁迫大约 2h 后 ABA 才开始大量合成,10h 后达到最高水平,所以将遭受干旱胁迫 1h 内诱导的蛋白质称为 ERD,10h 后检测出的诱导蛋白称为 RD。一般来说,RD 多为 RABA(Responsive to ABA)蛋白,ERD 多为非 RABA 蛋白。

(4)强度差异

冬小麦离体叶绿素在中度水分胁迫(-0.85MPa)下产生的蛋白种类多于轻度(-0.5MPa)水分胁迫下产生的蛋白种类。

(5)器官差异

小麦幼苗干旱脱水后,幼苗和小盾片中有 3 组 LEA 蛋白,但在根中未发现。水分胁迫后,小麦幼芽及整株均产生 48kD、41.5kD 两个蛋白亚基,在幼根中未出现以上两个蛋白亚基。

(二)胚晚期丰富蛋白的特性与功能

1.胚晚期丰富蛋白的形成

Dure 等在胚胎发育后期的棉花子叶中分离得到一组丰富表达的 mRNA,命名为 Lea mRNA,其表达产物即胚晚期丰富蛋白又名 LEA 蛋白。Grzelaczak 等从小麦干胚 mRNA 的翻译产物中发现了成熟蛋白(Early methionine labeled polypeptide, Em)。大麦在获得脱水性的同时可新合成 25~30 种蛋白。现在采用免疫学方法和分子杂交技术来鉴别这类特异蛋白,已经在高等植物的许多种类中发现其普遍存在。

根据种子的储藏特性,可将种子分为正常型种子(Orthodox seeds)和顽拗型种子(Recalcitrant seeds)。一般生活在干旱和寒冷地区的植物的种子属于正常型种子,而生活在热带雨林和湿地环境的种子属于顽拗型种子,还有介于两者之间的中间型种子。许多研究表明,正常型种子一般成熟时都要经过脱水阶段,在成熟后都有 LEA 蛋白合成,但在萌发后很快消失。顽拗型种子成熟时一般不经过脱水阶段,成熟时不具脱水性,没有或很少有 LEA 蛋白。

此外,离体胚和许多营养组织在外源 ABA、渗透或低温胁迫诱导下也能产生特异

Lea mRNA 和 LEA 蛋白。ABA 和水分胁迫可能通过不同的途径诱导产生不同的脱水蛋白来影响植物的分子进程。用外源 ABA 和渗透胁迫使小麦离体幼胚表达 *Em* 基因。从用饱和 NaCl 和 ABA 处理含水量降至 12% 的水稻成熟植株中分离的根、叶、愈伤组织或悬浮细胞中都检测到了 LEA 蛋白。这说明 LEA 蛋白虽然有发育阶段专一性，但可以诱导表达，且无组织特异性。LEA 蛋白分布于细胞质、细胞核、核仁、常染色质、细胞骨架单元和细胞壁中。

在高等和低等植物中都有 11 种脱水素（Dehydrins）多基因家族，编码 11 种 LEA。这种脱水素多基因家族（Dehydrin multigene family，Dhn）与抗旱、抗寒、抗盐等抗逆性关系非常密切。对 11 个大麦 *Dhn* 进行测序、染色体定位、等位基因类型分析和表达，鉴定结果表明：在大麦中，*Dhn*10、*Dhn*11 位于 3H 染色体上，*Dhn*6 位于 4H 染色体上，*Dhn*1、*Dhn*2 和 *Dhn*9 位于 5H 染色体上，*Dhn*3、*Dhn*4、*Dhn*5、*Dhn*7 和 *Dhn*8 位于 6H 染色体上。

LEA 蛋白相对分子质量较小，为 10000～30000。LEA 蛋白富含甘氨酸和其他亲水氨基酸，疏水氨基酸含量很少，其显著的理化特性是具有很高的亲水性和热稳定性，即使在煮沸条件下也能保持水溶状态。蛋白的高度亲水性有利于蛋白在植物受到干旱失水时把足够的水分捕获到细胞内，从而保护细胞免受水分胁迫的伤害。

2.胚晚期丰富蛋白的功能

LEA 蛋白具有很强的亲水性和热稳定性，且受发育阶段、ABA 和脱水信号等的调节，在植物抗逆性调节等方面有重要作用。当然不同类型的 LEA 蛋白的功能存在一些差异。

（1）增强植物耐脱水能力

在干旱脱水过程中，细胞液的离子浓度快速升高，而过高的离子浓度会造成细胞的不可逆伤害。许多 LEA 蛋白氨基酸序列的保守区域可形成双亲性 α-螺旋结构，提供一个疏水区的亲水表面，螺旋的疏水面可形成同聚二聚体，处于亲水表面的带电基团可螯合细胞脱水过程中浓缩的离子。而组成 LEA 蛋白的氨基酸多为碱性、亲水性氨基酸，尤其富含甘氨酸、赖氨酸等亲水氨基酸，而疏水氨基酸含量很少，具有很高的亲水性和热稳定性，可以重新定向细胞内的水分子，束缚盐离子，以减轻脱水造成的不良影响。

试验发现，即使在煮沸条件下，LEA 蛋白也能保持水溶状态。如 Em、D11、D113 和 D29 可能都是通过这种方式起作用。这些蛋白都具有高度亲水性及随机螺旋结构，表明该组蛋白具有较高的水合能力，可作为水分结合蛋白，防止细胞在干旱胁迫时水分流失。

一般认为，伴随种子成熟过程而形成的 LEA 蛋白（主要为脱水素）的生理功能与种子耐脱水性形成有关，缺乏这类蛋白使种子对脱水敏感。从耐极度干燥的复苏植物中得到的 *pcC*27-45 基因，能在脱水叶和根组织中高效表达；来自脱水大豆叶的 *D95lea* cDNA 克隆，可与大豆叶和根中受脱水诱导的 0.8kb 转录子杂交；拟南芥 *aba/abi* 双突变体在形成耐脱水能力的同时，也合成了一些只有野生型发育后期才累积的低分子量蛋白，其中包括 LEA 蛋白；在小麦幼苗中也发现 Group3LEA 蛋白与其耐脱水性密切相关。

（2）参与渗透调节和水分运输

植物的渗透调节多以小分子渗透调节物质的合成和运输形式进行，小分子的水平又受其合成酶控制，而这些酶又可被水分胁迫诱导。在 PEG 处理的高粱根中出现的分子质量为 66kD 的新蛋白的合成与 K^+ 积累之间有密切关系，研究人员认为该蛋白可能参与根对 K^+ 的主动运输。

（3）保护细胞结构

干旱胁迫可引起细胞壁理化性质的变化,在此种变化中涉及 s-腺苷蛋氨酸合成酶的表达。其表达量的增加与细胞壁木质化相关联,可能是因为此酶催化合成的 s-腺苷蛋氨酸可作为木质素合成过程中的甲基供体。随着干旱胁迫时间的延长,细胞延伸生长停止,而后木质化过程开始。细胞木质化后,不仅可限制水分和营养物质向外扩散,还可增强抗真菌的能力。

各种逆境对细胞的最大伤害就是破坏膜系统和大分子结构。在逆境条件下植物诱导合成了许多蛋白和一些还原性的糖类,用以维持细胞膜结构和功能的稳定性。根据脱水素的结构,一些 LEA 蛋白在植物受到干旱失水危害时,能够部分替代水分子,保持细胞液处于溶解状态,从而避免细胞结构的塌陷,尤其是膜结构。干旱胁迫可使还魂草编码叶绿体 dsp22 蛋白的 mRNA 水平增加。干旱时,在还魂草叶绿体形态变化过程中,dsp22 蛋白束缚色素或帮助维持、组装光合作用的结构,这样可以恢复活化光合作用。

（4）分子伴侣的作用

水分胁迫可导致一些蛋白质变性,分子伴侣可以稳定蛋白质及膜的结构和功能,防止其进一步变性。从拟南芥中分离出了 2 个干旱诱导产物 Athsp70-1 及 Athsp70-2,它们的序列与热休克蛋白相类似。这些蛋白可能是分子伴侣,通过与变性或异常的蛋白质结合防止它们凝聚,或使在水分胁迫时错误折叠的蛋白质恢复其天然构象,从而避免细胞膜结构损伤。其中某些 LEA 蛋白的作用可能起分子伴侣和亲水性溶质的作用,在水分胁迫时稳定和保护蛋白质的结构及功能。

LEA 蛋白除了在干旱胁迫中发挥作用之外,寒冷、盐胁迫也同样诱导 LEA 基因表达及 LEA 蛋白积累。除了以上功能外,某些 LEA 蛋白还可作为蛋白酶、核蛋白、蛋白抑制剂以及在信号传递过程中起作用的蛋白激酶、RNA 结合蛋白等。

（三）渗调蛋白的特性与功能

1.渗调蛋白的存在

植物为了消除由盐胁迫而造成的生理不平衡状态,通常在细胞中积累两类不同的渗透保护剂,一类是小分子的有机化合物,如甜菜碱和脯氨酸;另一类是蛋白质。有关蛋白类保护剂研究得最多的是渗调蛋白。

渗调蛋白是在盐胁迫、脱水或低水势条件下,植物在对渗透压力适应的过程中所合成的一类蛋白。已对多种植物的渗调蛋白进行了分离、纯化、一级结构测定及其结构基因的克隆,对其基因调节机制也进行了若干探讨。首次报道的烟草细胞渗调蛋白是一种分子量为 26kD 的酸性蛋白,其含量高达细胞总蛋白量的 12 ％以上,以水溶型和去垢剂型两种形式存在,分别称为渗调蛋白Ⅰ和渗调蛋白Ⅱ,两者的比例为 2：3。在盐诱导的烟草细胞中,渗调蛋白主要存在于液泡中,少量存在于细胞质中,但在细胞质、细胞壁或细胞膜内都没有特定的位置。除盐和低水势之外,ABA 也能诱导合成渗调蛋白。在番茄、土豆、胡萝卜、棉花、大豆、小米和水稻中也发现了能与烟草 26kD 渗调蛋白抗血清有交叉反应的蛋白,分子量均在 26kD 左右,虽然亲缘关系相差很远,但仍能进行免疫交叉反应,可见在进化的过程中,渗调蛋白很可能被高度地保存了下来。

渗调蛋白广泛存在于不同的植物和同一植物的不同组织中,受干旱、盐渍、病原侵染、

ABA、SA 等因子的诱导,与植物的抗旱、耐盐和抗病性等有关,是一种逆境适应蛋白,伴随植物对各种胁迫的适应而产生,并大量积累。渗调蛋白基因表达至少受 5 种信号的调控,包括 ABA、渗透胁迫、乙烯、损伤和 TMV 感染,已在烟草中证明这 5 种信号都能大幅度增加渗调蛋白 mRNA 的积累。

对渗调蛋白基因的启动子结构和功能进行的研究表明,渗调蛋白启动子有 3 个保守序列:类似 G box 序列;类似 AT box 序列;一个被乙烯诱导的类渗调蛋白的启动子高度保守序列。这 3 个保守序列可保护 DNA 免被 DNase 消化,影响启动子的活性。

2.渗调蛋白的功能

渗调蛋白的功能主要通过其定位、结构特征和一些生理现象来确定。①渗调蛋白是一种逆境适应蛋白,不是胁迫蛋白;②ABA 也能诱导渗调蛋白表达,而且诱导的水平与内源 ABA 的水平紧密相关,因此渗调蛋白可能涉及渗透调节或降低离子毒性;③细胞的渗调蛋白定位于液泡,这是离子分室性积累的场所。植物的渗调蛋白积累在根中,根是最先涉及离子吸收和运输的器官。所以,渗调蛋白可能与植物适应渗透胁迫有密切的关系。在盐适应过程中,适应细胞中 40%的渗调蛋白是可溶性的,其余的结合在叶绿体以外的颗粒上。许多渗调蛋白集中在液泡中,液泡中含有较高水平的渗调蛋白。因此,渗调蛋白可能是一种盐适应过程中形成的脱水贮藏蛋白。

渗调蛋白是一种阳离子蛋白,多数以颗粒状存在。可能在胁迫下,本身吸附水分或改变膜对水的透性,减少细胞失水,维持细胞膨压;螯合细胞脱水过程中浓缩的离子,减少离子毒害的作用。还可能通过与液泡上离子通道的静电相互作用,减少或增加液泡膜对某些离子的吸入,改变该离子在细胞质和液泡的浓度,来传递胁迫信号,诱导胁迫相关基因的表达,从而增加了植物对胁迫的适应性。

盐适应细胞中渗调蛋白基因表达的调控机理主要有:①转录水平调控,ABA 诱导渗调蛋白的 mRNA 合成或增加其稳定性。短时间渗透胁迫不能使非适应细胞积累大量的 ABA,也不能大量积累渗调蛋白和 mRNA;②转录后调控,在高盐浓度下,渗调蛋白 mRNA 比其他 mRNA 的翻译占优势。在含 80mmol/L NaCl 的体外翻译体系中(该浓度与盐适应细胞内盐浓度相当),渗调蛋白 mRNA 能被翻译,而对其他 mRNA 的翻译却有抑制作用。此外,还可能存在翻译后调控,如信号肽的切除、一些氨基酸残基的糖基化或磷酸化等,使蛋白质以更稳定的形式存在。

在盐胁迫下,适应细胞比非适应细胞能更快地适应胁迫,甚至在非盐胁迫下,适应细胞仍能积累渗调蛋白。适应附加 2.5%NaCl 细胞所分化的植株,以及植株再诱导出的细胞仍表现出一定的耐盐能力,比正常植株和细胞有高得多的渗调蛋白含量,表明渗调蛋白基因或参与渗调蛋白基因表达调控的基因发生永久性改变。

(四)热击蛋白的特性与功能

1.热击蛋白的种类

根据热击蛋白的功能、保守的结构域和分子质量,可将其分成 5 类,即 HSP100、HSP90、HSP70、HSP60 和 sHSP(Small heat shock proteins)。HSP 在正常的细胞代谢包括蛋白质的合成、定位、成熟和降解的过程中起作用,并且在胁迫条件下,HSP 能维持蛋白质和生物膜的结构,帮助蛋白质重新折叠等。

（1）热击蛋白的特性

许多热击蛋白都属于分子伴侣，它们往往参与其他蛋白质分子的组装，但不是这些蛋白分子的组成成分。研究表明体内多肽的折叠过程是通过它与分子伴侣相互作用来完成的。所有的细胞蛋白可能都必须至少一次或终生与分子伴侣结合，完成包括合成、亚细胞定位和降解等过程。许多 HSP 在常温下都与一个或几个热击组成蛋白（Heat shock constitutive or cognate protein，HSC）结合进行功能表达。由于蛋白质热变性，需要一定的分子伴侣进行重新组装。

已有一些有关 HSP 的含量水平与胁迫耐受力呈正相关的报道。胁迫条件下，HSP 表达的增加在功能基因组学和蛋白质组学中已有了广泛的研究。在高光照度条件下，组成型表达叶绿体 HSP21 的转基因拟南芥植株，其对热胁迫的耐受能力比野生植株更高。转 HSP 基因的水稻和胡萝卜的植株都表现出更高的耐受热胁迫的能力。

HSP 不仅可以提高植物耐受热胁迫的能力，还可以提高植株耐受其他非生物胁迫的能力。拟南芥 AsHSP17.6A 的表达受热和渗透胁迫的诱导，在拟南芥中过量表达 AtHSP17.6A 可以提高转基因植株耐受渗透胁迫的能力。在转基因烟草中过量表达 Dnak1（一种盐生植物的 HSP70 成员）可提高其耐受盐胁迫的能力，当受到盐胁迫时，转基因植株固定 CO_2 的速度大约是正常条件下的 85%，而非转基因植株仅为正常条件下的 40%，另外，叶中 Na^+ 的积累量在非转基因植株中显著升高，而在转基因植株中则维持在正常的水平。

植物叶绿体中的 HSP70 可启动捕光色素插入类囊体膜中，叶绿体中的 HSP60 除组装 Rubisco 外，还可能参与其他蛋白质的组装，在光合作用中发挥重要作用。HSP70 在各种真核细胞的细胞核、细胞质、内质网、线粒体和叶绿体中都存在。HSP70 有 2 种类型，一种为诱导型，另一种为组成型。前者是因细胞受到外界因素，如温度升高的刺激而被诱导合成的一种蛋白即 HSP70；后者不需外界刺激条件，而在常温或正常条件下便能合成，称为组成型热击蛋白即 HSC70。这 2 种蛋白的基因结构很相似，功能也可互相代替，它们是同一基因家族成员。在真核生物中，HSP70 的氨基酸序列有 68%～75% 同源性，水稻的 HSP70 的氨基酸与其他植物 HSP 相比有 84%～92% 同源性。HSP70 作为分子伴侣的主要功能是参与细胞有关蛋白新生肽的折叠、亚基组装、细胞内运输、蛋白质降解及 DNA 损伤的修复等。它们有自动调节功能，不仅可以调节自身的转录，还能调节自身的翻译，同时它们还能调节 ATP 供能体系的有关活性。因此 HSP70 起着"管家蛋白"的作用，参与完成细胞内蛋白多肽合成后的加工过程。在生物细胞中，在外界胁迫条件下，热击蛋白基因表达非常迅速，蛋白的合成量也很大，此时其他非热击蛋白基因则停止表达，但其 mRNA 仍然存在。当外界胁迫条件消失时，热击蛋白基因则停止表达，其他基因根据细胞的调控而恢复表达。

（2）sHSP 的若干特性

sHSP 在植物中分布最为广泛，其分子质量为 12～40kD，它的产生可能是植物快速适应变幻无常的环境条件（如温度、光照、湿度）的需要。植物 sHSP 的序列同源性很低，但不同植物的同种 sHSP 在氨基酸组成上则有高度同源性，所有 sHSP 的 C 端都有一个由 100 个氨基酸组成的保守区域，称为 α-晶体蛋白域（α-crystallin domain，ACD），也叫热休克域，推测这一区域与 sHSP 应答热胁迫反应有关。sHSP 最主要的伴侣作用是结合变性的蛋白质，并帮助其重新折叠成有功能的构象形式，同时，几种 sHSP 也可以稳定和重新活化非活化形式的酶。

根据蛋白序列分析、免疫反应、细胞内的定位，发现植物的 sHSP 可被分成 5 个核基因编码的基因家族。在细胞质中有两类 sHSP，主要分布在内质网、线粒体或叶绿体中。在番茄、玉米、豌豆、蚕豆、拟南芥等中发现，在开花后的不同阶段，sHSP 有积累，在种子成熟和脱水阶段也有 sHSP 积累，这可能与抗热性和抗脱水性有关。

sHSP 能对渗透压的变化产生应答，在向日葵中，水分胁迫的变化可以诱导 *HaHSP*17.6 和 *HaHSP*17.9 基因的转录，其 mRNA 含量与水分丧失程度呈正相关。在复苏（指在胁迫条件去除后能自动恢复正常生长的植物基因型）植物车前草中，其营养器官胞质的 sHSP 组成型表达，而不耐干旱的愈伤组织的 sHSP 则不表达。另外 sHSP 还在植物抵御低温、氧胁迫中起作用。

2.热击蛋白的功能

（1）维持蛋白质的结构功能

逆境胁迫对细胞的一个直接伤害就是使蛋白质变性而失去正常功能。因此，逆境胁迫下维护蛋白的功能结构、阻止非天然蛋白的集聚、重新折叠变性蛋白以恢复其功能结构以及清除有潜在危害的变性蛋白是非常必要的。HSP 分子伴侣系统在此过程中起着重要作用。植物细胞中各类 HSP 相互协作，形成一个交织的网络系统。植物中 sHSP 以寡聚物形式存在，并在胁迫时与部分变性的蛋白结合，阻止蛋白不可逆集聚。部分变性的蛋白与 sHSP 结合而处于可折叠的中间态，随后在其他 HSP/分子伴侣的作用下恢复折叠状态。HSP100/Clp 蛋白家族起着蛋白聚集体瓦解机器的作用。变性蛋白或错误折叠蛋白形成的聚集体会被 HSP100/Clp 蛋白家族瓦解，随后被其他 HSPs/分子伴侣重新折叠。那些存在潜在危害的变性蛋白则被 HSP100/Clp 降解为游离氨基酸。各种 HSP 各尽其能又相互协作，共同维护着蛋白的功能结构。

（2）维护生物膜结构稳定

温度胁迫（包括高温胁迫和低温胁迫）的危害之一是通过影响细胞生物膜的流动性从而影响生物膜功能。植物的光合作用和呼吸作用都是以膜为基础的过程，对植物细胞而言，维护膜的稳定性显得尤其重要。除了保护蛋白之外，HSP 还有稳定膜结构的功能。热胁迫下蓝藻（*Synechocystis* sp. PCC6803）中的 HSP17 与类囊体膜脂相互作用后，膜脂的有序性增加、流动性降低；而 *HSP*17 基因缺失突变体的蓝藻在热胁迫下其类囊体膜呈现出高流动性，对热更为敏感。sHSP 可以调节膜脂的多态性，稳定膜的液晶相，增加液相分子排列的有序性。在高温下，sHSP 和膜脂的相互作用可降低膜的流动性；在低温下，sHSP 与膜脂的相互作用可提高膜的流动性。sHSP 与膜的缔合作用可以维护膜的完整性，可能是植物在极端温度胁迫下的保护机制之一。有研究表明，转胡萝卜 *HSP*17.7 基因的马铃薯的耐热性的提高和过表达 Cp-sHSP 的番茄植株抗寒性的提高，都与 sHSP 维护膜完整性有关。

（3）清除过剩的 ROS

当植物体遭遇逆境胁迫时，细胞中 ROS 水平会大大增加而形成氧化胁迫，造成细胞组分如核酸、蛋白质、碳水化合物和脂质的氧化损伤。过表达 Cp-sHSP 的拟南芥其抗氧化胁迫能力增强。叶绿体中 Cp-sHSP 可能通过自身的蛋氨酸残基的氧化和还原反应，中和过剩的 ROS，有效降低 ROS 对其他敏感蛋白的损伤。植物线粒体 sHSP 作为抗氧化剂在氧化胁迫下合成量增加并对线粒体起保护作用。GSH 是生物体中的抗氧化物质。sHSP 通过增强葡萄糖-6-磷酸脱氢酶（G6PD）活性而提升还原态 GSH 的水平，清除过剩的 ROS，从而保护线粒体免于氧化损伤。

（4）HSP 与植物耐热性

高温胁迫对植物的直接伤害是致使蛋白质变性，生物膜结构破损，进而导致体内生理生化代谢紊乱。作物耐热性的获得与 HSP 的表达积累有关。大豆幼苗经 40℃、2h 或 45℃、10min 热激预处理诱导合成 HSP 后，大豆幼苗对高温的耐受力增强。利马大豆耐热抗性的获得与 *HSP*100/*ClpB* 基因的表达相关联。用农杆菌介导法将玉米泛素（Ubiquitin-1）启动子驱动的拟南芥 *AtHsp*101 基因导入水稻，获得首例转 *HSP* 基因的耐热水稻。在 3 个不同水平的高温胁迫试验中，过表达 *HSP*101 的转基因水稻 T_2 代植株的恢复生长状态明显好于非转基因水稻植株。将 *CaMV*35S 启动子驱动的反向 *LeHsp*110/*ClpB* cDNA 片段导入番茄以后，Northern 技术分析表明，高温下转基因株系中 *LeHsp*110/*ClpB* mRNA 水平明显低于野生型，热适应后转基因番茄 PSⅡ 的获得耐热性也明显低于野生型。过表达 sHSP17.7 的转基因水稻和野生型水稻的研究显示，转基因株系在经高温胁迫（50℃、2h）处理后的恢复培养（25℃、7d）中有更高的存活率。过表达番茄线粒体 *Mt-sHSP* 的转基因烟草（*Nicotiana tabacum*）在高温胁迫后的恢复培养中也明显表现出更好的生长状态。

（5）HSP 与植物耐冷性

HSP 的诱导表达可提高植物组织的低温耐受能力。热击（40℃、3h）可诱导绿豆下胚轴合成 HSP79 和 HSP70，减轻随后的冷胁迫（2.5℃）对膜的损伤，以及有效降低电解质的渗漏。但热击处理时加入 $50\mu mol\cdot L^{-1}$ 的环己亚胺（蛋白质合成抑制剂）可抵消热处理的效应。将 *Cp-sHSP* cDNA 置于 *CaMV*35S 启动子的调控之下，并采用农杆菌介导法转化番茄子叶，得到组成型表达 *Cp-sHSP* 的转基因番茄植株。低温胁迫下转基因番茄比未转基因番茄表现出较少的电解质泄漏、叶绿素损伤、花青素和丙二醛积累以及较高的光合作用速度。将组成型表达 *ClpB* 的转基因番茄与未转基因番茄在 4℃低温下处理 21d 后移入 25℃下恢复培养，未转基因的番茄快速呈现出严重的冷害症状，叶片逐渐萎蔫，7d 后全部死亡；而转基因的番茄在恢复期间仅出现轻微的冷害症状，呈现较强的耐冷表型。最大光化学效率（F_v/F_m）也显示，非转基因植株的 PSⅡ 比转基因植株的 PSⅡ 更易受低温胁迫的伤害，且难以修复。

（6）HSP 与植物耐旱性

组成型过表达 Bip（一种位于内质网的 HSP70 蛋白）的烟草更能抵抗水分胁迫。将 3 周龄的转基因烟草进行 2 周渐进的缺水处理后，唯有 NtHSP70-1 过表达株系的烟草生长良好，而 NtHSP70-1 反义表达株系和只含空载体 pBKSl-1 的株系的烟草叶片萎蔫，有些甚至出现黑褐斑。比较缺水 18d 干旱处理的烟草和正常条件下生长的烟草鲜叶重量的结果表明，NtHSP70-1 过表达株系烟草的鲜叶重量前后差异最小，NtHSP70-1 反义表达株系烟草的鲜叶重量前后差异最大。检测叶水势的结果也显示过表达 NtHSP70-1 的烟草株系具有更好的耐旱能力。

（五）低温诱导蛋白的特性与功能

1.低温诱导蛋白的特性

（1）普遍存在

低温诱导蛋白也叫冷调节蛋白，在植物中普遍存在。已在小麦、大麦、玉米、菠菜、番茄、油菜、香蕉、油梨、苜蓿、沙冬青等研究过的绝大多数植物中发现冷驯化均能不同程度地诱导

CORPs 产生。例如，菠菜在 4℃低温驯化 2d 后，出现了分子量为 140kD、85kD、28kD 和 27kD 的 4 种新蛋白质；Schaffer 和 Fisher 在研究番茄低温下合成的蛋白质时，报道了 18kD、17kD 和 13kD 三种新蛋白质的生成；简令成在比较 4 个不同抗寒力小麦品种时，发现抗寒锻炼均使 4 个品种出现新蛋白质，并且抗寒性愈强，诱导出现的 CORPs 就愈多。

（2）多因子诱导

COR 是一种诱导型基因，在低温作用下，该基因被诱导启动，进而转录翻译成 CORPs。菠菜在低温诱导下，新合成了 3 种多肽，但经一天脱水锻炼后，新合成的蛋白质几乎全部消失，抗寒力也降低到原来水平；蓝细菌的 *desA* 基因在温度由 36℃下降到 2℃时，该基因的表达在 1h 内就增加了 10 倍；当温度回到 30℃后的 30min 内，该基因的表达又恢复至原来水平。许多 CORPs 不仅受低温所诱导，而且还受多种逆境因子（热击、盐、缺水、污染和机械创伤等）的诱导合成。Yamaguchi Shinozaki 等分离和分析了拟南芥 COR29A 冷调节蛋白的 DNA 序列，发现 *COR29S* 基因的 5′上游存在 2 个干旱响应元件 *DRE* 和 1 个 ABA 响应元件 *ABRE*，*DRE* 长 9bp（TACCGACAT），除低温外，它还受干旱、高温胁迫等逆境因子的诱导。大麦的 *HVA1*、*PT59* 和 *PA086* 和土豆的 *C121* 等冷诱导蛋白基因，除受低温诱导表达外，还受 ABA、水分胁迫、盐胁迫等调节。但不是所有的 *COR* 基因都可受低温以外的其他因子所诱导。如苜蓿的 *CAS18*、*CAS15* 和菠菜的 *pBN*$_{115}$ 等基因只受低温诱导表达，不受干旱和 ABA 等其他因子的调控。

（3）种类多样

植物的抗寒性是受众多微效抗冷基因调控的，许多基因共同地表达才能达到增强植物抗冷性的目的。这给通过转基因技术来提高植物的抗冷性带来了很大的难度。拟南芥和大麦中均至少含有 25 个抗冷基因。Guy 报道，植物体内抗冷基因超过了 100 个，它们编码了众多的 CORPs，参与植物的许多代谢活动，在抗冷中发挥着不同作用。Pearce 根据功能对它们进行了分类：①与细胞主要代谢途径或胁迫代谢途径有关的蛋白；②具有直接保护功能的蛋白；③具有调节功能的蛋白；④现在还不知道其功能的蛋白。

（4）特异性

在植物的不同组织、器官及它们的不同发育阶段中，CORPs 的分布常常表现出组织、器官及发育阶段的特异性。在冷驯化过程中，菠菜的冷诱导 COR140 蛋白和分子量为 85kD 的蛋白仅出现在茎和叶中，而不出现在根中；大豆冷调节基因 *cs* 低温下在根部高度表达，而在叶中仅少量表达；大麦的 HVA1 蛋白与大麦抗冷性密切相关，主要定位于蛋白储藏囊泡（Proteins storage vacuoles, PSVs）中，而在细胞质中仅有微量表达；棉花 LEA 是棉花种子脱水形成过程中新出现的蛋白，它可被低温诱导产生，但仅在胚胎发育阶段出现。CORPs 分布的特异性可能与它们的不同功能有关，这有助于定位了解它们的功能。菠菜在冷驯化中，茎和叶的抗冷力增加而根的抗冷力则维持不变，可能与冷诱导 COR140 蛋白和 85kD 蛋白分布的特异性密切相关；根据 HVA1 主要分布在储藏囊泡中而在胞质中较少的特点，研究认为 HVA1 蛋白在胞质中合成运输到 PSVs，从而推测 HVA1 蛋白可能具有离子多价螯合作用（Ion sequestration）。

（5）亲水性

人们在研究 CORPs 氨基酸组分时发现亲水性氨基酸占有相当大的比例。Arora 和 Wisuewski 分析了冷驯化诱导桃树树皮产生的 CORP 组分，发现亲水氨基酸约占总氨基酸的78%,其中 Gly 占24%。在小麦的 Wis120 蛋白中,Gly 占26.7%,Thr 占16.7%,His 占10.8%;Cor39 蛋白也有相似的氨基酸比例;拟南芥的 Cor15 是一个亲水性蛋白,富含亲水性氨基酸 Ala(17.9%)和 Lys(14.3%)。CORP 中众多的亲水性氨基酸基因可以结合大量的水分子,使水膜加厚,避免胁迫下生物大分子大量失水而导致结构变性。

(6)热稳定性

大多数可溶性蛋白质在100℃煮沸10min 时能发生凝聚,而许多 CORPs 在此条件下仍维持可溶状态,不易变性,故许多 CORPs 又叫煮沸稳定蛋白(Boiling-stable proteins)。CORP 的热稳定性与植物的抗冷性密切相关。Hincha 和 Schmitt 分离提取冷驯化处理后的甘蓝叶片细胞中的 CORPs,在菠菜类囊体冰冻伤害处理时,加入上述的 CORPs,发现它们有保护类囊体免遭冰冻受损的作用,表明 CORPs 的热稳定性具有抗冻作用。热稳定性与其高亲水性有关。丰富的亲水性氨基酸残基可使 CORPs 内部具有高度的柔韧性和流动性,促使分子内氢键的形成,使蛋白质分子具有无规则卷曲构型,可以在各个方向上拉长、弯曲和伸展,有助于大分子在高、低温下保持一定的结构稳定性。热稳定性是判断 CORPs 的重要指标,用加热的方法很容易将其与其他蛋白质进行分离和提取。

2.低温诱导蛋白的功能

基因表达的蛋白质的功能可以通过以下三个方面予以鉴定:自身的活性、亚细胞功能、生理功能,即是否有助于提高植物在低温下的存活率。

(1)作为抗冻剂阻止冰晶的生成

抗冻力是通过使细胞质中的水分维持非冰冻状态而实现的。阻止细胞内冰冻可能通过两种方法进行,一种是阻止细胞内结冰。一些在极区生长的鱼类含有抗冻蛋白(AFP),它们的氨基酸序列与水分子由特殊的氢键结合,能降低细胞中水的冰点,但不影响熔点,表现出一种热滞效应,并且能依附在冰晶的表面,阻止冰晶的生长,避免重结晶化,因此它们被认为是细胞内重要的抗冻剂(Cryoprotectants)。人们在研究中发现一些植物 CORPs 具有与鱼类 AFP 相似的序列,能够阻止冷胁迫期间细胞内冰晶的形成,认为它们是植物中的 AFP,可作为植物抗冻剂。对拟南芥中一些 CORPs 进行序列分析,发现其中一种蛋白质具有类似北极鱼类 AFP 的特性,能够使悬浮培养细胞的50%致死率由-3℃降为-6℃。Kurkela 和 Frank 从4℃或 ABA 处理的拟南芥中分离到两个基因 Kin1 和 Kin2,发现这两个基因对应的蛋白质与比目鱼的 AFP 氨基酸结构相似,推测这两种蛋白质是 AFP,可作为冰晶的阻止子来降低胞液的冰点。据此认为,一部分冷调节蛋白可能是 AFP,可作为抗冻剂,以提高细胞在冷胁迫下的抗结冰能力。

(2)作为防脱水剂,防止脱水伤害细胞

在冰冻温度下,细胞内水分流到细胞间隙结冰,以避免细胞内结冰,这是细胞避免细胞内结冰的另一种方法。然而这个积极的脱水过程也可能伤害细胞,因为脱水能使细胞内一些对水分敏感的蛋白质、脂类等大分子变性。因此细胞内大分子物质在细胞间隙结冰过程中必须对脱水具有忍耐性。CORPs 高度的亲水性可能在低温脱水过程中,提高细胞的脱水忍耐性,维持细胞的正常功能。在细胞脱水过程中,脱水敏感型蛋白质或脂肪可能通过与 CORPs 的相互联结而避免过度失水变性。在这一结合过程中,CORPs 能把水分子结合在这些大分子物质的表面和三维结构内部。Cor47 是拟南芥中的一个重要的冷调节蛋白,与抗冷性密切相关,它和棉花的 LEA 蛋白(被认为是棉花纤维细胞脱水胁迫时的保护剂)在结构上有许多共同点,都含有丰富的 Ser 和 Lys。因此 Cor47 的作用也可能与 LEA 功能一样,作为一种防脱水剂,防止低温胁迫引起的过量脱水而伤害细胞。

(3)具有直接的保护功能

一些 CORPs 可能是细胞的保护性功能蛋白,在低温下起直接保护作用。Prasad 等从玉米幼苗中分离到 3 个低温诱导基因,其中之一便是编码线粒体 CAT3 的基因。把拟南芥植株在 24℃条件下培养 4 星期,而后移入培养箱中,4~7℃冷处理 48h,RNA 杂交分析显示出一条由 287 个氨基酸组成的类似于 APX 的蛋白质,认为它是 APX 中的一种(命名为 APX3),具有明显的抗低温氧化胁迫能力。

(4)维持低温下细胞的主要代谢活动

许多 CORPs 可能在冷胁迫下维持细胞主要代谢途径中关键酶基因的表达,有助于维持在冷胁迫下细胞的主要代谢活动。Rorat 等报道,马铃薯在冷锻炼(4℃/3℃,昼/夜)中,编码参与蛋白质合成的 EF-1α 延长因子的基因($Ssci$ 10)的表达量有所上升。Reimhole 等发现,马铃薯在低温(4℃)下生长 4d,块茎中 SPS(蔗糖磷酸合酶,催化蔗糖合成的关键酶)中的一种——SPS1b 的转录量增加,这有助于低温下植物细胞合成较多的可溶性碳水化合物。水稻幼苗在冷锻炼下,液泡中 H^+-焦磷酸酶的高度表达可为细胞在冷胁迫期间提供代谢活动所需的能量。

(5)与细胞内信号转导有关

一些 CORPs 可能是低温信号转导系统的组成部分,参与低温信号转导过程。越来越多的证据显示,蛋白激酶在接收由第二信使(如 Ca^{2+})转导的冷信号中起关键作用。Mizoguchi 等的实验证实,三个蛋白激酶:MAPK,MAPKKK 和 ATPK 转录水平在植物受低温胁迫和盐胁迫时会显著上升,说明它们参与了冷胁迫信号转导。拟南芥的两个低温诱导基因 rci 14A 和 rci 14B 编码的蛋白质,其序列显示出与一类蛋白激酶调控子家族 14-3-3 蛋白的高度同源性,推测这两个蛋白参与了冷胁迫信号转导途径中一些蛋白酶的磷酸化和去磷酸化反应。

本章小结

由逆境诱导产生的蛋白质称为逆境蛋白。逆境蛋白可根据诱导其合成的环境因子和合成的发育阶段进行分类,也可根据蛋白在植物逆境反应中所起的作用分类。

高温诱导合成的蛋白叫热休克蛋白,又叫热击蛋白(热激蛋白),是最早发现的逆境蛋白。低温诱导蛋白亦称冷响应蛋白、冷击蛋白、冷驯化蛋白或冷调节蛋白。病原相关蛋白也称病程相关蛋白,是植物被病原菌感染后形成的与抗病性有关的一类蛋白,其分子量往往较小。此外还有盐胁迫蛋白、氧胁迫蛋白、紫外线诱导蛋白、水分胁迫蛋白、化学试剂诱导蛋白、重金属结合蛋白、活性氧胁迫蛋白及其他逆境蛋白等。

植物的逆境蛋白可在不同生长阶段或不同器官中产生,也可存在于组织培养条件下的愈伤组织以及单个细胞之中,在亚细胞的定位也很复杂。

一种刺激(或逆境)条件下植物可同时或先后产生不同的逆境蛋白。多种不同刺激也可使植物产生相同反应,产生同样的逆境蛋白。

逆境蛋白之间可能有共同性,也有特异性,通过复杂的代谢协调发挥生理作用和进一步影响基因表达。逆境蛋白与抗逆相关基因的表达,使植物在代谢和结构上发生改变,进而增强抵抗外界不良环境的能力,是植物对多变的外界环境的主动适应和自卫能力。

复习思考题

1. 讨论植物逆境蛋白的概念和分类依据。
2. 你怎样理解逆境蛋白与植物抗逆性的关系？
3. 谈谈干旱胁迫蛋白的特性与功能。
4. 渗调蛋白的形成可能和哪些因素有关？为什么？
5. 比较不同的热击蛋白特性。

第五章　植物激素与抗逆性

一、植物激素的作用

(一)植物激素的概念和种类

植物生长物质(Plant growth substances)通常是指一些能调节植物生长发育的微量有机物质,大体可分为两类,即植物激素与植物生长调节剂。

植物激素(Plant hormones,phytohormones)是指在植物体内合成的、低浓度就能对植物的生长发育产生显著调节作用的微量有机物。

植物激素虽然能调节控制个体的生长发育,但本身并非营养物质,也不是植物体的结构物质。植物体内激素的含量甚微,7000～10000株玉米幼苗顶端只含有 $1\mu g$ 生长素,3t 花菜的叶片中仅提取出 3mg 生长素,1kg 向日葵鲜叶中的玉米素为 $5～9\mu g$。

生长素(Auxin,IAA)、赤霉素(Gibberellin,GA)、细胞分裂素(Cytokinin,CTK)、脱落酸(Abscisic acid,ABA)、乙烯(Ethylene,ETH)和油菜素内酯(Brassinolide,BR)被称为植物的六大类激素。

此外人们在植物体内还不断发现其他调节植物生长的物质。如三十烷醇(Triacontanol,TRIA)、茉莉酸(Jasmonic acid,JA)、水杨酸(Salicylic acid,SA)、寡糖素(Oligosacharin)、膨压素(Trugorin)及系统素(Systemin,SYS)等。

把人工合成的或从微生物中提取的,施用于植物后对其生长发育具有调节控制作用的有机物叫作植物生长调节剂(Plant growth regulators)。

生长调节剂中包含一些分子结构和生理效应与植物激素相同或类似的有机化合物,如吲哚丙酸、吲哚丁酸等;还有一些结构与植物激素不同,但具有类似生理效应的有机化合物,如萘乙酸、矮壮素、乙烯利、多效唑等。

植物生长物质在调节植物代谢、发育、抗性方面有不可替代的巨大作用,如种子萌发、插条生根、开花结实、疏花疏果、保花保果、防止脱落、果实成熟、延缓衰老、防除杂草等。

(二)胁迫下植物激素间比值的变化

植物对逆境的适应是受遗传特性和环境因素制约的,植物激素在抗逆性中起了不可或缺的调节作用。逆境能使植物体内激素的含量和活性发生变化,并通过这些变化来影响生理过程,激素间比值的变化在抗逆性中的作用更为重要。

当叶片缺水时,内源 GA 含量迅速下降,GA 含量的降低先于 ABA 含量的上升,这是由于 GA 和 ABA 的合成前体相同。抗冷性强的植物体内 GA 的含量一般低于抗冷性弱的植物,因此外施 GA($1\,000mg \cdot L^{-1}$)反而显著降低植物的抗冷性。

IAA 对 ABA 诱导的气孔关闭常表现出一定程度的拮抗作用,且与浓度相关,即随着 IAA 浓度增加,其对 ABA 诱导的气孔关闭的拮抗作用越明显,说明逆境胁迫下 ABA 的生理效应与植物体内其他植物激素相关。

ABA 主要通过增加气孔阻力,提高玉米植株叶片水势来维持或提高旱害玉米幼苗的光合作用效率;植物生长调节剂 6-BA 不利于改善旱害下玉米植株的水分状况,但可以提高叶绿素含量和 PEP 羧化酶活性,降低气孔阻力,以利于光合作用,二者作用机理不尽相同。叶片缺水时导致叶内 ABA 含量的增加和 CTK 含量的减少,进而会降低气孔导度和蒸腾速率。

各种激素对逆境响应速度有差异。如植物在缓慢缺水时 ETH 生成先于 ABA;小麦叶片水势在 $-0.8 \sim -0.7$ MPa 时 ETH 含量开始增加,而 ABA 含量在叶水势为 $-0.9 \sim -0.8$ MPa 时才开始增加。如果植株失水迅速,叶片水势降至 -1.2 MPa,这时 ABA 的积累则快于 ETH。

一个细胞内通常包含多个信号系统,目前应用细胞生物学、分子生物学及遗传学的方法证实植物体内不同的信号转导通路间存在广泛的交互作用。不同信号系统间通过交互作用共同响应环境刺激,使植物能够在时空上对不同的胁迫反应进行调节(图 5-1)。

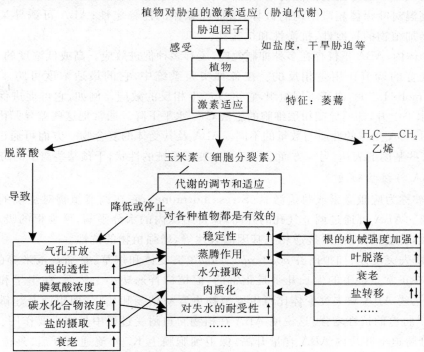

图 5-1　植物对胁迫的激素适应举例

二、ABA 与植物抗逆性

(一) ABA 在植物抗逆性中的效应

1.ABA 的特性

ABA 是指能引起芽休眠、叶子脱落和生长抑制等生理作用的植物激素。它是人们在研究植物体内与休眠、脱落和种子萌发等生理过程有关的生长抑制物质时发现的。

高等植物各器官和组织中都有 ABA,其中以将要脱落或进入休眠的器官和组织中较多。水生植物的 ABA 含量很低,一般为 $3 \sim 5 \mu g \cdot kg^{-1}$;陆生植物含量高些,如温带谷类作物通常含 50～500μg·kg^{-1}，鳄梨的中果皮与团花种子含量高达 10mg·kg^{-1}与11.7mg·kg^{-1}。

ABA 主要是在根冠和萎蔫的叶片中合成，也能在茎、种子、花和果等器官中合成。细胞内合成 ABA 的主要部位是质体。逆境条件下，如干旱时根尖和萎蔫叶片中 ABA 的含量可数十倍地增加。

ABA 生物合成的途径主要有两条：①类萜途径（Terpenoid pathway），此途径亦称为 ABA 合成的直接途径。②类胡萝卜素途径（Carotenoid pathway），亦称为 ABA 合成的间接途径。

2.ABA 的生理作用

ABA 的生理作用包括促进休眠，促进气孔关闭，抑制生长，促进叶片脱落以及其他效应。如 ABA 能促进植株中养分向贮藏器官转运，加快种子脱水成熟。一般来说，干旱、寒冷、高温、盐渍和水涝等逆境都能使植物体内 ABA 迅速增加，同时抗逆性增强。如 ABA 可显著降低高温对叶绿体超微结构的破坏，增加叶绿体的热稳定性；ABA 可诱导某些酶的重新合成而增加植物的抗冷性、抗涝性和抗盐性。

在植物体内，ABA 不仅存在多种抑制效应，还有多种促进效应。高或低浓度的 ABA 很可能对生长发育的调节作用是相反的。在各种实验系统中，它的最适浓度可跨 4 个数量级（0.1～200μmol·L^{-1}）。对于不同组织，它可以产生相反的效应。例如，它可促进保卫细胞的胞液 Ca^{2+} 水平上升，却诱导糊粉层细胞的胞液 Ca^{2+} 水平下降。通常把这些差异归因于各种组织与细胞的 ABA 受体的性质与数量的不同。ABA 及其受体的复合物一方面可通过第二信使系统诱导某些基因的表达，另一方面也可直接改变膜系统的性状，干预某些离子的跨膜运动。

3. ABA 与植物胁迫

ABA 被称为应激激素或胁迫激素（Stress hormone），它在调节植物对逆境的适应中显得最为重要。ABA 可通过调节气孔的开闭，保持组织内的水分平衡，增强根的吸水性，提高水的通导性，传递信号，诱导抗逆相关基因的表达等，增强植物的抗性。

ABA 缺失突变体，如拟南芥 aba1、aba2、aba3 突变体和烟草、番茄及玉米等的 ABA 缺失突变体，在正常条件下的生长几乎是正常的，但植株普遍矮小。然而，在干旱和高盐等处理条件下，这些 ABA 缺失突变体比野生型植物更容易枯萎和死亡，而拟南芥超敏感突变体 era1 对干旱胁迫的抗性增强，这说明 ABA 在植物胁迫耐受过程中具有重要作用。

在水分胁迫下叶片内 ABA 含量升高，保卫细胞膜上 K$^+$ 外流通道开启，外流 K$^+$ 增多，同时 K$^+$ 内流通道活性受抑，K$^+$ 内流量减少，叶片气孔开度受抑或关闭气孔，因而水分蒸腾减少，最终植物的保水能力和对干旱的耐受性提高。

外源 ABA 显著减少山杨（Populus davidiana）高度、总生物量和总叶面积，从而增加净光合效率、根茎比和水分利用效率，这说明 ABA 提高植物抗旱性具有类似休眠的效应，通过抑制植物生长、改变植物的根茎比等，减少植物的代谢失水，提高其水分利用效率。

低温胁迫下，植物内源 ABA 含量显著增加。在非驯化条件下，用 ABA 处理的植株抗冻性增加；拟南芥的 ABA 合成缺失突变体 aba1 在低温驯化期间会受到伤害，但当加入外源 ABA 时，这种缺陷可以被弥补。低温对质膜的损伤是造成植物冻害的主要机制，ABA 提高原生质体抗冻力的原因之一是低温条件下原生质膜的稳定性和原生质体活力有所提高。ABA 对线粒体膜结合的 Na$^+$-K$^+$ ATPase 活性和线粒体吸氧速度有明显的促进作用，可降低线粒体膜的相变温度，提高植物在低温胁迫下膜的稳定性。ABA 在玉米抗寒性中的作用表明，叶片由于低温和长时间冷暴露会导致 ABA 含量增加，经 ABA 处理的植株则能通过降低叶的热传导和增加根流量而预防水分缺失。

许多研究显示，ABA 能够提高植物对盐胁迫的抗性，缓解盐分过多造成的渗透胁迫和离子胁迫，维持水分平衡，从而减轻植物的盐害。外施 ABA 能引起胡杨（*Populus euphratica*）气孔阻力增强，抑制气孔开度，从而减少叶面蒸腾失水，维持叶片中的正常含水量。ABA 可减少被动吸收的盐分积累和降低木质部汁液中的盐分浓度，因而盐分积累速度降低，胡杨可有选择性地吸收大量的 Ca^{2+} 和 K^+，从而拮抗盐离子的毒害，维护细胞膜的稳定性。

在涝渍状态下，植物体内 ABA 也大量合成，土壤淹水 12～18h 后，ABA 含量达到最大值。小麦在淹水 21h 时，ABA 含量出现 1 个高峰。ABA 含量增加会促进叶片衰老和气孔关闭，但这不是简单的生长抑制，它可促进不定根的形成，并且促进玉米素核苷含量提高，这些特性对涝渍缺氧条件下的植物生存和生长尤为重要。涝害所致的厌氧环境可能会引起植物基因表达发生变化，抑制原有蛋白的合成而合成新的厌氧蛋白（Anaerobic stress protein，ANP）。

（二）ABA 提高抗逆性的机制

多种逆境都会引起内源 ABA 水平变化。ABA 在逆境下对植物的调控是多方面的，包括关闭气孔、调整保卫细胞离子通道、改变钙调蛋白的转录水平及其在细胞内的分布、诱导相关基因的表达等。

逆境下 ABA 的响应有快慢之分。如 ABA 在干旱和高盐胁迫条件下的生理功能至少有两种：水分平衡和细胞耐受。ABA 在水分平衡方面的作用主要是通过控制气孔开度来实现的，而细胞耐受功能则是通过诱导一系列胁迫相关基因的表达来实现的。前者速度较快，发生在胁迫后几分钟内，而后者速度相对慢一些。

1. ABA 与活性氧清除

ABA 能够提高植物体内保护酶的活性，降低膜脂过氧化程度，保护膜结构的完整性，增强植物逆境胁迫下的抗氧化能力。在水分胁迫下 ABA 增加小麦幼苗的 SOD、APX、GR 和 CAT 活性，降低 H_2O_2 和膜质过氧化物的含量。ABA 还与活性氮的水平有关，可诱导 NO 的产生，该过程依赖于 ABA 诱导的 H_2O_2。

拟南芥 *OST*1 编码一种 ABA 激活的蛋白激酶，*ost*1 突变体表现出干旱敏感性，经 ABA 处理后该突变体不能产生活性氧，对 ABA 调控的气孔关闭表现为不敏感，表明 *OST*1 在植物接收 ABA 信号之后和产生活性氧之前起作用。蛋白质的去磷酸化过程对于 ABA 诱导的气孔关闭也至关重要，ABI1 和 ABI2 编码蛋白磷酸化酶，是 ABA 信号转导的负调控因子，*abi*1-1 和 *abi*2-1 对 ABA 调控的气孔关闭表现为不敏感。

2. ABA 与渗透调节物质的积累

干旱条件下植物体内 ABA 水平的增加提高了谷氨酰激酶底物（γ-谷氨酰磷酸）合成活力，促进 Pro 积累；ABA 还可以通过影响细胞内 H^+ 的分泌，改变细胞液内 pH，影响 PSCR 的活性，进而促进脯氨酸的合成。干旱、盐和 ABA 可以诱导激活脯氨酸合成的关键代谢酶——碱蓬植株吡咯啉-5-羧酸合成酶（P5CS）。ABA 处理能诱导 P5CS 和脯氨酸脱氢酶（ProDH）活性上升，使 Pro 含量增加。与仅用 NaCl 处理相比，ABA 加 NaCl 处理后碱蓬植株 P5CS 活性显著上升，ProDH 活性变化不明显，转谷酰胺酶（TGase）活性上升，从而使 Pro 含量显著上升。ABA 加 NaCl 处理对碱蓬植株体内 Pro 合成的促进与其对生长速率的促进效应相一致。干旱胁迫下 Pro 合成过程中关键酶基因可以被两种不同的途径所诱导：一条为依赖 ABA 的途径（ABA-dependence），其表达依赖于内源 ABA 的积累或外源 ABA 的处理；另一条为非依赖型（ABA-independence），其表达除受 ABA 的影响外，还受其他因子如干旱、低温等影响。用外源 ABA 处理可增加基因的转录水平。

3. ABA 与逆境蛋白

ABA 可以诱导许多逆境蛋白的形成。当植物受到渗透胁迫时，其体内的 ABA 水平会急剧上升，同时出现若干个特殊基因的表达产物。倘若植物体并未受到干旱、盐渍或寒冷引起的渗透胁迫，而只是吸收了相当数量的 ABA，其体内也会出现这些基因的表达产物，如 LEA 等。

植物遭受水分胁迫几天之后就会诱导产生一类脱水素（Dehydrin），它们属于 LEA 蛋白质，在结构上有一定保守性，这种保守性对于细胞保护功能非常重要。在 N 端富含 Lys 序列中有 15 个保守氨基酸，形成 α-螺旋，起离子孔作用，可以增加离子浓度。Close 认为脱水蛋白有去污和蛋白质伴侣的特性，缺水时与亲和溶液相互作用，维持高分子结构的稳定。ABA 和水分胁迫都可以通过不同的途径或诱导不同的脱水蛋白而影响植物的分子进程。

4. ABA 与抗性基因表达

已从水稻、棉花、小麦、马铃薯、萝卜、番茄、烟草等植物中分离出十多种受 ABA 诱导而表达的基因，如凝集素基因、储藏蛋白基因、酶抑制剂基因等。这些基因表达的部位包括种子、幼苗、叶、根和愈伤组织等。作为抗逆诱导激发机制的一部分，ABA 抑制了与活跃生长有关的基因，活化了与抗逆诱导相关的基因，从而增加了植物的抗逆性。

ABA 对基因的调节主要发生在转录水平。受 ABA 诱导的基因大多数在种子后熟期对逆境胁迫做出响应时表达。这些基因具有真核生物基因的共同特征，即启动子区域有 TATAbox、CAATbox 和 PyACGTGGC，含有 1 个或多个内含子等，在基因上游存在激素调控表达所需要的敏感区，即顺式作用元件，反式作用因子可以与之结合而调节基因转录。

顺式作用元件是诱导基因所必需的一段碱基序列，已发现水稻 *RabLEA* 基因中的 *Motif*、小麦 *EmLEA* 基因中的 *Emla* 和大麦 *HVA*1 基因中的 *ABRE*2 等序列对 ABA 启动转录是必需的，被称作脱落酸反应元件（ABA response elements，ABRE）。ABRE 是 ABA 应答基因的一种主要的顺式作用元件。

5. ABA 与信号转导

许多研究证明，干旱时 ABA 是一种主要的根源信号物质，经木质部蒸腾流到达叶的保卫细胞，抑制内流 K^+ 通道和促进苹果酸的渗出，使保卫细胞膨压下降，引起气孔关闭，蒸腾减少。Davies 等发现，在部分根系受到水分胁迫时，即使叶片的水势不变，叶片下表皮中的 ABA 含量也会增加，伴随的是气孔适度关闭。外施 ABA 能显著提高幼苗叶片的水势保持能力，轻度水分胁迫条件下外施 ABA 对水势的提高作用大于严重水分胁迫和正常供水的情况，且对抗旱性强的品种的水势提高作用大于抗旱性弱的品种。

ABA 是与干旱胁迫信号转导关系最为密切的一种植物激素。Seki 等应用 cDNA 微阵列技术分析干旱、冷害、高盐度、ABA 等逆境信号转导途径之间的关系，结果表明干旱和盐胁迫信号转导之间存在极高的 crosstalk，而 ABA 与干旱胁迫信号转导途径之间的 crosstalk 比 ABA 与冷害之间的 crosstalk 更多一些。干旱胁迫下，植物体内至少有 3 条相对独立的信号转导途径，其中两条依赖 ABA，一条不依赖 ABA。干旱信号在保卫细胞的转导机制中至少有两条信号转导途径最终导致气孔关闭，一条是通过 ABA 的产物进行信号转导的，另外一条是直接通过渗透胁迫进行的信号转导。作为干旱信号关键的一个化学信使，ABA 在气孔调节中处于中心的位置。

6.ABA 与植物气孔开闭

有研究认为，ABA 调节气孔的作用是通过根冠通讯进行的，即当土壤干旱时，失水的根系产生根源信号，ABA 通过木质部运到地上部调节气孔开度。Becker 等的工作也表明 ABA 通过激活保卫细胞中的 Ca^{2+}、K^+、阴离子通道和调节离子进出细胞模式改变保卫细胞的膨压，从而抑制气孔开度或关闭气孔。

保卫细胞可同时响应多种信号而发生气孔关闭，说明有多种受体和重叠交叉的信号转导途径。研究表明在拟南芥中 NO 及磷脂酶 $D\alpha1$（$PLD\alpha1$）也参与了 ABA 对气孔调控信号的转导途径。在信号转导途径中，蛋白质磷酸化和去磷酸化作用起着重要的作用。

在干旱条件下，植物体内的 ABA 含量增高，ABA 促进了开放的气孔关闭和抑制了关闭的气孔开放，最终结果是关闭气孔，从而降低了植物水分的蒸发。ABA 参与的这两个过程可能是独立进行的。在拟南芥中 $PLD\alpha1$ 参与了 ABA 对气孔的调控，$PLD\alpha1$ 水解膜上的脂类生成磷脂酸（PA），PA 结合蛋白磷酸酶 ABI1 后，抑制了 ABI1 的蛋白磷酸酶活性，同时防止其由细胞质至细胞核的移动，从而消除了 ABI1 对 ABA 信号转导的负调控作用，启动了开放气孔的关闭；同时 $PLD\alpha1$ 和 PA 能与 G 蛋白异源三聚体的 $G\alpha$ 亚基（GPA1）结合，最终抑制了关闭气孔的开放。

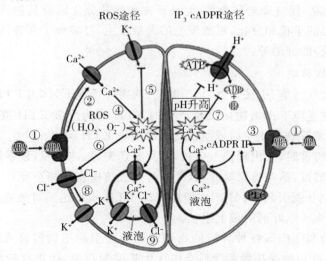

图 5-2　气孔保卫细胞中 ABA 信号的简单模式

当 ABA 与保卫细胞质膜上受体相结合以后（①），诱导细胞内产生 ROS，如 H_2O_2 和 O_2^-，它们作为第二信使激活质膜的 Ca^{2+} 通道，使胞外 Ca^{2+} 流入胞内（②）；同时，ABA 还使细胞内的 cADPR（环化 ADP 核糖）和 IP_3 水平升高（③），它们又激活液泡膜上的 Ca^{2+} 通道，使液泡向胞质释放 Ca^{2+}；另外，胞外 Ca^{2+} 的流入还可以启动胞内发生 Ca^{2+} 振荡（④）并促使 Ca^{2+} 从液泡中释放出来。Ca^{2+} 浓度的升高会阻断 K^+ 流入的通道（⑤），促使 Cl^- 通道的开放，Cl^- 流出而质膜产生去极化（Depolarization）（⑥）；胞内 Ca^{2+} 浓度的升高还抑制质膜上质子泵的活性，细胞内 pH 升高，进一步发生去极化作用（⑦）。去极化导致外向 K^+ 通道活化（⑧）；K^+ 和 Cl^- 先从液泡释放到胞质溶胶，进而又通过质膜上的 K^+ 和阴离子通道向胞外释放（⑨），导致气孔的关闭。

经过长期研究,已经对 ABA 调控植物气孔开闭的信号转导途径有了深入的了解,提出了许多假说。图 5-2 就是这类信号途径的模式之一。

三、ETH 与植物抗逆性

(一) ETH 在植物抗逆性中的效应

1.ETH 的特性

ETH 是一种不饱和烃,其化学式为 $CH_2=CH_2$,是各种植物激素中分子结构最简单的一种。ETH 在常温下是气体,相对分子质量为 28,轻于空气。ETH 在极低浓度($0.01\sim0.1\mu l \cdot L^{-1}$)时就对植物产生生理效应。种子植物、蕨类、苔藓、真菌和细菌都可产生 ETH。

ETH 的生物合成前体为蛋氨酸(甲硫氨酸,Methionine,Met),其直接前体为 1-氨基环丙烷-1-羧酸(1-aminocyclopropane-1-carboxylic acid,ACC)。

蛋氨酸经过蛋氨酸循环,转化为 S-腺苷甲硫氨酸(S-adenosyl-methionine,SAM),再在 ACC 合酶(ACC synthase)的催化下形成 5′-甲硫基腺苷(5′-methylthioribose,MTA)和 ACC,前者通过循环再生成蛋氨酸,而 ACC 则在 ACC 氧化酶(ACC oxidase)的催化下氧化生成 ETH。在植物的所有活细胞中都能合成 ETH。

2.ETH 的生理作用

ETH 的生理作用包括改变生长习性,引起"三重反应"(Triple response)和偏上性(Epinasty)生长;促进成熟;促进衰老和脱落;促进开花和雌花分化以及其他效应,如诱导插枝不定根的形成,促进根的生长和分化,刺激根毛的大量发生,打破种子和芽的休眠,诱导次生物质(如橡胶树的乳胶)的分泌等。

3. ETH 与植物胁迫

植物在干旱、大气污染、机械刺激、化学胁迫、病害等逆境下,体内 ETH 水平呈几倍或几十倍的增加,这种在逆境下由植物体大量产生的 ETH 称为应激 ETH 或逆境 ETH(Stress ethylene)。当胁迫解除恢复正常时或组织死亡时逆境 ETH 就停止产生。

植物受到土壤涝害时,会出现偏上生长,叶片萎蔫失绿,茎变粗,根系坏死,不定根增生,气腔形成以及生长减慢,落花落果等症状,严重时造成植株衰老甚至死亡。如番茄对土壤渍水极为敏感,渍水 12h 就引起 ETH 产生增加,72h ETH 水平达到对照的 20 倍以上,同时出现渍水的特征性反应——叶柄的偏上生长。

包括接触、震动和创伤等各种各样的物理刺激都能引起植物器官或组织 ETH 释放增加。Jaffe 观察到一些植物受接触刺激后会出现生长抑制现象,他把这种矮化现象称为接触形态建成,当时不知道引起这种矮化现象的原因。后来,Hiraki 等结合了 Goeschl 等和 Jaffe 的研究,指出这种由于接触引起的植物茎伸长减慢是 ETH 作用的结果。当苍耳、番茄和蓖麻等植物处在离心场里时会发生偏上生长现象,ETH 产生抑制剂(如 Co^{2+}、AVG)和 ETH 作用抑制剂(Ag^+)都能阻止偏上现象的出现,说明这些植物在离心场里 ETH 增生。

ETH 是植物抗病防御反应的报警信号物质并参与防御反应。实验结果表明,植物在受病原菌侵染后,其 ETH 释放量明显增加。ETH 可诱导激活包括葡聚糖酶、几丁质酶和渗调蛋白在内的病程相关蛋白和抗菌肽的表达和积累。ETH 信号转导不但参与 R 基因抗病反应和激发活性氧自由基的积累,还能引起感病组织的 PCD。

水分胁迫下 ETH 积累是植物组织对干旱环境适应的一种普遍生理现象。离体莴苣（*Lactuca sativa*）叶片脱水时，ETH 合成迅速增加，2.5h 后达到高峰。在水分亏缺条件下，香蕉（*Musa nana*）果实、橙子（*Citrus sinensis*）叶片、菜豆（*Phaseolus vulgaris*）叶片以及柠檬（*Citrus limonia*）叶片等 ETH 含量增加。

许多化学物质能够引起植物体内 ETH 含量增加。这些物质中，有些对植物有毒害作用，如环境污染物；有些是植物生长发育的调节物质，如生长素、除草剂等。气态污染物如 O_3、Cl_2、HF 及 SO_2 等都能引起植物体内 ETH 含量增加。

(二)ETH 提高抗逆性的机制

1.逆境 ETH 的特性

植物体内 ETH 产生具有以下两个显著特点：其一是普遍性，几乎所有的组织和细胞都具有合成 ETH 的能力或潜力；其二是多变性，同一器官（或组织）在不同的发育阶段或处在不同的环境条件下 ETH 产生的速率变化很大。这些 ETH 的形成在性质上有很大差异（如伤害后 ETH 产生的后滞期的长短或有无，对抑制剂的敏感性等），提示植物体内 ETH 的生物合成途径可能是多样化的，在不同的条件下或不同类型的组织里可能由不同的前体合成 ETH，其生理意义也不同，特别是在逆境条件下的组织里更有可能是这样。

植物在与外界环境的相互作用过程中，环境条件的变化不断地影响植物的生命活动，植物通过改变自身的代谢和生长做出反应。环境变化作为外因，需要通过内部因素而起作用，也就是说，在外部环境刺激与内部生理反应之间需要一个中间媒介，起着对环境刺激信息的接受、传递、转换或翻译、放大和执行反应等功能。任何充当这一中间媒介的物质有如下特征：①对各种刺激的反应必须是非专一的，即对各种胁迫都有一定的反应能力；②体内组织和细胞一般都可以产生，而且在产生量上随时发生变化，即它的产生具有普遍性和多变性；③它必须是一个生理活性物质，极微量的存在就能引起植物生命活动的改变，如改变呼吸强度、激活或抑制某些代谢过程等。ETH 就是这类物质之一，也有人将 ETH 称为信号转导中的"第二信使"。

总之，ETH 具有"遇激而增，传息应变"的性质和作用。因此，逆境 ETH 在植物与环境的相互作用中可能扮演一个中间媒介的角色。

2.逆境 ETH 的生理意义

植物通过逆境 ETH 的产生可克服或减轻因环境胁迫所带来的损害。

某些水生或半水生植物在淹水条件下产生大量的 ETH，从而促进茎和叶柄伸长，这样发生的伸长现象在靠近水和空气界面的部位尤为明显，它可使这些植物长出水面，适应淹水环境，克服涝害。水涝诱导 ETH 的大量产生是由于在缺 O_2 条件下，根中及地上部分 ACC 合成酶的活性增加。虽然根中由 ACC 形成 ETH 的过程在缺 O_2 条件下受阻，但根中的 ACC 能很快地转运到叶中，在那里大量地合成 ETH。

陆生植物对土壤渍水的普遍反应是：分蘖增加；茎变粗；次生根增生，而且大多数次生根的生长失去向地性；水下部分的通气组织活性加强等，这些植物通过某些形态和结构功能上的改变来保证自身的生存。植物对地面渍水所做出的这些生长上的反应可以部分地归于 ETH 的作用。

淹水后 ETH 大量生成，其主要生理作用有：①刺激通气组织的发生和发展。实验证明淹水和 ETH 处理都可引起处理部位的纤维素酶活力升高,在受淹植物中氧的亏缺激发了 ETH 的生物合成,ETH 的增加则刺激纤维素酶的活力,从而导致通气组织的形成和发展。②刺激不定根的生成。在受淹时,通气组织和不定根的形成具有很大适应意义。

和水生植物伸长反应相反,陆生植物黄化幼苗对 ETH 发生"三重反应",在某些情况下帮助幼苗克服土壤阻力有利于幼苗出土。例如,刚萌发的幼苗在受到土壤压力时,ETH 产生增加,结果幼苗变短变粗,能够顶得起土粒,或者使幼苗横向生长而绕过障碍物,直到摆脱胁迫,ETH 产生才停止增加,生长恢复正常。震动亦使植物生长减慢,茎变短变粗以及分枝和不定根增生,形成抗倒伏性状,从而能更好地抵抗风等的袭击,这也是通过刺激 ETH 生成的结果。此外接触引起的 ETH 释放增加对某些攀缘植物有重要意义。当这些植物的卷须接触到物体之后,ETH 产生立即增加,引起卷须两侧生长速度不等(Epinastic growth),这样,植物可以在数分钟内"缠住"物体。

ETH 提高植物抵抗不良环境的能力还可以由受机械创伤和病虫侵染的植物得到证明。在受切伤、擦伤以及受侵染的组织里,与酚类代谢有关的酶类如苯丙氨酸解氨酶、多酚氧化酶、肉桂酸-4-羟化酶、几丁质酶等活性增加,正是 ETH 使这些酶活性提高。酚类化合物通常具有抑菌作用,防止微生物的感染和促进伤口愈合。

3.ETH 与抗病基因表达

ETH 能调节许多与防卫反应相关的基因表达,包括纤维素酶、几丁质酶、β-1,3-葡聚糖酶、过氧化物酶、查耳酮合成酶、植物抗毒素合成酶、防卫素、富含羟脯氨酸的糖蛋白、许多病程相关蛋白以及许多与成熟相关的蛋白的编码基因;另外,ETH 甚至促进与自身生物合成有关的许多酶的基因表达。

编码一种蛋白的基因在植物防卫反应中可以受多种不同类型因子的诱导,如受 ETH 诱导的许多防卫基因,同时也可受 JA、SA 等的诱导。这种基因的多重功能和多种反应,反映出植物适应环境的能力和抗逆反应机制的复杂性。JA、SA 和 ETH 都参与植物对外界伤害和病原菌侵染的应答,都是伤害反应信号转导中的成员,它们的信号途径之间存在着交叉,但 SA 主要诱导酸性 PR 基因的表达,而 JA 和 ETH 诱发的则是碱性 PR 基因。Penninckx 等认为,病原侵染同时触发 ETH 和 JA 信号途径,ETH 和 JA 共同促进植物应答伤病的防卫基因的表达。

已在拟南芥和烟草中发现了多种 EREBP(Ethylene responsive element binding protein)类蛋白,推测这些蛋白质氨基酸序列中有一个 58~59 个氨基酸的保守区,这个保守区可以结合 2 个相似的顺式作用元件,一个是 GCC-box(大多数的 PR 蛋白的启动子都含有的保守序列),另一个是含有核心序列 CCGAC 的胁迫应答顺式作用元件(C-repeat/dehydration responsive element,CRT/DRE)。这些启动子区含有 GCC-box 的抗病基因,可被 ETH 直接诱导而产生过敏反应,从而诱导产生 PCD,以此来保护植物体的其他组织免受病菌侵害。但是,并不是所有的抗病基因都含有 GCC-box,许多抗病基因能够与 ETH 反应元件(Ethylene-responsive element,ERE)相互作用,并受其调控而形成 PCD。

4.ETH 与信号转导

由于 ETH 能提高很多酶,如过氧化物酶、纤维素酶、果胶酶和磷酸酯酶等的含量及活性,因此,ETH 可能在翻译水平上起作用。但 ETH 对某些生理过程的调节作用发生得很快,如 ETH 处理可在 5min 内改变植株的生长速度,这就难以用促进蛋白质的合成来解释了。因此,有人认为 ETH 的作用机理与 IAA 的相似,其短期快速效应是对膜透性的影响,而长期效应则是对核酸和蛋白质代谢的调节。

ETH 与 IAA 在增加雌花分化等方面有相同效应,这可能与 IAA 诱导 ETH 生成有关。ACC 合酶是 ETH 生物合成的限速酶,IAA 可通过提高 ACC 合酶的生成速率来增强 ETH 的合成。对蛋白质和 RNA 合成抑制剂的研究表明,IAA 是通过上调转录来对 ETH 合成起作用的。ETH 与 IAA 在拟南芥根毛形成中也起重要作用。

黄化大豆幼苗经 ETH 处理后,能促进染色质的转录作用,使 RNA 水平大增;ETH 促进鳄梨和番茄等果实纤维素酶和多聚半乳糖醛酸酶的 mRNA 增多,随后酶活性增加,水解纤维素和果胶,果实变软、成熟。

ETH 作为信号分子,介导了病原物和其他激发子诱导的系统性获得抗性(SAR)和诱导系统抗性(ISR)。如受侵染的烟草叶片坏死的同时 ETH 合成增加;外源施用 ETH 可诱导Ⅰ类碱性几丁质酶、Ⅰ类 β-葡聚糖酶等碱性 PR 蛋白的产生,使细胞壁加厚;而组成型表达 ERF1 的拟南芥可充分抵抗 *Botrytis cinerea* 和 *Plectosphaerella cucumerina* 的侵染。

ETH 及其衍生物是植物由损伤引起的信号转导物质,诱导防御基因的表达。ETH 是损伤信号传输途径所需要的,和 JA 一同调节损伤反应期间的蛋白酶抑制剂(Proteinase inhibitor, PI)基因的表达。在拟南芥上,ETH 和茉莉酮酸酯通过 ETH 响应因子 ERF1 调控植物的防御反应。在番茄上,ETH 诱导丙二烯氧化合成酶(Allene oxide synthase, AOS)基因的表达,但 ETH 单独存在不能对 PIⅡ产生最好的诱导效果,而且加入 ETH 活性抑制剂——硫代硫酸银,则抑制了 AOS 和 PIⅡ的表达。另外,ETH 还会抑制植物的直接防御,而诱导间接防御。

四、SA 与植物抗逆性

(一) SA 在植物抗逆性中的效应

1.SA 的特性

公元前,美洲印第安人和古代希腊人相继发现柳树的皮和叶可以用来治疗疼痛和发烧,这是柳树皮中含有大量 SA 及相关化合物的缘故。19 世纪人们从柳树和其他植物中分离出 SA、甲基 SA 和 SA 的葡萄糖苷。1858 年,德国化学合成了 SA,1874 年开始了商业生产 SA。SA 粉剂特别苦,对胃有刺激作用,很难长期服用。后来发现 SA 乙酰化衍生物可替代 SA 克服这些副作用。1898 年,乙酰水杨酸(Acetylsalicylic acid)的商品被命名为阿司匹林(Aspirin)。乙酰 SA 在生物体内可很快转化为 SA 即邻羟基苯甲酸。阿司匹林片剂具有很好的镇痛作用,可用于治疗感冒头痛、发烧和风湿关节炎,并能预防心脏病和脑血栓病,因而得到广泛应用。每年阿司匹林的全球年销量达数千吨。

至于 SA 在植物中的生理作用,直到 20 世纪 60 年代后,才被人们发现并受到重视。

SA 能溶于水,易溶于极性的有机溶剂。在植物组织中,非结合态 SA 能在韧皮部中运输。SA 在植物体中的分布一般以产热植物的花序较多,如天南星科的一种植物花序,含量达 $3\mu g \cdot g^{-1}$ FW,西番莲花为 $1.24\mu g \cdot g^{-1}$ FW。在不产热植物的叶片等器官中也含有 SA,在水稻、大麦、大豆中均检测到 SA 的存在。

植物体内 SA 的合成来自反式肉桂酸(Trans-cinnamic acid),即由莽草酸(Shikimic

acid)经苯丙氨酸（Phenylalanine）形成反式肉桂酸,再经系列反应生成苯甲酸（Benzoic acid）,最后转化成 SA。SA 也可被 SA 酯葡萄糖基转移酶催化转变为 SA-2-氧-β-葡糖苷,这个反应可防止植物体内因 SA 含量过高而对植物产生的不利影响。

2. SA 的生理作用

SA 的生理作用有生热效应;延迟花瓣衰老;诱导开花以及其他效应。如抑制大豆的顶端生长,促进侧生生长,增加分枝数量、单株结角数及单角重。SA（$0.01\sim1\text{mmol}\cdot\text{L}^{-1}$）可提高玉米幼苗硝酸还原酶的活性,还拮抗 ABA 对萝卜幼苗生长的抑制作用。SA 能抑制 ETH 的生物合成。SA 最引人注目的是可提高植物的抗病性。

SA 参与植物的过敏性反应（Hypersensitive response,HR）和系统获得性抗性（Systemic acquired resistance,SAR）的生成。SA 是植物产生 SAR 所必需的内源信号分子,能诱导多种植物产生并积累 PR,能从侵染部位运输到非侵染部位。植物受到病原物等各种异常因素刺激后,产生一系列防卫反应,如木质素的沉积,富羟糖蛋白的积累,次级结构胼胝体、周皮等的产生,有关酶系统的激活,一些功能分子（如植保素、病程相关蛋白等）的诱发合成等,SA 都起着重要作用。

3. SA 与植物胁迫

某些植物在受病毒、真菌或细菌侵染后,侵染部位的 SA 水平显著增加,同时出现坏死病斑,即过敏反应,并引起非感染部位 SA 含量的升高,从而使其对同一病原或其他病原的再侵染产生抗性。

SA 也是植物产生系统获得性抗性所必需的。如把细菌中的编码 SA 羟化酶（Salicylate hydroxylase）的 *nah G* 基因转入烟草和拟南芥后发现,病原物侵染后这两种转基因植物 SA 的积累受到了抑制,从而削弱了它们限制病原物扩展和产生 SAR 的能力。

外源施加 SA 及其类似物均能减轻幼苗遭受低温胁迫的毒害症状,可明显减缓低温胁迫期间光合过程中 F_v/F_m、$F_{v'}/F_{m'}$、qP 和 φPSⅡ 水平的下降程度,抑制 Fo 及 NPQ 水平快速上升,提高植物对逆境的抗性。

（二）SA 提高抗逆性的机制

1. SA 在活性氧平衡中的作用

SA 可能通过调节活性氧和抗氧化酶的平衡来提高植物的抗性。SA 在植物抗环境胁迫中的效应与信号分子 H_2O_2 有关。H_2O_2 可以跨过细胞膜进入病原物侵染以外的组织中,作为第二信使来激活防卫基因的表达,提高植物抗病性。

活性氧水平的大量提高是一种氧化猝发,植物在感染不同病菌数分钟或数小时后即可发生,并启动过敏反应。此外,活性氧也能通过直接氧化某种调控蛋白或调节细胞的氧化还原状态来激活基因表达。SA 一方面可以快速诱导脂质过氧化并激活抗病基因的表达,另一方面,又能通过抗病基因的表达和抗氧化酶（剂）的活化,降低脂质过氧化物水平,以减轻对植物的伤害。

病原物侵染植株后,植株中 SA 水平急剧增加,而且 SA 可以同时通过提高 SOD 等活性和 CAT、APX 等降解酶类的活性,最终积累 H_2O_2 来提高植物的抗病性。

2. SA 与保护性物质合成的关系

SA 可促进叶片中木质素含量的增加,细胞壁木质化为植物抵抗病原生物的进一步侵染提供了有效的保护屏障。SA 可诱导植保素的产生，用 $0.01mmol \cdot L^{-1}$ 的 SA 喷雾处理水稻幼苗后，稻叶中迅速产生了一种称为 momilactone A 的植保素，对稻瘟菌分生孢子的萌发有很强的抑制作用。SA 可诱导 PR 的表达，从而获得抗性。

在接种 TMV 的烟草叶片中有 13 种 *PRs* 基因表达，包括 POD、酸性和碱性 PR-1、PR-5 蛋白以及某些未知蛋白。而这些接种植株的未接种叶片中有 9 种基因表达，外施 SA 也可诱导这 9 种基因表达。由此可以看出，外源 SA 诱导的 PRs 与病菌产生 SAR 时所形成的 PRs 是一致的。许多 PRs 具有 β-1,3-葡聚糖酶活性和几丁质酶活性，它们可以降解葡聚糖和几丁质。PRs 的产生是植物诱导抗病性的生化机制之一。SA 还能够诱导 POD 同工酶的合成及蛋白激酶的激活。

SA 与其结合蛋白质——过氧化物酶相互作用，诱发脂质过氧化，产生小分子脂质物如花生四烯酸、茉莉酸酮等。这些小分子脂质物可直接诱发基因表达或诱导 Ca^{2+} 迁移，导致细胞质内游离 Ca^{2+} 浓度增加，活化依赖于 Ca^{2+} 的蛋白质和酶，也可活化蛋白激酶，通过蛋白质磷酸化来调控许多生理过程。

3.SA 与信号转导

NO 可以激活 SA 信号途径并且至少可以部分通过 SA 信号途径介导真菌诱导子诱发的病原相关蛋白合成积累。

多种植物受到非亲和病原物或无毒病原物侵染后产生过敏反应，发生 HR 的部位内 SA 水平显著升高，并表达一些防卫相关蛋白；不仅被侵染部位，植株的非侵染部位 SA 水平也升高，部分防卫相关蛋白也被诱导表达，当植物再次受到同种病原物或其他病原物侵染时，表现出抗性增强，即植物不仅产生了局部获得性抗性（Local acquired resistance，LAR），而且具有了系统获得性抗性。大量的研究表明，SA 是在诱导 SAR 过程中起重要作用的信号分子。

在 SA 诱导的 SAR 信号转导途径中，至少有两类蛋白质参与 SAR 信号转导，一类处于 SA 作用位置的下游，另一类在 SA 作用位置的上游，可能调控 SA 信号分子的合成和生物学功能。植物在渗透胁迫下，SA 诱导的蛋白激酶活性迅速升高。

4.SA 调节基因的表达

植物病理学认为，植物系统获得性抗性是通过植物抗病基因 *R* 与病原微生物的无毒基因（*avr*）相互识别和相互作用来实现的。植物中的 *R* 基因大多具有共同的结构域，说明在感知病原微生物的下游存在着共同的或相近的信号转导机制。SA 便是许多 *R* 基因特异的植物系统性抗病反应的信号分子。如 *NPR1* 基因为 SA 下游的 *PR* 基因的上游部分，它可与具有亮氨酸拉链结构的转录因子相互作用，对 SA 介导的 *PR* 基因表达是必需的。而 *PR*1 基因（为 *PRs* 基因的一类）是拟南芥依赖 SA 的 SAR 抗病反应的标志基因。

Goldsbrough 等发现，在 β-1,3-葡聚糖及其他 30 多种与抗病相关或胁迫诱导的基因中存在着 10bp 的基序（Motif，TCATCTTCTT），往往重复多次。在这些位置上有分子量为 40kD 的结合蛋白。SA 处理可提高这种细胞核蛋白与 DNA 结合的活性。此种 10bp 的基序及其结合蛋白可能是胁迫反应中调节基因表达的顺式（Cis）作用元件和反式（Trans）作用因子。

其他一些启动子，如交替氧化酶和锰超氧化物歧化酶等与胁迫反应有关的酶表达基因启动子也往往被施加的 SA 所激活。

五、茉莉酸与植物抗逆性

（一）JAs 在植物抗逆性中的效应

1.JAs 的特性

茉莉酸类（茉莉酮酸酯）（Jasmonates，JAs）是广泛存在于植物体内的一类化合物，现已发现了 30 多种。茉莉酸和茉莉酸甲酯（Methyl jasmonate，MeJA）是其中最重要的代表。

茉莉酸的生物合成前体来自膜脂中的亚麻酸（Linolenic acid），目前认为 JAs 的合成既可在细胞质中，也可在叶绿体中。亚麻酸经脂氧合酶（Lipoxygenase）催化加氧作用产生脂肪酸过氧化氢物，再经过氧化氢物环化酶（Hydroperoxide cyclase）的作用转变为 18 碳的环脂肪酸（Cyclic fatty acid），最后经还原及多次 β-氧化而形成 JAs。

被子植物中 JAs 的分布最普遍，裸子植物、藻类、蕨类、藓类和真菌中也有分布。高等植物的茎端、嫩叶、根尖等营养器官中 JA 的含量为 $10\sim100\ ng\cdot g^{-1}$ 鲜重，而籽粒、果实等生殖器官中 JAs 的含量可达 $1000\ ng\cdot g^{-1}$ 鲜重。JAs 通常在植物韧皮部系统中运输，也可在木质部及细胞间隙中运输。

2.JAs 的生理作用

JAs 的生理作用非常广泛，包括促进、抑制和诱导等多个方面。如抑制生长和萌发；促进生根；促进衰老以及其他效应。

此外，JAs 是机械刺激（包括昆虫咬食）的有效信号分子，能诱导蛋白酶抑制剂的产生和攀缘植物卷须的盘曲反应；还能抑制光和 IAA 诱导的含羞草小叶的运动，抑制红花菜水培养细胞和根端切段对 ABA 的吸收；以及诱导气孔关闭。

JAs 作为与损伤相关的植物激素和信号分子，广泛地存在于植物体中，外源应用能够激发植物防御基因的表达，诱导植物的化学防御，产生与机械损伤和昆虫取食相似的抗逆效果。大量研究表明，用 JAs 处理植物可系统地诱导蛋白酶抑制剂（PI）和多酚氧化酶（PPO）合成，从而影响植食动物对营养物质的吸收，还能增加过氧化物酶、壳聚糖酶和脂氧合酶等防御蛋白的活性水平，导致生物碱和酚酸类次生物质的积累，增加并改变挥发性信号化合物的释放，甚至形成防御结构，如毛状体和树脂导管。经 JAs 处理的植物提高了植食动物的死亡率，变得更加吸引捕食性和寄生性天敌。挥发性化合物——MeJA 可以从植物的气孔进入植物体内，在细胞质中被酯酶水解为 JAs，实现长距离的信号转导和植物间的交流，诱导邻近植物产生诱导防御反应。

JAs 与 ABA 的生理效应有许多相似的地方，如抑制生长、抑制种子和花粉萌发、促进器官衰老和脱落、诱导气孔关闭、促进 ETH 产生、抑制含羞草叶片运动、提高抗逆性等。但是 JA 与 ABA 也有不同之处，如在莴苣种子萌发的生物测定中，JA 不如 ABA 活力高，JA 不抑制 IAA 诱导的燕麦芽鞘的伸长弯曲，不抑制含羞草叶片的蒸腾。

3.JAs 与植物胁迫

JAs 在环境胁迫反应中是驱动植物防御基因表达的信号传递的必要组成部分。在创伤、昆虫或病菌攻击，水分亏缺和渗透胁迫时，在燕麦、大豆、烟草、拟南芥、大麦和玉米等植物中都发现内源 JAs 含量急剧上升。JAs 含量的增加能促进某些与环境胁迫有关的物质的生物合成（如腐胺和脯氨酸），并且诱导特异基因的表达，导致 JA 诱导蛋白（JA-induced protein,JIP)的合成。在这些 JIP 中,有一些是与植物细胞防御病菌、食草昆虫有关,就像机械胁迫与化学胁迫一样。

JA 有直接抑菌的作用。从野生稻(*Oryza officinalis*,W0002)叶片中分离得到一种抗菌物质,实验证明这种可抑制稻腐霉孢子萌发的抗菌物质是 JA。室内和大田中调查 JA 酮酯对 8 种不同生活型的易感病菌的反应,结果发现经 JAs 处理后植物对 5 种病菌的易感性减少。

JA 也是植物在遭受虫害袭击后产生的激活植物防御基因的信号,植物中这些信号的扩大将诱导有毒物质的合成和防御蛋白的增加。采用 RT-PCR 的方法,对 JA 信号转导途径在水稻虫害诱导防御中的作用进行研究,表明虫害可诱导水稻启动 JA 信号转导途径,从而使之产生诱导防御机制。JA 还可以诱导植物中十八烷基醇信号转导途径来防御草食昆虫。番茄通过这种信号转导途径产生毒素、蛋白酶抑制物和氧化酶,从而对草食昆虫产生抗性。马铃薯经 MeJA 处理后,叶片诱导产生大量的半胱氨酸和天冬氨酸蛋白酶的抑制物,可使甲虫幼虫中的一种蛋白酶活性降低 42%,而对抑制物不敏感的蛋白酶活性增加一倍。

提高植物的抗旱性是 JA 的重要生理功能之一。此外,在 O_3 胁迫下,番茄叶片中 JA 含量显著提高,9h 时达到峰值,含量上升了 13 倍。在盐胁迫下,番茄耐盐品种中 JA 及其类似物含量高于盐敏感品种。MeJA 可通过影响活性氧和酚类物质的代谢而缓解对黄瓜的冷胁迫。

(二)JA 提高抗逆性的机制

1.JA 在信号转导中的作用

JA 是植物防卫反应和胁迫反应中的信号分子。研究表明,由 O_3 诱导的 HR 细胞死亡过程中几小时内就诱导合成 JA,并且外源 MeJA 处理可抑制受 O_3 诱导的拟南芥细胞死亡。而对 JA 不敏感的突变型 *jar1* 受 O_3 诱导后则表现细胞死亡的扩散。这说明 JA 是细胞死亡和病斑形成的一个重要的负调控因子。研究还表明,JA 抑制细胞死亡是通过降低 ROS 水平而实现的。

JA 作为激发子、病虫害和伤害等胁迫诱导植物防卫基因表达的信号分子,从基因的转录、RNA 剪切以及翻译等多个层次调控基因表达,最终调控植物的生长发育、防御反应等重要生理活动。应用 DNA 微阵列分析 JA 应答基因(*JRGs*)表达模式的结果表明,*JRGs* 包括参与 JA 生物合成、病虫害和伤害反应、氨基酸代谢、信号转导、衰老死亡等有关的基因。拟南芥中 *Thi 2.1* 和 *PDF 1.2*、*AtVSP2* 等基因的表达依赖 JA 信号转导途径调节,这些基因的转录水平受 JAs 的诱导而提高。此外,抑制 JAs 的积累或 JAs 信号应答,可以抑制伤害和激发子激活受 JAs 诱导的基因表达。JA 突变体是研究 JA 信号途径及其功能分析的重要手段,在 *jar1*、*jin1*、*jin4* 和 *coil* 等不敏感型突变体和缺陷型突变体 *2fad7-2fad* 中,由于 JA 信号转导受到抑制或阻断 JAs 的形成和积累,JA 诱导的应答反应被抑制,最终抑制 *Pin2*、*PDF1.2*、*Thi2.1*、*AtVSP2* 等防御基因的诱导表达,有时甚至不表达。与野生型植株相比,番茄突变体 *def-1* 对烟草很敏感,拟南芥缺陷型突变体易受 *Gant larvae* 真菌的侵染,但施用外源的 JAs 能恢复其抗性,这些表明 JAs 是调节防御反应所必需的信号分子。

2.JA 与保护性物质合成的关系

黄酮类生物碱是植物防御病虫害等刺激必不可少的次生代谢产物。JAs 参与对黄酮类生物合成的转录调控。JAs 与尼古丁和 TIA(萜类吲哚生物碱)的生物合成密切相关,受组织特异性因子和环境信号刺激后,经 JA 诱导腐胺-N-甲基转移酶、鸟氨酸脱羧酶等尼古丁和 TIA 生物合成酶的基因表达,这些表明 JAs 在基因表达水平上对植物次生代谢产生深刻影响。此外,JAs 通过正反馈机制调控其自身途径中相关基因的表达,如拟南芥中参与 JA 生物合成的 AOC、OPR、LOX2、AOS 及 JMT 等基因的表达都受 MeJA 的诱导,JMT 的超表达会引起 LOX2、AOS 等 JRGs 基因的组成型表达。

木质素是植物细胞壁的主要成分之一,它的增加可加强细胞壁的机械强度,增强组织木质化程度,对病原微生物的侵害起屏障作用,而且木质素低分子量的酚类前体,以及多聚作用时产生的游离基均可以钝化病菌的膜、酶及毒素等。MeJA 处理的烟草幼苗和水稻幼苗叶片中纤维素和木质素含量明显增加。以花生幼苗为材料的研究也表明,MeJA 促进其茎部纤维素和木质素增加,茎部机械组织更加发达。纤维素通过焦磷酸化酶的作用在植物体内合成;木质素通过苯丙烷类代谢途径合成,苯丙氨酸裂解酶(PAL)、肉桂酸-4-羟化酶(CA4H)和 4-香豆酸联结酶(4CL)都是此途径中的重要酶类。在此代谢途径中,PAL、4CL 的转录受到激活而生成多酚氧化物和过氧化物酶等,促进酚类物质氧化成毒性更强的醌类物质,从而抑制病原菌的活性及毒性。MeJA 处理后的植物体内多酚氧化酶等活性显著升高。寄主细胞壁非木质化的修饰主要表现为富含羟脯氨酸的糖蛋白(HRGP)的含量增加以及胼胝质的沉积。

植物抗毒素(Phytoalexin)的诱导形成,特别是这一途径中的有关酶类(PAL 和查耳酮合成酶)的形成与内源 JA 和 JA 前体的增加密切相关。$250\mu mol \cdot L^{-1}$ 的 MeJA 可以使大豆悬浮培养物中 PAL 的 Poly(A)+mRNA 水平及随后的 PAL 活性增加。MeJA 还能启动某些抗真菌防卫化合物(如生物碱)的合成。

3. JA 与逆境蛋白

JA 能诱导产生特异的 JA 类诱导蛋白(Jasmonates induced proteins,JIPs),其中大多数是植物抵御病虫害、物理或化学伤害而诱发形成的,具有防卫功能。其中一些 JIPs 被看作是植物逆境形成的保护蛋白如抗虫蛋白;一些是定位于细胞壁或液泡内,对真菌和细菌细胞有毒性的富硫蛋白(Thionin);另有一些 JIPs 被认为是逆境相关蛋白,如 PAL、查耳酮合成酶,由它们启动防御系统,诱导与植物抗逆有关的产物(如抗毒素、木质素、生物碱等)的合成。

JA 可诱导番茄和马铃薯叶片分别形成蛋白酶抑制物Ⅰ和蛋白酶抑制物Ⅱ,从而保护尚未受伤的组织,以免继续遭受伤害。由受伤的植株发散出的 MeJA 也可使距离较远的健康番茄植株产生蛋白酶抑制剂。MeJA 可诱导产生大麦叶片的富硫蛋白,从而提高大麦对真菌等的抗性。MeJA 还可促进特异的 JIP 的 mRNA 合成,而加入放线菌素 D 则可抑制这个过程,说明 MeJA 的基本作用发生在转录水平上。还有少数蛋白质具有储藏功能。

4. JA 与抗性基因表达

受 JA 诱导的防卫基因主要包括以下几类:与植保素和木质素合成有关的关键酶基因(如 PAL、CHS、LOX 等)、病程相关蛋白基因(如 PR-10 等)、水解酶基因(如几丁质酶基因,β-1,3-葡聚糖酶基因等)、硫素基因、凝集素基因以及一些蛋白酶抑制剂基因等。

许多与植物防卫反应相关的基因都能被 MeJA 激活,如编码抗真菌蛋白的植物防卫素(PDF)、硫素蛋白以及核糖体失活蛋白(RIP)等的基因,细胞壁蛋白基因如病程相关蛋白

(PR)以及一些参与植物抗毒素合成和参与酚类物质(多聚酚氧化酶)等合成的基因。

六、细胞分裂素(CTK)与植物抗逆性

(一) CTK 在植物抗逆性中的效应

1.细胞分裂素的特性

CTK 是一类以促进细胞分裂为主的植物激素。玉米素(Zeatin,Z,ZT)是最早发现的植物天然细胞分裂素;随后在不同植物中陆续发现了三十多种天然类似化合物。天然 CTK 可分为两类,一类为游离态 CTK,除玉米素外,还有玉米素核苷(Zeatin riboside)、二氢玉米素(Dihydrozeatin)、异戊烯基腺嘌呤(Isopentenyladenine,iP)等。另一类为结合态 CTK,有异戊烯基腺苷(Isopentenyl adenosine,iPA)、甲硫基异戊烯基腺苷、甲硫基玉米素等,它们结合在 tRNA 上,构成 tRNA 的组成成分。

CTK 大都为腺嘌呤 N^6 位上 H 被其他基团取代的衍生物,也有的 CTK 的腺嘌呤 N^9 位上 H 被其他基团取代。

由于 CTK 广泛的生理效应,因而作为植物生长调节剂在科学研究与农业生产中得到广泛的应用。这些 CTK 可分为两大类,一类是与天然 CTK 结构相似的在腺嘌呤的 N^6 位置上的取代衍生物,有人称为嘌呤型 CTK,如 6-苄基腺嘌呤(6-benzyl adenine,BA,6-BA),6-呋喃甲基腺嘌呤(又名激动素,Kinetin,KT)和四氢吡喃苄基腺嘌呤(Tetrahydropyranyl benzyladenine,又称多氯苯甲酸,简称 PBA)等;另一类则是 N,N'-二苯基脲(Diphenylurea,DPU)及一些苯基脲衍生物,有人称之为苯基脲型 CTK,如 N-(4-吡啶基)N'-苯基脲(4PU),N-苯基-N'-(2-氯-4-吡啶基)脲(4PU-30,即 CPPU)、噻重氮苯基脲(Thidiazuron,TDZ)。有意思的是,两种类型的 CTK 都是在天然 CTK 发现之前就已有报道。

在高等植物中 CTK 主要存在于可进行细胞分裂的部位中,如茎尖、根尖、未成熟的种子、萌发种子和生长着的果实等。一般而言,CTK 的含量为 $1\sim1000\mathrm{ng\cdot g^{-1}}$ 植物干重。从高等植物中分离出的 CTK,大多数是玉米素或玉米素核苷。

CTK 的主要合成途径是从头生物合成途径。由底物异戊烯基焦磷酸(Isopentenyl pyrophosphate,iPP)和 AMP 开始,在异戊烯基转移酶(Isopentenyl tansferase)的催化下,形成异戊烯基腺苷-5'-磷酸盐,进而在水解酶作用下形成异戊烯基腺嘌呤。异戊烯基腺嘌呤如果进一步被氧化,就能形成玉米素。

2.CTK 的生理作用

CTK 的生理作用包括促进细胞分裂;促进芽的分化;促进侧芽发育,消除顶端优势;延迟叶片衰老以及其他生理效应。如 CTK 可促进一些双子叶植物如菜豆、萝卜的子叶或叶圆片扩大;需光种子如莴苣和烟草等在黑暗中不能萌发,用 CTK 可代替光照打破这类种子的休眠,促进萌发。此外,CTK 还表现出增强植物抗性,促进结实和促进气孔开放等效应。

3. CTK 与植物胁迫

CTK 含量的变化可作为一个信号为植物在环境胁迫下调整代谢做出反应。Lejeune 等指出 CTK 可增强玉米的抗冷性,增加玉米的产量。CTK 可直接或间接地清除自由基,减少脂质过氧化作用,提高 SOD 和 CAT 等膜保护酶的活性,改变膜脂过氧化产物、膜脂肪酸组成的比例,保护细胞膜,促进冷后水稻幼苗的生长。

CTK 的作用与膜保护酶有密切联系，6-BA 可延缓老叶切段中叶绿体降解，保持膜完整性，延缓小麦离体叶片衰老过程中 SOD 和 CAT 活性下降，抑制 MDA 的积累和质膜的破坏。

CTK 可提高植株抗涝能力。用两种 CTK 类物质 4PU-30 和 6-BA 喷施受涝玉米苗株可显著减轻玉米涝渍伤害，表现为叶片内叶绿素的降解和脂质过氧化作用产物 MDA 的产生均明显减慢。两种 CTK 类物质相比较，4PU-30 对 MDA 增生的抑制作用与 6-BA 效果相近；但抑制叶绿素降解的效果则不及 6-BA。4PU-30 和 6-BA 都能明显抑制受涝玉米叶片中 SOD 和 CAT 的活性，表明其缓解涝害的作用机理都可能与调节活性氧代谢有关。在淹水过程中，4PU-30 和 6-BA 都能抑制受涝植株叶片的伸长生长，但排水后恢复生长则以 4PU-30 较快，而 6-BA 恢复较慢。

用 6-BA 与 ZR 喷洒小麦可减轻因渍水而引起的衰老。CTK 可改变过氧化物酶等的活性，提高淹水后大麦和小麦的抗性，还可部分缓解淹水大麦和小麦植株的伤害程度，叶色褪绿症状得到减轻。

水分胁迫下甘薯植株体内 IAA、GA_3、iPA 和 ZR 等促进生长的激素含量降低而 ABA 等抑制生长的激素含量增加，其相对含量与品种抗旱性间均呈极显著负相关。脱水引起莴苣叶片 CTK 含量下降。

(二)CTK 提高抗逆性的机制

1.CTK 与基因表达

植物内源 CTK 的活性由于干旱、盐分或渗透胁迫而降低，降低的程度与胁迫的强度有关。而且当解除胁迫时，在 CTK 再恢复到原来水平以前，CTK 往往超过原来的水平，其他胁迫，如温度和根部淹水等，都有类似的作用。

分子水平的研究表明，CTK 可通过对基因表达的调节而影响植物的抗性和衰老。外源 CTK 可诱导南瓜离体叶 Rubisco 大小亚基的 mRNA 含量增加，CTK 对小亚基的调节是转录后水平上的调节，它降低了小亚基的 mRNA 降解速率。CTK 还调节核编码的叶绿体蛋白基因的表达，增加光诱导的硝酸还原酶 mRNA 和捕光色素结合蛋白 mRNA 的含量，促进低温逆境下 SOD 的从头合成。在转录后水平上调节 Rubisco 小亚基 mRNA 的降解速率。

由于某些 CTK 是 tRNA 反密码子附近碱基的重要组分，因而许多研究者将 CTK 对植物的作用与其对基因表达的作用联系在一起。CTK 结合蛋白不仅存在于核糖核蛋白体中，还存在于核中。休眠种子中总 RNA 合成量显著地低于非休眠种子。激素间的相互作用对代谢有很大影响。在休眠的梨胚中，ABA 抑制^{32}PO_4掺入 tRNA、DNA－RNA 及 tRNA 的过程，其抑制效应可被 KT 和 GA_3 所解除。ABA 引起离体梨胚标记 RNA 中尿苷增加和鸟苷减少，这个作用可被 KT 逆转。梨胚中氨酰 tRNA 合成酶的生成也可被 KT 和 GA 所促进，用 KT 和 GA 诱导休眠梨胚萌发时，与染色质结合的 RNA 聚合酶活性加强。

2.CTK 与信号转导

CTK 在植物多种胁迫中起到从根到冠的信息介质的作用。作为信息载体物质，必须具有灵敏性和有效性的特点，而就 CTK 而言，它在植物体根中的合成、体内的运输和在作用位点发生效应，均具有这些特点，可以承担起信息载体的角色。

盐胁迫、水分亏缺、温度逆境均使 CTK 含量发生变化。蒸腾流中 CTK 浓度的降低，是

植物适应干旱、水涝、营养缺乏、盐渍和低温冷害等逆境的一种反应。CTK 在根中合成,当根际环境变化,如水分亏缺时,根中 CTK 合成和运输的量减少,而叶中 ABA 含量增加,叶片感受到信号而气孔关闭。外加 CTK 可使处理植物叶片气孔关闭发生逆转。

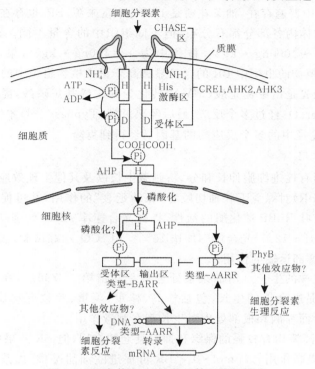

图 5-3 拟南芥中 CTK 信号转导途径模式

在植物体内 CTK 是利用了一种类似于细菌中双元组分系统的途径将信号传递至下游元件的。在拟南芥中,首先是作为 CTK 受体的拟南芥组氨酸激酶(Arabidopsis histidine kinases,AHKs)与 CTK 结合后磷酸化,并将磷酸基团(H)由激酶区的组氨酸转移至信号接收区(D)的天冬氨酸残基上;天冬氨酸上的磷酸基团被传递到胞质中的拟南芥组氨酸磷酸转运蛋白(Arabidopsis histidine-phosphotransfer proteins,AHPs)上,磷酸化的 AHPs 进入细胞核并将磷酸基团转移到 A 型和 B 型拟南芥反应调节因子(Arabidopsis response regulators,ARRs)上,进而调节下游的 CTK 反应。ARR 有两种类型,其中 B 型 ARR(BARR)是一类转录因子,作为 CTK 的正调控因子起作用,可激活 A 型 ARR 基因的转录。A 型 ARR(AARR)作为 CTK 的负调控因子可以抑制 B 型 ARR 的活性,从而形成了一个负反馈循环。两种 ARR 与各种效应物相互作用,导致细胞功能的改变,如细胞周期等(图 5-3)。

七、油菜素内酯(BR)与植物抗逆性

(一)BR 在植物抗逆性中的效应

1.BR 的特性

Mitchell 等发现在油菜花粉中有一种新的生长物质,它能引起菜豆幼苗节间伸长、弯曲、裂开等异常生长反应,并将其命名为油菜素(Brassin)。Grove 等从 227kg 油菜花粉中提

取得到 10mg 的高活性结晶物,因为它是甾醇内酯化合物,故将其命名为 BR。

此后 BR 及多种结构相似的化合物纷纷从植物中被分离鉴定出来。BR 在植物体内含量极少,但生理活性很强。现在已从植物中分离得到 60 多种 BR,分别表示为 BR_1、BR_2、…BR_n。BR 在植物界中普遍存在,油菜花粉是 BR_1 的丰富来源,BR_1 也存在于其他植物中。

BR 虽然在植物体内各部分都有分布,但不同组织中的含量不同。通常 BR 的含量是:花粉和种子中为 $1 \sim 1000 ng \cdot kg^{-1}$,枝条中为 $1 \sim 100 ng \cdot kg^{-1}$,果实和叶片中为 $1 \sim 10 ng \cdot kg^{-1}$。某些植物的虫瘿中 BR 的含量显著高于正常植物组织中的。

BR 的合成途径先是由甲瓦龙酸(MVA)转化为异戊烯基焦磷酸,经系列反应后先形成菜油甾醇(Campesterol),经过多个反应,最后经栗甾酮(Typhasterol)才生成 BR。催化从菜油甾醇到 BR 代谢途径中的多个反应酶的基因已经得到克隆。

2.BR 的生理作用

BR 的生理作用有促进细胞伸长和分裂;刺激生长以及其他生理效应。如表油菜素内酯(Epibrassinolide,EBR)对绿豆下胚轴切段有"保幼延衰"的作用,并可促进黄瓜下胚轴的伸长。BR 可促进小麦叶 RuBP 羧化酶的活性,提高光合速率。BR_1 处理花生幼苗后 9d,叶绿素含量比对照高 $10\% \sim 12\%$,光合速率加快 15%。用 $^{14}CO_2$ 示踪试验,表明 BR_1 处理有促进叶片中光合产物向穗部运输的作用。

BR 还可促进整株的生长。用油菜素处理菜豆幼苗第二节间后,在数天内可使节间增长;几星期后,即可促进全株的生长,包括株高、株重、荚重、芽数等均比对照组显著增加。BR 在水稻分蘖期叶面喷洒和根部处理对生长都有刺激作用。

BR 和 6-BA 对莴笋均有较强的保绿和抑制衰老的作用,但 BR 效果更好。BR 对黄瓜子叶 NR 活性有明显提高作用。$1 nmol \cdot L^{-1}$ BR 可促进欧洲甜樱桃、山茶和烟草花粉管的生长。BR 可诱导雌雄同株异花的西葫芦雄花序开出两性花或雌花。

水稻幼苗在低温阴雨条件下生长,若用 $10^{-4} mg \cdot L^{-1}$ BR_1 溶液浸根 24h,则株高、叶数、叶面积、分蘖数、根数都比对照组高,且幼苗成活率高、地上部干重显著增加。

3. BR 与植物胁迫

BR 能通过对细胞膜的作用,增强植物对干旱、病害、盐害、除草剂、药害等逆境的抵抗力,因此有人将其称为"逆境缓和激素"。

BR 在提高作物耐冷性方面表现出良好的效果,能减轻不同抗冷性的植物在低温胁迫和回温恢复过程中的伤害作用,而且能促进根系和基叶的正常生长和健壮度。其作用方式可能是通过 Ca^{2+} 及钙信使系统或激素类作用来调节抗冷力的形成,阻止植物产生过多的自由基,或诱导形成较多的自由基清除剂来减轻膜脂过氧化作用,从而稳定膜的结构与功能,增强膜的防卫能力,以适应低温逆境的变化,促进生长。

用 BR 浸种可以提高干旱条件下植物的保护酶活性,减少膜脂的过氧化水平,而且在复水后还具有使其迅速恢复到正常水平的能力。BR 在促进核酸代谢的同时,还可引起可溶性蛋白含量的增加。在干旱条件下经 EBR 处理可提高玉米幼苗叶片中 SOD、POD 和 CAT 的活性。玉米幼苗体内 MDA 含量和相对电导率水平都远远低于对照,并且在复水后都能迅速恢复到正常水平。这说明其能降低逆境条件下的膜脂过氧化水平,提高膜的稳定性,从而提高抗逆性。

在 $45\degree C$ 高温下,喷施 EBR 可使烟草幼苗叶片和根系细胞膜中 MDA 含量和细胞膜的相对电导率均降低,SOD 和 CAT 活性有一定程度的增强,Pro 含量显著提高,表明 BR 可以增强和恢复烟草幼苗抗热激的能力,减小膜脂过氧化伤害的作用,减轻由自由基引发的过氧化作用,保持膜结构及其功能的相对稳定性。BR 对芫荽种子高温萌发(30℃)有显著影响。BR($0.005mg \cdot L^{-1}$、$0.010mg \cdot L^{-1}$)浸种可以提高芫荽种子高温下的发芽率、发芽势和发芽指数,提高种子活力。高温胁迫下 BR 诱导 MT-sHSP 表达,进而提高番茄耐热性;而且高温下 BR 促进离体番茄花粉萌发,促进花粉管生长,推测 BR 可能参与番茄植株的生殖生长。

BR 能够在盐胁迫下保护叶绿体的超微结构而且对细胞膜有保护作用。Kulaeva 等证实 24-表油菜素内酯(24-epibrassinolide)可以防止小麦叶片在盐胁迫下叶绿素降解,保护植物结构不受破坏。BR 浸种可增加小麦胚芽鞘长度、地上部分高度、根长、根数、地上部分干重、根干重,明显降低地上部分膜透性,对提高小麦抗盐性有明显作用。潘兆梅研究发现 $1\sim10$ mg $\cdot$ L^{-1} 的 BR 溶液能使水稻在 $500\sim600$ mg $\cdot$ L^{-1} 的盐溶液中生长。BR 处理的黄瓜植株在盐胁迫下可保持较高的 SOD、POD、CAT 活性,从而提高植株耐盐性。

EBR 处理显著促进了低氧胁迫下两品种黄瓜幼苗根系生长,提高了 SOD、APX、GR 活性及 AsA、GSH 含量,降低了 H_2O_2 及 MDA 含量。外源 EBR 处理通过促进低氧胁迫下黄瓜幼苗根系中抗氧化酶活性和抗氧化剂含量的提高,降低 ROS 含量,增强植株抗低氧胁迫的能力。

(二)BR 提高抗逆性的机制

1.BR 与基因表达

BR 主要从翻译和转录两个水平对相关基因的表达进行调节。

Mandava 早就发现 RNA 及蛋白质合成抑制剂对 BR 的促进生长作用有影响。多种试验均表明 BR 可能通过影响转录和翻译进而调节植物生长。Mandava 等还用 RNA 合成抑制剂放线菌素 D 和蛋白合成抑制剂环己亚胺等检测 BR 诱导的上胚轴生长作用,表明 BR 诱导生长的效应依赖于核酸和蛋白质合成。

BR 可能参与了组织生长过程的转录和复制,从而促进 RNA 聚合酶活性,降低 RNA、DNA 水解酶活性,造成 RNA 和 DNA 的累积,促进组织的生长。

根据对拟南芥的 BR 不敏感突变体的研究推断,BR 的受体可能是存在于质膜上的 LRR 受体激酶(Leucine-rich receptor-like kinase,RLK)。RLK 的化学组成特点是富含 Leu。

2.BR 与细胞膜的关系

也有一些研究表明 BR 与细胞膜的透性有关,特别是在逆境下提高植物抗性往往与膜相联系,如在某些试验中,BR 与 IAA 作用相似,都可增强膜的电势差、ATPase 活性及 H^+ 的分泌。

BR 通过结合质膜上的受体 BRI1,一方面活化液泡膜上的 ATPase,促进液泡泵入 H^+,向胞液输出阴离子,从而提高了液泡水势,增大了膨压;另一方面,通过诱导与生长有关的基因表达,最终引起细胞的扩大反应。

BR 对赤豆(Azuki bean)上胚轴节段和玉米根尖切段生长的促进和 IAA 类似,是同 H^+ 分泌的增加和转移膜电位的早期过极化联系在一起的。也即共同遵循"酸生长"的理论:通过促进膜质子泵对 H^+ 的泵出,导致自由空间的酸化,使细胞壁松弛,进而促进生长。

但 BR 与 IAA 在其最适浓度下同时使用具有明显的加成效果,又表明它们在最初的作用方式上是有区别的。如 BR 促进小麦胚芽鞘伸长的生理活性大于 IAA,但在高浓度下的促进作用不如 IAA 明显。BR 和 IAA 混合处理对胚芽鞘切段的伸长、ETH 释放和 H^+ 分泌都表现了加成作用。BR 也有拮抗 ABA 对小麦胚芽鞘切段伸长的抑制作用。

3.BR 的基因响应和非基因响应途径

有人提出了 BR 生理作用的基因响应和非基因响应途径。

(1)基因响应途径

BR 通过调节基因表达来调控植物生长发育的途径被称为 BR 的基因响应途径。BR 信号首先被膜上的受体 BRI1/BAK1 复合体感知,然后在一系列蛋白的参与下传递到核内,进一步调控下游基因的表达。

Borriss 等用差异杂交法从正在生长的豌豆黄化苗中鉴定出一种 BR 上调基因(BRU1),该基因表达与细胞伸长密切相关的一种酶,即木葡聚糖内转化糖基化酶(Xyloglucan endotransglycosylase,XET)。实验表明 BRU1 转录物的表达水平与 BR 所引起的茎的伸长相关,且 BRU1 转录物的浓度与 BR 介导的细胞壁可塑性的增加呈正相关。所以 BR 对 BRU1 表达的调节发生在转录后水平上,而非转录水平上。

在拟南芥中也发现了受 BR 调节的 XET,由 TCH4 基因编码,这种调节发生在转录水平上。研究还证明,油菜素内酯在 BRU1 翻译水平、TCH4 转录水平分别进行调控。

(2)非基因响应途径

BR 的非基因响应途径又称为快速响应途径。这种途径不涉及基因的表达并且不被转录和翻译抑制剂所阻断。体外实验表明 BRI1 蛋白激酶能够和液泡膜 H^+-ATPase 上的 H 亚基相互作用,并磷酸化该亚基。因此 BR 信号可能通过 BRI1 复合体的活性调节液泡膜 H^+-ATPase 的装配,从而影响液泡对水分的吸收而引起细胞的迅速伸长。

本章小结

植物生长物质大体可分为两类,即植物激素与植物生长调节剂。植物激素在抗逆性中起着至关重要的调节作用。逆境能使植物体内激素的含量和活性发生变化,并通过这些变化来影响生理过程。

脱落酸被称为应激激素或胁迫激素,可通过调节气孔的开闭,保持组织内的水分平衡,增强根的吸水性,提高水的通导性,传递信号,诱导抗逆相关基因的表达等,增强植物的抗性。脱落酸提高抗性的机理包括活性氧清除、渗透调节物质的积累、逆境蛋白的产生、抗性基因表达和信号转导等。

ETH 在植物抗逆性中的效应明显,在逆境下可大量产生应激 ETH 或逆境 ETH。植物ETH 产生具有以下两个显著特点,普遍性与多变性,有"遇激而增,信息应变"的性质和作用。ETH 通过参与抗病基因表达与信号转导,在多种逆境下可提高植物抗性。

SA 最引人注目的是可提高植物的抗病性,在受到病原菌侵害时诱发产生的过敏性反应(HR)和系统获得性抗性(SAR)中都起着重要作用。

JA 是机械刺激(包括昆虫咬食)的有效信号分子,能诱导蛋白酶抑制剂的产生,是与损伤相关的植物激素和信号分子。

细胞分裂素、油菜素内酯等也以各种方式参与植物抗逆性的提高。

复习思考题

1.讨论植物激素与植物抗性的联系。

2.为什么脱落酸被称为应激激素或胁迫激素？

3.ETH 的产生有什么显著特点？这与植物抗性有何关系？

4.比较 SA 和 JA 在植物抗性中的作用。

5.讨论细胞分裂素与油菜素内酯在植物抗性中的作用。

第六章　温度胁迫与植物抗性

植物体总是与外界环境进行着不间断的能量交换,要求有适宜的温度范围,根据植物生理和生化代谢及生长发育情况,对温度反应有最低温度、最适温度和最高温度三个基点温度指标。超过最高温度,植物就会遭受热害。低于最低温度,植物将会受到寒害(包括冷害和冻害)。由于各类植物起源不同,它们要求的温度三基点也不同,忍耐高低温的能力也有很大差异。温度胁迫(Temperature stress)是指温度过低或过高对植物的影响。使植物体内生理和生化代谢及植物生长发育遭受损伤的温度指标为受害温度,若温度逆境进一步加剧或持续发生,导致植物死亡的温度指标,则是致死温度。

一、寒害与植物的抗寒性

(一)植物的寒害与生物学特点

1.冷害与植物的抗冷性

很多热带和亚热带植物不能忍受冰点以上的低温,这种冰点以上低温对植物的危害叫作冷害(Chilling injury)。而植物对冰点以上低温胁迫的抵抗和忍耐能力叫抗冷性(Chilling resistance)。

(1)冷害的类型

在我国,冷害经常发生于早春、晚秋,对作物的危害主要表现在苗期与籽粒或果实成熟期。种子萌发期的吸胀冷害,常延迟发芽,降低发芽率,发生病害。如棉花、大豆等干燥种子在吸胀初期对低温十分敏感,低温浸种会完全丧失发芽率。低温下子叶或胚乳营养物质泄漏,为适应低温的病菌提供了良好的营养。苗期冷害主要表现为叶片失绿和萎蔫。水稻、棉花、玉米等在春天播种后,常遇到0℃以上低温的危害,造成死苗或僵苗不发。分裂期和开花期对低温也十分敏感,如水稻减数分裂期遇低温(16℃以下)花粉不育率增加,且随低温时间的延长而加剧危害;开花期温度在20℃以下,则延迟开花,或闭花不开,影响授粉受精。晚稻灌浆期遇到早寒流会造成籽粒空瘪不实。10℃以下低温对很多果树的影响是破坏花芽分化,引起结实率降低。果蔬贮藏遇低温,表皮变色,局部坏死,形成凹陷斑点。由此可见冷害是很多地区限制农业生产的主要因素之一。

根据植物对冷害的反应速度,可将冷害分为直接伤害与间接伤害两类。

①直接伤害。直接伤害是指植物受到低温影响后几小时,至多在1d之内即出现伤斑,说明这种冷害已侵入胞内,直接破坏了原生质活性。

②间接伤害。间接伤害是指由低温引起代谢失调而造成的伤害。受间接伤害的植株在低温后一段时间内表观形态仍表现正常,至少要在5~6d后才出现组织柔软、萎蔫现象。而这些变化是代谢失常后生物化学的缓慢变化造成的,并不是低温直接造成的。

(2)冷害引起的生理变化

冷害对植物的影响不仅表现在叶片萎蔫、变褐、干枯、果皮变色等外部形态上,更重要的是在细胞的生理代谢上发生了变化。

①膜透性增加。在低温下,膜的选择透性减弱,膜内大量溶质外渗。具体反映在植物浸出液的电导率增加方面。

②原生质流动减慢或停止。把对冷害敏感植物(番茄、烟草、西瓜、甜瓜、玉米等)在10℃下放置1～2min,叶柄表皮毛原生质流动就变得缓慢或完全停止;而将对冷害不敏感的植物(甘蓝、胡萝卜、甜菜、马铃薯等)置于0℃时原生质仍有流动。原生质流动过程需ATP提供能量,而原生质流动减慢或停止则说明了冷害使ATP代谢受到抑制。

③水分代谢失调。植株受冰点以上低温危害后,吸水能力和蒸腾速率都明显下降,其中根系吸水能力下降幅度更显著。在寒潮过后,作物的叶片、枝条往往干枯,甚至器官脱落。这些都是由水分代谢失调引起的。

④光合作用减弱。低温危害后蛋白质合成速度小于降解速度,叶绿体分解加速,叶绿素含量下降,加之酶活性又受到影响,因而光合速率明显降低。

⑤呼吸速率大起大落。植物在刚受到冷害时,呼吸速率会比正常时还高,这是一种保护作用。因为呼吸上升,放出的热量多,对抵抗寒冷有利。但时间较长以后,呼吸速率便大大降低,这是因为原生质停止流动,氧供应不足,无氧呼吸比重增大。特别是不耐寒的植物品种,呼吸速度大起大落的现象尤为明显。

⑥有机物分解占优势。植株受冷害后,水解反应大于合成反应,不仅蛋白质分解加剧,游离氨基酸的数量和种类增多,而且多种生物大分子含量都减少。冷害后植株还积累了许多对细胞有毒害作用的乙醛、乙醇、酚、α-酮酸等产物。

(3)冷害的机理

关于冷害造成形态结构和生理代谢变化的主要原因,通常认为有以下几点。

①膜脂发生相变。低温下,生物膜的脂类会出现相分离和相变,使液晶态变为凝胶态。由于脂类固化,从而引起与膜相结合的酶解离或使酶亚基分解而失去活性。因为酶蛋白质是通过疏水键与膜脂相结合的,而低温使二者结合脆弱,故易于分离。

在常温下生物膜呈液晶相,保持一定的流动性,当温度下降到临界温度时,膜从液晶相转变为凝胶相,此时外界温度称为膜的相变温度(Phase transition temperature)。膜脂相变温度随脂肪酸链的加长而增加,随不饱和脂肪酸如油酸(Oleic acid)、亚油酸(Linoleic acid)、亚麻酸(Linolenic acid)等所占比例的增加而降低,也即不饱和脂肪酸愈多,则愈耐低温。温带植物比热带植物耐低温的原因之一,就是构成膜脂不饱和脂肪酸的含量较高。同一种植物,抗寒性强的品种其不饱和脂肪酸的含量也高于抗寒性弱的品种。经过抗冷锻炼后,植物体内不饱和脂肪酸的含量明显提高,膜相变温度随之降低,抗冷性加强。因此膜不饱和脂肪酸指数(Unsaturated fatty acid index,UFAI),即不饱和脂肪酸在总脂肪酸中的相对比值,可作为衡量植物抗冷性的重要生理指标。

②膜的结构改变。在缓慢降温条件下,由于膜脂的固化使得膜结构紧缩,降低了膜对水和溶质的透性;在寒流突然来临的情况下,由于膜脂的不对称性,膜体紧缩不匀而出现断裂,因而会造成膜的破损渗漏,胞内溶质外流。膜渗漏增加,使得胞内溶质外渗,打破了离子平衡,引起代谢失调。据报道,受害甘薯的根组织在低温下,离子的外渗比正常组织高五倍。

低温下,植物细胞内电解质外渗与否已成为鉴定植物耐冷性的一项重要指标。

③代谢紊乱。生物膜结构的破坏会引起植物体内新陈代谢的紊乱。如低温下光合与呼

吸速率改变不但使植物处于饥饿状态,而且还使有毒物质(如乙醇)在细胞内积累,导致细胞和组织受伤或死亡。

在低温冷害下,酶活性的变化及酶系统多态性的变化也会受到影响。一般认为,过氧化物酶同工酶的变化能调节膜透性和防止膜的损伤,这可能是保证植物不受冷害的原因之一。在抗冷性不同的苜蓿、小麦和香瓜品种低温驯化过程中,研究人员观察到经过充分冷驯化的植物,其过氧化物酶同工酶发生变化,同时可溶性蛋白增加,其他酶如酸性磷酸酶、SOD、NAD-苹果酸脱氢酶、酯酶、ATP酶(ATPase)等的增加也有报道。在多酶系统中,每一种酶的活性都受温度的影响,发生特异结构的反应,其综合结果是使它们能在低温下行使其功能,以保证各类物质代谢的适应性变化,为抗冷性的发展提供物质基础,如果这些酶受到损害,代谢就会产生紊乱。

冷害的机理是多方面的,但相互之间又有联系,图 6-1 对此做了概括。

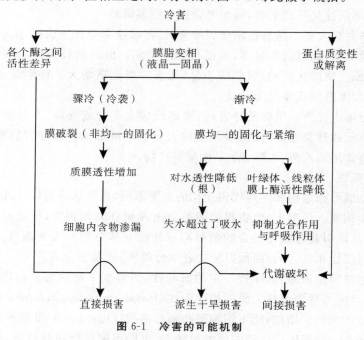

图 6-1　冷害的可能机制

2.冻害与植物的抗冻性

(1)冻害的概念与类型

冰点以下低温对植物的危害叫作冻害(Freezing injury)。植物对冰点以下低温胁迫的抵抗与忍耐能力叫抗冻性(Freezing resistance)。冻害往往也叫霜冻危害。在世界上许多地区都会遇到程度不同的0℃以下低温,对各种作物造成程度不同的冻害,它是限制农业生产的重要自然灾害。

冻害发生的温度限度,可因植物种类、生育时期、生理状态、组织器官及其经受低温的时间长短而有很大差异。大麦、小麦、燕麦、苜蓿等越冬作物一般可忍耐 $-12 \sim -7℃$ 的严寒;有些树木,如白桦、网脉柳可以经受 $-45℃$ 的严冬而不死;种子的抗冻性很强,在短时期内可经受 $-100℃$ 以下冷冻而仍保持其发芽能力;某些植物的愈伤组织在液氮下,即在 $-196℃$ 低温下保存 4 个月之后仍有活性。

一般剧烈的降温和升温，以及连续的冷冻，对植物的危害较大；缓慢的降温与升温解冻下，植物受害较轻。植物受冻害时，叶片就像烫伤一样，细胞失去膨压，组织柔软、叶色变褐，最终干枯死亡。

冻害主要是冰晶的伤害。植物组织结冰可分为两种方式：胞外结冰与胞内结冰。

①胞外结冰。胞外结冰又叫胞间结冰，是指在温度下降时，细胞间隙和细胞壁附近的水分结成冰。随之而来的是细胞间隙的蒸汽压降低，周围细胞的水分便向细胞间隙方向移动，扩大了冰晶的体积。

②胞内结冰。胞内结冰是指温度迅速下降，除了胞间结冰外，细胞内的水分也冻结。一般先在原生质内结冰，后来在液泡内结冰。细胞内的冰晶体数目众多，体积一般比胞间结冰的小。

（2）冻害的机理

①结冰伤害。结冰会对植物体造成危害，但胞间结冰和胞内结冰的影响各有特点。胞间结冰引起植物受害的主要原因是：

第一，原生质过度脱水，使蛋白质变性或原生质发生不可逆的凝胶化。由于胞外出现冰晶，于是随冰核的形成，细胞间隙内蒸汽压降低，但胞内含水量较大，蒸汽压仍然较高，这个压力差的梯度使胞内水分外溢，而到胞间后水分又结冰，使冰晶愈结愈大，细胞内水分不断被冰块夺取，终于使原生质发生严重脱水。

第二，冰晶体对细胞的机械损伤。由于冰晶体的逐渐膨大，它对细胞造成的机械压力会使细胞变形，甚至可能将细胞壁和质膜挤碎，使原生质暴露于胞外而受冻害，同时细胞亚显微结构遭受破坏，区域化被打破，酶活动无秩序，影响代谢的正常进行。

第三，解冻过快对细胞的损伤。结冰的植物遇气温缓慢回升，细胞所受的影响不会太大。若遇温度骤然回升，冰晶迅速融化，细胞壁易于恢复原状，而原生质尚来不及吸水膨胀，细胞有可能被撕裂损伤。如葱和白菜叶等突然遇高热化冻后，立即瘫软成泥，就是这种原因造成的。

胞内结冰对细胞的危害更为直接。因为原生质是有高度精细结构的组织，冰晶形成以及融化时对质膜与细胞器以及整个细胞质产生破坏作用。胞内结冰常给植物带来致命的损伤。

②巯基假说（Sulfhydryl group hypothesis）。这是Levitt提出的植物细胞结冰引起蛋白质损伤的假说。当组织结冰脱水时，巯基（—SH）减少，而二硫键（—S—S—）增加。二硫键是由于蛋白质分子内部失水或相邻蛋白质分子的巯基失水而形成的。当解冻再度失水时，肽链松散，氢键断裂，但二硫键被保存，肽链的空间位置发生变化，蛋白质分子的空间构象改变，因而蛋白质结构被破坏，进而引起细胞的伤害和死亡。所以组织抗冻性的基础在于阻止细胞中蛋白质分子间二硫键的形成。当植株脱水后，细胞内巯基多，二硫键少的，则抗冻性强。一些实验已发现植物受冻害的细胞二硫键增多，而受冻但未受害的细胞却不发生这种变化。

③膜的伤害。膜对结冰最敏感，如柑橘的细胞在$-6.7 \sim -4.4$℃时所有的膜（质膜、液泡膜、叶绿体膜和线粒体膜）都被破坏。小麦根分生细胞结冰后线粒体膜也发生显著的损伤。低温造成细胞间结冰时，可产生脱水、机械和渗透三种胁迫，这三种胁迫同时作用，使蛋白质变性或改变膜中蛋白和膜脂的排列，膜受到伤害，透性增大，溶质大量外流。另一方面，膜脂

相变使得一部分与膜结合的酶游离而失去活性,光合磷酸化和氧化磷酸化解偶联,ATP形成明显下降,引起代谢失调,严重的则使植株死亡(图 6-2)。

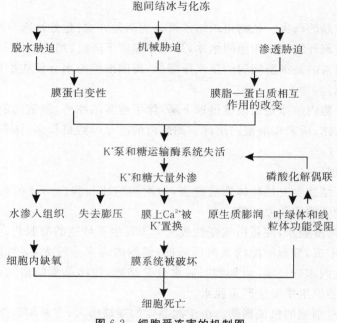

图 6-2　细胞受冻害的机制图

3.植物耐寒的条件与提高抗寒性措施

(1)植物耐寒性的内部差异

①器官组织。不同植物种类和品种有不同的耐寒性,同一植物不同器官的耐寒性也不一样。如马铃薯的冻害发生在根部、枝条、叶子及生殖器官的花芽,它们在不同的生长季节,又有不同的抗寒性。叶子在夏季夜间可忍受$-5\sim-3℃$的低温,晚秋适应寒冷后,叶子最抗寒,茎秆次之,根部最差;而在适应低温以前,它们的耐寒性是相同的。

植物的不同组织,也具有不同的抗寒性。如苹果在早秋,形成层是最不抗寒的;在晚秋韧皮部和木质部抗寒性相同;到了冬天韧皮部抗寒性比木质部强,形成层的抗寒性也提高,树皮可在寒冷中存活,而木质部就不行。不同季节抗寒性也不一样,如苹果花芽在冬季很少死亡,当春季开始生长后,遇到春霜就容易受到冻害以致死亡。

②生理状况。植物年龄、生活力和健康状况,都会影响抗寒性。虽然不同的器官和组织抗寒性有差异,但是各品种的抗寒性级别维持相对的稳定。检验不同品种抗寒性时,必须要从最大的差异上着眼,选择最适合研究测定的时间。

在一年中,植物对低温冷冻的抗性也是逐步形成的。在冬季来临之前,随着气温的逐渐降低,体内发生一系列适应低温的形态和生理生化变化,其抗寒力才能得到提高,这就是所谓的抗寒锻炼。如冬小麦在夏天 20℃时,抗寒能力很弱,只能抵抗$-3℃$的低温;秋天 15℃时开始增强到能抵抗$-10℃$低温;冬天 0℃以下时可增强到抵抗$-20℃$的低温;春天温度上升变暖,抗寒能力又下降。

一些针叶树是很强的抗冻性植物,在冬季可以抵抗$-40\sim-30℃$的低温,但夏季若人为将其置于$-8℃$下便会使其被冻死。

（2）植物抗寒性与环境条件

①温度。植物的抗寒性在秋冬加强，而春夏减弱，主要是由于温度的影响。夏天在高温下，植物正值生长旺盛时期，几乎没有抗寒能力。等到秋季温度降低时抗寒力开始增加，特别是在初霜之后，抗寒性大大提高。

植物遭受冻害时，一般温度愈低，体内水分结冰的数量愈多。如冬小麦的幼苗，在 $-13℃$ 时有 62% 的水分结冰，在 $-14℃$ 时有 64% 的水分结冰，在 $-17℃$ 时有 67% 的水分结冰，在 $-19℃$ 时有 70% 的水分结冰，在 $-15℃$ 时细胞内的蛋白质就开始沉淀。

温度高低影响植物的生理过程及酶作用的强度与方向。在低温时生长减弱，酶的活动方向中催化分解大于合成，可溶性物质积累，细胞的渗透势降低，这些都有利于植物抗寒性的提高。

②光照。光使植物在光合作用中产生的有机物质（糖分）积累增多，因而促进了抗寒性的加强。适应低温的植物特性就是在光照和温度降低时，生长速度减慢，抑制生长点的分化。所以光对抗寒性的作用有三方面：一是促进光合作用，增加糖分积累；二是抑制植物生长，使细胞壁变厚，增加木栓化的保护作用；三是短日照缩短植物的生育期，使它在冬季进入休眠，抗寒性能提高。

③水分。小麦自然锻炼的第二阶段中植株的水分含量减少，再经过低温（$0\sim5℃$）锻炼后耐寒性提高。土壤温度低的比较抗寒，因为干旱能引起细胞脱水，使细胞液的浓度提高。在脱水的情况下，细胞内的有机物质发生水解，也能降低细胞的渗透势。干旱条件能抑制植物的生长，促进植物的休眠，这些都有利于植物的抗寒越冬。如果土壤中长期缺水或水分过多，对植物的抗寒性也不利。

④营养。合理施肥影响植物的抗寒性，厩肥和绿肥对抗寒性都有好的影响。如果单独施用氮肥过多时，可能降低植物的抗寒性，这与植物生长过旺和发育不良有关。缺氮也不利于植物抗寒，增施磷肥和钾肥对植物的越冬有利。因为钾能影响膜的透性，提高细胞液的浓度，因而可以增强植物的抗寒性，所以最好是氮、磷、钾肥配合施用。

（3）提高植物抗寒性的措施

①低温锻炼。低温锻炼是个很有效的措施，因为植物对低温有一个适应过程。很多植物如预先给予适当的低温锻炼，而后即可抗御更低的温度，否则会在突然遇到低温时遭灾。

春季在温室、温床育苗，进行露天移栽前，必须先降低室温或床温。如番茄苗移出温室前先经一两天 $10℃$ 处理，栽后即可抗 $5℃$ 左右低温；黄瓜苗在经 $10℃$ 锻炼后即可抗 $3\sim5℃$ 低温。

经过低温锻炼的植株，其膜的不饱和脂肪酸含量增加，相变温度降低，膜透性稳定；细胞内 NADPH/NADP 比值和 ATP 含量增高；植物的含水量降低，且自由水含量减少，束缚水相对增多；同化物积累明显，特别是糖的积累；激素比例发生改变，ABA 增多，抗寒能力显著提高。

经过低温锻炼后，植物组织的含糖量（包括葡萄糖、果糖、蔗糖等可溶性糖）增多，还有一些多羟醇，如山梨醇、甘露醇与乙二醇等也增多。人们还发现，人工向植物渗入可溶性糖，也可提高植物的抗寒能力。但是，植物进行抗寒锻炼的本领，是受其原有习性所决定的，不能无限地提高。水稻锻炼后无论如何也不可能像冬小麦那样抗冻。

②化学调控。CTK、ABA 和一些植物生长调节剂及其他化学试剂可提高植物的抗寒性。如将 2,4-D，KCl 等喷于瓜类叶面则有保护其不受低温危害的效应。用 PP_{333}、抗坏血

酸、油菜素内酯等于苗期喷施或浸种，也有提高水稻幼苗抗冷性的作用。用生长延缓剂可提高槭树的抗冻力。用矮壮素与其他生长延缓剂来提高小麦抗冻性已应用于实际。

③合理施肥。调节氮、磷、钾肥的比例，增加肥料中磷、钾肥的比重能提高植物抗寒性。如用厩肥与绿肥作基肥、提高钾肥比例等，可提高越冬或早春作物的御寒能力。

④其他措施。作物抗寒性的形成是作物对各种环境条件的综合反应。因此，环境条件如日照多少、雨水多少、温度变幅等都可改变作物抗性。秋季日照不足，秋雨连绵，干物质积累少，作物体质纤弱；土壤过湿，根系发育不良；温度忽高忽低，变幅过剧；氮素过多，幼苗徒长等，都会使作物的抗寒性下降。因此采取有效农业措施，加强田间管理，可防止或减轻寒害发生。如及时播种、培土、控肥、通气可促进幼苗健壮生长，防止徒长，增强秧苗体质。寒流霜冻来临之前实行冬灌、熏烟、盖草，以抵御强寒流袭击。早春育苗，采用薄膜苗床、地膜覆盖等对防止冷害和冻害都很有效。

(二)提高植物抗寒性的生物学机制

1.生物膜与植物抗寒性

生物膜结构是一个动态平衡体系，随外界温度变化内部成分进行适应性调整。植物进行正常生理活动时需要液晶相的膜状态，当温度降低到一定程度时，膜脂由液晶态变为凝胶态，这种膜脂相变会导致原生质流动停止，膜结合酶活力降低和膜透性增大，引起胞内离子渗漏，胞内离子失去平衡，继而使细胞代谢失调，有毒的中间代谢物积累，使植物细胞受害。

(1)低温伤害与膜透性

致使植物发生伤害的低温能明显地引起细胞膜透性的改变，导致离子大量泄漏，低温使细胞膜受损的一个最普遍的表现是电解质外渗。通常以测定植物组织外渗液的电导率来表示细胞膜结构和功能受损伤的程度。

水稻 IR_{26} 和汕优 6 号的幼苗，经 16h 不同低温处理后，叶片呈现出不同程度的伤害，在 2℃ 以上的低温作用下，未观察到可见伤害；0℃ 时，两个品种有 2%～5% 的幼苗叶片开始出现可见伤害。当处理温度降至 -2℃ 时，对低温较敏感的品种 IR_{26} 已有 50% 以上的叶出现伤害症状。较耐冷的汕优 6 号只有 17% 左右的叶片表现出可见伤害（$P < 0.01$）。若处理温度进一步降至 -4℃ 时，两个品种均产生了严重的伤害，其伤害率分别为 92.7% 和 67.7%。叶片外渗液的电导率在 0℃ 以上的各处理，不但未增加，还略有下降。

(2)膜脂不饱和度与植物抗寒性

一般认为，抗冷植物具有较高比例的不饱和脂肪酸，相变温度较低，膜能在较低温度下保持流动性，维持正常生理功能。Nishida 和 Murata 提出：①植物类囊体膜脂的高不饱和度有利于低温光抑制后光合功能的恢复；②低温下膜流动性改变是驱动膜脂不饱和化的原初分子机理；③植物通过调节膜脂不饱和度来维持膜流动性是一种调节植物冷敏感性的途径。对在低温下生长的多种植物的不饱和脂肪酸水平进行检测时发现，在冷驯化过程中普遍伴随着不饱和脂肪酸含量的升高。而且，植物的冷敏感性与磷脂酰甘油中饱和及反式单不饱和脂肪酸分子形式的总体水平呈正相关。

(3)低温胁迫与膜脂过氧化作用

低温胁迫下冷敏感植物黄瓜类囊体膜呈解偶联状态，其 H^+-ATPase 易受光破坏。冷敏感植物的细胞膜系统在低温下的损伤，还与活性氧引起的膜脂过氧化和蛋白质破坏有关。

膜脂过氧化作用是指发生在膜上不饱和脂肪酸双键上的一系列自由基反应。在低温胁迫过程中,水稻、辣椒、黄瓜的 MDA 含量明显增加。

2.低温下植物的细胞保护系统与信号转导

(1)低温对细胞保护酶系统的影响

冷处理对植物伤害的原因之一是降低了保护酶活性及内源抗氧化剂的含量,削弱清除氧自由基的能力,引发膜脂过氧化和蛋白质的多聚化,使细胞遭受活性氧的伤害。研究抗冷性不同的品种,结果表明抗冷性强的品种比冷敏感品种在低温胁迫下,能维持更高水平的保护酶活性和内源抗氧化剂的含量。在植物遭受低温胁迫处理之前,如果预先对植物进行中等程度的低温处理(锻炼),可以提高植物的抗冷力。14℃下 3d 的低温锻炼可以明显地提高水稻幼苗抵抗低温胁迫的能力,原因之一是低温锻炼提高了叶绿体 SOD、GR 活性以及胞内 AsA、GSH 含量。对红云杉进行低温锻炼处理,诱导了 GR 同工酶的产生。低温锻炼冷敏感植物,也提高了其 CAT 和 POD 的转录水平和活性。因此,低温锻炼提高植物细胞的抗冷力与提高细胞的防御能力有关。

黄瓜及水稻幼苗 SOD 活性随胁迫温度的降低而下降,在耐冷力不同的品种之间,其活性降低程度亦有一定的差异,这与表征膜系统损伤程度的电解质外渗率有一定的关系。如黄瓜幼苗子叶中 SOD 活性随处理温度的降低而递减,电解质渗出率则递增,耐冷的粤早 3 号 SOD 活性的下降小于较冷敏感的全青,其电解质渗出率也小于全青。此外,在 3℃ 低温下,黄瓜幼苗尚未出现可见伤害,外渗电解质量亦不多,但 SOD 活性已明显下降。由此可见,低温引起 SOD 活性的下降比细胞膜系统的损伤要早一些。

(2)低温下的植物冷信号转导

低温可能刺激植物多个信号转导途径。蛋白激酶参与了植物冷信号转导。丝氨酸/苏氨酸激酶家族存在于多个信号转导途径中。CDPKs 是其中一员,它存在于不同的细胞器中,水稻冷处理 12～18h,CDPK 被激活,这表明激酶在对逆境的适应中起作用。Suzuki 等通过对蓝细菌的研究,发现两个组氨酸激酶和一个应答调节器是低温信号感知传导途径的组成部分。受体相似蛋白激酶基因 PK1 的 cDNA 克隆已从拟南芥中分离出,推测 RPK1 蛋白具有与之相似的跨膜信号转导机制。从模式植物拟南芥中克隆的一些同时受干旱、高盐及低温诱导的编码蛋白激酶的基因,分别编码受体蛋白激酶、促分裂原活化蛋白激酶、核糖体蛋白激酶以及转录调控蛋白激酶。苜蓿 MAPK 基因 MMK 14 可被低温和干旱快速激活,它在接收由第二信使转导的多种细胞信号中起关键作用。MAPK 级联系统包括三种蛋白激酶,即 MAPK、MAPKK 和 MAPKKK。首先,MAPKKK 接受冷刺激信号,由失活型转变为激活型,从而进一步激活 MAPKK,激活型 MAPKK 又会进一步使 MAPK 激活,向下传导信息。实验证实,MAPK 级联系统在参与胁迫信号转导时,其信号转导元件 mRNA 水平上升以提高相应蛋白含量,将外界胁迫信号级联放大。研究表明水稻在较高零上温度下,存在一个包括 OsMEK1 和 OSMAP1 成分的 MAPK 信号途径。

3.植物基因表达、低温诱导蛋白与耐寒性

(1)植物耐寒性的遗传基础

耐寒性是植物对低温环境变化长期适应而形成的一种遗传特性。植物抗寒基因的表达是一种诱发性的基因表达过程,只有在特定的条件下(如越冬植物要在低温下,有时还需短日照),才能启动抗寒基因的表达,进而发展成为耐寒力,即基因→蛋白质(酶)→代谢→生理功能的过程。在抗寒基因表达之前,即使是耐寒性强的植物种类也不能忍耐寒冷的环境条件。所以,植物耐寒能力的遗传性,仅仅是一种潜能、一种基础,只有当抗寒基因表达之后,才能发展成为耐寒力。植物耐寒力提高的过程,一般称为低温驯化或抗寒锻炼。诱发启动抗寒基因的表达,不仅决定于外界的低温环境条件,而且与植物发育的内生节奏和生理状况有密切关系。

在一般情况下,植物活跃的生长与抗寒基因的表达常是矛盾的,似乎降低植物生长活动是提高植物耐寒性的前提。通常越冬植物必须在秋季低温和短日照条件下,逐渐停止生长活动,抗寒基因的表达才能启动,进而发展植物的耐寒力。人们早就知道,木本植物秋梢的耐寒力比春梢弱,其原因可能是秋梢停止生长活动比春梢晚,或者是在尚未停止生长时就遇到寒潮袭击。简令成等研究表明,不同耐寒性小麦品种在秋播后生长锥细胞有丝分裂动态表现出明显差异,耐寒性强的品种比耐寒性弱的品种生长缓慢,且细胞分裂的频率在秋季低温下逐渐降低,直至完全停止,从而使细胞的代谢活动转向与抗寒锻炼相适应的变化,抗寒基因被激活而表达,使细胞的耐寒力得到提高。相反,耐寒性弱的品种由于秋季生长活动较旺,细胞内代谢活动未能转向与抗寒锻炼相适应的改组,或者本身不存在抗寒基因,致使其不能发展耐寒力。

应该把植物抗寒锻炼或低温驯化看成是一个活跃的生理生化过程,它不仅是生长停止的某个事态,而是在生长停止的前提下,由于低温的直接作用使细胞代谢发生向低温驯化有关方向改组。Kacperska-Palacz 认为代谢变化是受能荷和 NADPH/NADP 等辅酶的氧化还原状况调控的。他观察到冬油菜在寒冷驯化时,ATP 和 NADPH 明显增加,这些还原力由用于植物生长而转向供给低温驯化期间与耐寒力形成有关的 RNA、蛋白质等的合成,为抗寒基因的表达和耐寒力的发展提供了基础。

(2)低温诱导蛋白与植物耐寒性

低温锻炼改变植物细胞中某些基因的表达,诱导了新蛋白质的合成和一些蛋白质合成的增加或减少,植物的耐寒性得以提高。

如 AFPs 是植物在适应低温过程中产生的抑制冰晶生长的耐寒功能蛋白之一,包括不含糖基的 AFPs 和含糖基的 AFGPs,具有热滞效应、冰晶形态效应、重结晶抑制效应 3 个基本特征。1992 年 Griffith 等从经低温锻炼能够忍受细胞外结冰的冬黑麦(Secale cereale)叶片质外体中首次发现植物 AFPs。

植物 AFPs 的研究已在 40 余种植物材料中开展过,并陆续在冬黑麦等至少 26 种高等植物的叶片、悬浮培养细胞及愈伤组织中获得具有热滞活性的 AFPs。从常绿强抗冻植物沙冬青(Ammopiptanthus mongolicus)叶片中分离得到了 AFPs。在低温诱导的黑麦草(Lolium perenne)中发现具有热稳定性的 AFPs,并发现该蛋白对冰晶重晶化的抑制效应是大洋条鳕的 AFPs(TypeⅢ)的 200 倍,在 100℃时仍稳定存在。南极海区的南极发草(Deschampsia antarctica)经过冷诱导后,AFPs 的量增加,活性增强,SDS-PAGE 显示有 13 个多肽。用 SDS-PAGE 对蛋白质进行分离,也发现抗冷性强的棉花"新 S29"品种的幼苗经适当的低温处理后有 1 条分子量约 123kD 的 AFPs 谱带产生,而抗冷性弱的"晋棉 6 号"则没有。

AFPs 在植物中可能具有下列功能:抑制冰重结晶;降低冰晶的生长速度;在某一特定温度下降低结冰水的百分比;保护细胞膜系统及阻止细胞内冰晶的形成。Antikainen 等根据冬黑麦 AFPs 的研究结果,推测 AFPs 可能主要起两种作用:一种是屏障作用,即避免增长的冰晶侵入叶表皮及细胞内;第二种可能是抑制冰的重晶化。

(3)低温诱导基因的表达调控

低温可诱导植物体内一些基因的表达,这些基因被称为低温诱导基因。分离鉴定的低温诱导基因如:拟南芥 cor 基因家族的 cor15A、cor78、cor6.6 和 cor47;lti140、lti30、Ccr1、RCI1、rab18;大麦的 HVAl、blt4、blt14、blt63、blt101、blt801;苜蓿的 cas15、cas17、MsaciA 以及马铃薯的 ci21,其他植物如小麦、油菜、菠菜和高粱中也都进行过此类研究。这些冷诱导的基因很多是编码低温诱导蛋白或一些酶类的,它们都与提高植物的耐冷性有直接或间接的关系。

已有一些低温诱导基因的启动区域被克隆出来,如油菜 bn115 基因和拟南芥 cor15A、rd29A、和 adh 基因的启动子等,它们经过基因工程转入植物后,通过观察驱动报告基因表达与否,研究启动子具体碱基结构在低温表达中的作用。有时则利用 PDS 系统测试其瞬间表达。值得注意的启动子核心元件是 G/ACCGAC,它在油菜的 bn115,拟南芥的 cor15A、lti78 和 lti65,大麦的 blt4.6 和 blt4.9 等基因的启动子中都曾发现。所以它被称为低温响应元件(Low temperature response element,LTRE)。

拟南芥 adh 基因的启动子含有一个普遍胁迫响应元件:嫌氧反应元件(Anaerobic response element,ARE)ACCGAT G-box 因子,可被包括冷胁迫在内的多种胁迫所诱导,ARE 中的 G-box-1 序列和 ABRE 同源,实验证实,ABRE 作为顺式作用元件与相应的反式作用因子结合,在依赖于 ABA 的植物抗寒基因转录调控中起作用。

二、热害与植物的抗热性

(一)植物热害的生物学特点

1.植物对温度反应的类型

由高温引起植物伤害的现象称为热害(Heat injury)。植物对高温胁迫的抵抗与忍耐能力称为抗热性(Heat resistance)。但热害的温度很难定量,因为不同类型的植物对高温的忍耐程度有很大差异。根据对温度的反应表现,可将(广义的)植物分为如下几类:喜冷植物指适宜生长温度为 0～20℃,当温度在 20℃ 以上时即易受伤害的植物,如某些藻类、细菌和真菌。中生植物指适宜生长温度为 10～30℃,超过 35℃ 时就会受伤害的植物,如水生和阴生的高等植物,地衣和苔藓等。喜温植物泛指在温度较高时生长发育较好的植物。通常将其中在 45℃ 以上就受伤害的植物称为适度喜温植物,如陆生高等植物,某些隐花植物等;而在 65～100℃ 才受害的植物称为极度喜温植物。

发生热害的温度与其作用时间有关,即致伤的高温和暴露的时间成反比。暴露时间较短,植物可忍耐的温度较高。虽然高温伤害的直接原因是高温下蛋白质变性与凝固,但伴随高温发生的是植株蒸腾加强与细胞脱水,因此抗热性与抗旱性的机理常常不易划分。

2.高温对植物的危害

高温对植物的伤害是复杂的、多方面的,归纳起来可分为直接伤害与间接伤害两个方面。

(1)直接伤害

高温直接影响细胞质的结构,使其在短期(几秒到几十秒)内出现症状,并可从受热部位向非受热部位传递蔓延。植物受害的可能原因如下:

①蛋白质变性。高温破坏蛋白质空间构型。由于维持蛋白质空间构型的氢键和疏水键键能较低,所以高温易使蛋白质失去二级与三级结构,蛋白质分子展开,失去其原有的生物学特性。蛋白质变性最初是可逆的,在持续高温下,很快转变为不可逆的凝聚状态。

高温使蛋白质凝聚的原因与冻害相似,蛋白质分子的二硫键含量增多,巯基含量下降。在小麦幼苗、大豆下胚轴中都可以看到这种现象。

一般而言,植物器官或组织的含水量愈少,其抗热性愈强。因为:第一,水分子参与蛋白质分子的空间构型,两者通过氢键连接起来,而氢键易受热断裂,所以蛋白质分子构型中水分子越多,受热后越易变性;第二,蛋白质含水充足,它的自由移动使空间构型的展开更容易,因而受热后也越易变性。故种子越干燥,其抗热性越强;幼苗含水量越多,越不耐热。

②脂类液化。生物膜主要由蛋白质和脂类组成,它们之间靠静电或疏水键相联系。高温能打断这些键,把膜中的脂类释放出来,形成一些液化的小囊泡,从而破坏膜的结构,使膜失去半透性和主动吸收的特性。脂类液化程度决定于脂肪酸的饱和程度,饱和脂肪酸愈多愈不易液化,耐热性愈强。经比较,耐热藻类的饱和脂肪酸含量显著比不耐热藻类的高。

(2)间接伤害

间接伤害是指高温导致代谢的异常,渐渐使植物受害,伤害的发展过程是缓慢的。高温常引起植物过度的蒸腾失水,此时同旱害相似,因细胞失水而造成一系列代谢失调,导致生长不良。

①代谢性饥饿。高温逆境抑制光合反应,破坏光合机构,使光合速率下降。植物的光合机构及其酶活性对温度条件都有一定的适应能力,不同种类的植物对高温逆境都有各自的适应范围,超过了其适应能力就会发生热伤害。

高温下呼吸作用大于光合作用,即消耗多于合成,若高温时间长,植物体就会出现饥饿甚至死亡。因为光合作用的最适温度一般都低于呼吸作用的最适温度,如马铃薯的光合作用最适温度为30℃,而呼吸适温接近50℃。

呼吸速率和光合速率相等时的温度,称温度补偿点(Temperature compensation point)。所以当温度高于补偿点时,就会消耗体内贮藏的养料,使淀粉与蛋白质等的含量显著减少。当然,饥饿的产生也可能是由于运输受阻或接纳能力降低所致。

如 C_4 植物起源于热带或亚热带地区,其耐热性一般高于 C_3 植物。C_4 植物光合作用最适温度为 40~45℃,也高于 C_3 植物(25~30℃)。因此 C_4 植物温度补偿点高,在 45℃高温下仍有净光合生产,而 C_3 植物温度补偿点低,当温度升高到 30℃以上时常已无净光合生产。

②有毒物质积累。高温使氧气的溶解度减小,抑制植物的有氧呼吸,同时积累无氧呼吸所产生的有毒物质,如乙醇、乙醛等。如果提高高温时的氧分压,则可显著减轻热害。

氨(NH_4^+)毒也是高温的常见现象。高温抑制含氮化合物的合成,促进蛋白质的降解,使体内 NH_4^+ 过度积累而毒害细胞。

③生理活性物质缺乏。高温时某些生化环节发生障碍,使得植物生长所必需的活性物质如维生素、核苷酸、激素不足,从而引起植物生长不良或引起伤害。

④生物大分子合成下降。高温一方面使细胞产生了自溶的水解酶类,或溶酶体破裂释放出水解酶使蛋白质分解;另一方面破坏了氧化磷酸化的偶联,因而丧失了为蛋白质生物合成提供能量的能力。此外,高温还破坏核糖体和核酸的生物活性,从根本上降低蛋白质的合成能力。

综上所述,高温对植物的伤害可用图 6-3 归纳总结。

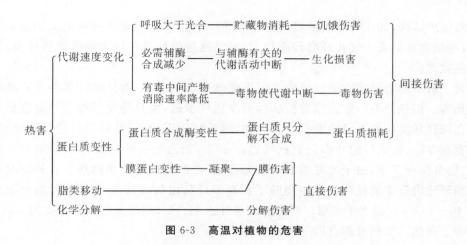

图 6-3　高温对植物的危害

3.植物的抗热类型

植物对高温的抗性是各式各样的,除了不同植物种类本身固有的遗传性能之外,有些植物还有特殊的形态解剖学特征和生理生化代谢特性,这些都直接影响其抗热性的强弱。如生长在炎热沙漠地带的仙人掌类植物,叶片退化,发达的肉质茎能贮存大量水分,因而能忍耐很强的高温干旱逆境,具有较强的抗热性能。植物在长期的驯化适应过程中,对于环境都有一定的抗热性,最为常见的表现形式有避热性(Heat escape)、御热性(Heat avoidance)和耐热性(Heat tolerance)三种。其中,植物的御热性和耐热性都有一定的忍受限度。当超过了某种限度后,植物体就不可避免地发生一系列的生理生化变化,致使植物遭受不同程度的伤害,并表现出一定的生理病症。严重时,可能导致植株死亡。

(1)植物的避热性

植物的避热性是植物体或某些器官、组织,在生长发育过程中不与高温逆境相遇而避免热害的影响,以便在温度适宜的环境条件下完成生命周期或重要的生育阶段(如幼苗期或开花结实期)。如小麦、油菜、豌豆等大多数夏熟作物都能在高温炎热的夏季来临之前完成其生活周期,而其种子在初夏收获,越夏到秋季再播种,从而可以有效地避开夏季高温逆境的胁迫。蒲公英在炎热的夏季到来时即停止生长,叶片自然枯死,植株新陈代谢降低,以有效地避开高温的胁迫作用;等到夏季过后,又重新长出新叶,继续生长发育。大多数植物只是在春季或秋季开花,而不是在夏季开花,这样,也可以避免高温天气对生殖生长的影响。橡胶草在夏季高温干旱的地方栽培时,不是在冬季休眠,而是于夏季休眠。其植株在夏季来临之前,叶片自然脱落,生理代谢减弱,为休眠越夏做好准备。等到高温天气降临时,完全进入休眠期。以上植物生长周期的季节性变化特性,既是对高温逆境条件的长期适应性表现,又是它们自身回避高温胁迫的反应。这些特性或多或少地被遗传基因固定并传递下来,成为植物体内部生理代谢的一种客观规律。

(2)植物的御热性

当高温逆境出现时,植物体内生理生化代谢不发生与高温环境相应的变化。有的植物在高温条件下光合作用仍可大于呼吸作用,可以使植物保持碳素代谢,免于饥饿,如通过 C_4 途径和景天酸代谢途径。有些植物体内饱和脂肪酸含量很高,使植物在高温条件下保持生物膜系统的稳定性,避免因生物膜丧失膜脂而影响正常的生理功能。此外,有许多植物有特殊的御热保护结构,如在叶片或果实表面有蜡质和茸毛等,可以大大减少对太阳热辐射的吸收量;有些植物在高温下气孔开启程度加大,可以通过增加蒸腾量来降低植物体温,具有明显的御热效果。

植物一般不能通过建立某种屏障来防止吸热和组织升温,而只能以某种方式减缓高温造成的伤害。御热并不一定意味着植株的温度比气温低,而只是比对照植物温度低。御热的植物在同样环境条件下温度要低些。例如,两种植物甲和乙,具有同样的热致死温度,假定比气温高7℃,如果甲的叶温升到比气温高10℃,而乙的只升到高5℃,甲的叶子就会死亡,而乙的会保存下来,由于二者的耐热性无差别,乙的抗性只能是御热。这种情况确实存在。如西班牙南海岸的硬叶木本植物叶子在夏季可高出气温18.4℃,而软叶植物要比硬叶植物低10~15℃,但仍高于气温。前者的叶温可达47.7℃,而后者的致死温度为44℃,故其存活是由于御热。御热可能有以下几种方式:

①隔离。一般植物能隔绝热的传导,这并不能保护植物,因为植物能吸收辐射能,使组织温度超出邻近的气温,反而能阻止植物的体温向较冷的环境中的传导散失。不过成熟树木有一层厚树皮,使其不致因接触高的土表温度而死亡。但也有人认为,大树树冠的作用是可防止地表过热,所以不需要此种防护。有报告表明,在森林大火后,由于树皮的保护,可出现树木存活和再发的情况。

②降低呼吸。呼吸可能因产热升温而产生有害的影响,因此降低呼吸速率可御热。对于叶子而言,呼吸使温度上升的程度与其吸收的热量相比是极其微小的,因此没有什么意义。但对于肉质植物,呼吸贡献的热量可能很大,不过这通常在一年的较冷时节发生,因此靠降低呼吸来御热作用不大。

③减少吸收辐射能。植物对于辐射能的吸收因波长和叶子的类型而变化。减少吸收辐射能可以通过反射和透射来实现。原产热带的植物反射率高,通常绿色叶子的反射率在440nm处大约为5%,550nm处大约为15%,在675nm处又逐渐下降到5%或6%。以后曲线急剧上升,在775~1100nm处达50%。各种植物的反射率不同。光滑的、具白色茸毛或鳞片的、蜡质的叶子反射率高,但对1000nm区的影响不大。至于透射率,一般浅绿色的叶子比深绿色的叶子透过较多的可见光。同一片叶子,可改变其方向即和投射光的角度,而增加透射率,减少吸收。叶绿体也有类似的能力,当光照强烈时,其侧面对向叶面,但这种情况可能与抗热无关。植物有可能依靠外面保护层的吸收减少内部的升温,因保护层中的水分可吸收滤过大部分红外线辐射。肉质植物和具有厚的角质层的叶子有此种可能。

叶片的形态解剖特征与减少吸收辐射能有联系。抗热性强的猕猴桃品种有较大的叶片厚度、栅栏组织厚度、栅栏组织/海绵组织比例及较高的气孔密度。有些果树(如柑橘、杨梅、菠萝、荔枝、龙眼等)叶片革质发亮,有些果树(如葡萄、猕猴桃、草莓、枇杷等)叶片密被茸毛,有些果树叶片有蜡质(如龙眼、荔枝等),它们都能有效地反射太阳光而降低体温,有利于增强植株的抗热性。叶色和叶片的取向亦与抗热性有关,淡色和黄绿色的叶片可以反射更多的光,维持较低的叶温。

④蒸腾的冷却作用。水的汽化热(Vaporization heat)很高,在标准大气压下水的沸点为100℃,此时的汽化热为2.257kJ·g^{-1},在25℃时为2.45kJ·g^{-1}。水的汽化热高,有利于植物通过蒸腾作用散发一大部分热量,有效地降低体温。蒸腾消除中午吸收的热量,可使植物体温低于空气温度达10℃。不同种类的植物在相同环境条件下的蒸腾速率可以相差很大,

蒸腾速率高的植物显然受热的可能性小。当然由于干旱和空气湿度过高影响蒸腾时,植物易受热害。降低蒸腾而御旱的植物如肉质植物必须发展耐热能力,这是不言而喻的。

(3)植物的耐热性

当高温逆境出现时,植物体随之发生与环境温度变化相适应的生理生化代谢变化,使植株能少受或不受高温伤害,或能自我修复高温伤害。例如,有些植株在高温逆境下,可以通过体内自身的生理生化代谢作用,产生还原性较强的物质和疏水性能较强的特异蛋白质,使体内的蛋白质变性的可逆性范围扩大,膜脂抗氧化的能力增强,以及质膜离子泵的修复能力增强等,从而,可以保证植物细胞在结构上和功能上的稳定性。可以使植物体的光合作用、呼吸作用、养分代谢、水分循环、离子平衡、酶类活性和内源激素的浓度及其比例等生理生化代谢,在高温逆境条件下保持正常的水平和相互关系的平衡与协调。耐热性就是植物组织受热胁迫时,耐受和存活的能力。影响耐热性的因素如下:

①温度。植物的耐热性和抗寒性一样,也有季节周期。常绿树的耐热性一年中有两个高峰,一个是在夏季炎热时期,另一个是在冬天冷冻时期。另一些植物在冬季有一个耐热的高峰,但在夏季没有。禾本科植物在 22～36℃ 范围内,耐热性一直保持恒定,不出现高峰。植物的耐热性出现高峰的原因,可能是由于受到高温锻炼。通常最高的锻炼温度为 35～40℃。有的植物如豌豆,在这一温度下大约经过 18h 后,不但增加叶子的抗热性,而且增加 6-磷酸葡萄糖脱氢酶、酸性磷酸酶和铁氧还蛋白的活力。小麦幼苗最大的抗热锻炼需要较高的温度和较长的时间,由 44℃ 8h/25℃ 16h,增加到 54℃ 8h/25℃ 16h。干热环境的植物常常比湿冷环境的更耐热,但也有例外。在致死温度下时间过长时也可降低植物耐热性,因为在高温下,贮藏的碳水化合物逐渐被消耗。低温锻炼可导致贮藏物质的增加,也能增加耐热性。不过抗热锻炼也有无效的例子。

②水分。萎蔫及干旱可增加耐热性,干种子是其中极端的例子。低等植物的营养状况也有此情况。苔藓和地衣在膨润状态下 40℃ 左右时即死亡,但在干燥状态则到 70～100℃ 才死亡。与此相反,肉质叶子含水量高,是高等植物中耐热性最高的,但也有不特别耐热的。此外,硬叶植物也具有极高的耐热力。

引起 22%～27% 饱和亏缺的短时间(6h)脱水能使几种植物热致死温度升高约 3℃。脱水的程度和速度很重要,如土壤水分减少到原来的 1/3 时可引起小麦、燕麦等作物的最大耐热性,但水分进一步减少,耐热性则急剧下降。大麦需长时间逐渐的脱水,短时迅速的脱水对提高耐热性无效。

在中国许多地方发生的“干热风”,即高温低湿,并伴有一定风力的农业气象灾害性天气对农作物的危害,可以认为是高温和干旱相结合对农作物危害的典型事例。

③光照。光对植物耐热性的影响不易测定。有报告将植物放在黑暗中 3～5d 可增加某些植物的耐热性或至少不降低某些植物的耐热性,但时间再延长,耐热性就会降低。黄化的植物幼苗要比同龄的非黄化的耐热性高。但也有相反的情况,例如,同一个品种的阳地植物总是比阴地植物耐高温。较老的苗与幼龄的苗相比,遮光后常常耐热性降低。以上不能简单地归之于光的直接影响,因植物常常表现出某些内在的节律,即在连续的黑暗中也显示抗热性,植物会继续其夜间和日间有规律的变化。

照光可增加棉花光合结构的耐热性,促进小麦、水稻等的抗热锻炼,特别在锻炼开始时。但在热胁迫后照光则可增加植物的受害程度,并伴随着叶绿素的破坏。如果用 N_2 代替空气则可减少此种伤害,对此的解释是未被光合利用的能量促进叶绿素对光氧化的敏感性。可见光可能促进抗热锻炼,但也会增加光氧化作用的热伤害。

④矿质营养。某些营养元素如氮过量时可降低植物的耐热性,矿质营养缺乏可增加某些植物的耐热性,但有的离子如 Ca^{2+} 等则可防止植物受高温的伤害。Ca^{2+} 对喜温微生物的作用更明显,除增强其抗热性外,可保护几种酶如淀粉酶、蛋白酶活性不受高温的钝化。

(二)植物抗热的生物学机制

1.高温对植物生长发育的影响

(1)热胁迫下植物生长的变化

当外界温度超过植物生长的最适温度范围时就会使植株生长发育受阻,缩短生育期,使植物叶片提早衰老,缩短有效光合生产期,减少光合产物的积累量。如果温度继续上升,则会发生更直接的伤害作用。高温可加速植物的发育,缩短生育期,促进其早熟。过高的温度可促使叶子衰老,缩短净干重生产的生长期,常常严重减低产量。

由植物生长温度的三基点可以看出,当温度高于或低于最适温度时,生长即受到抑制,但在高温下和在低温下受抑制的情况不同。在适温以下随温度的下降生长逐渐减弱,生长曲线下降平缓;而在适温以上的高温区,生长则急剧下降。低温时对生长的抑制是由于其直接影响生化反应速度,一般不会使组织受到伤害,而高温抑制则不是由于对化学反应的温度效应,而是由于某种其他伤害导致的间接影响。植物在高温下时间愈久,回到正常温度后恢复生长需要的时间愈长。如果受高温胁迫时间足够长的话,就会使细胞受伤和死亡。即使温度高到不致完全停止生长,也会使植物受伤。

(2)热胁迫对植物开花结实的影响

在夏季,我国西北和华北地区的"干热风"和南方地区高温天气常常高达40℃以上,致使作物生殖器官发育不良,光合作用受阻,生育期缩短,产量和品质下降。如小麦和水稻结实率降低,以及果树和蔬菜类落花落果等现象导致农业生产大大减产。

在植物开花结实期遇到高温热害,常使开花期提早,并显著缩短花期,对开花结果产生严重的影响。

温度对木本植物花芽分化的影响十分显著。一般落叶树种花芽分化多起始于夏季高温阶段,这时主要是进行花芽生理分化。由于温度直接支配树体碳素代谢,影响有机物质的积累和分配,从而间接影响植株花芽分化的过程。木本植物的花芽分化要求较高温度、干燥和日照充足的环境条件,但温度过高反而会减少花芽形成率。在果树上,昼夜平均温度 0~27℃时有利于苹果等落叶树种的花芽分化。而柑橘类等常绿果树的花芽分化要求较低温度和干旱的环境条件,因为它们的花芽分化主要集中在冬春。伏令夏橙在较低气温(20℃/15℃,昼/夜)时,比较高气温(30℃/15℃,昼/夜)条件下有利于形成花芽。另外,在较低气温、较高地温下形成较多的无叶花枝,而较高气温和较低地温时形成的有叶花枝较多。

2.高温下植物的生理反应

(1)高温与光合特性

高温会损伤叶绿体、线粒体的结构,使光合色素降解,抑制光合作用,促进呼吸作用。高温胁迫可使叶绿素含量下降,且与植物的抗热性有关。高温抑制光合作用的原因主要是光合机构受到伤害,表现在量子产额急剧减少,PSⅡ传递电子的能力降低。谷类叶绿体核蛋白体的形成对高温很敏感,发育中的叶子失绿,胡萝卜素和叶绿素的含量减少。失绿是由于光氧化作用,氨基酮戊酸合成酶受抑制,RuBP羧化酶的活力降低。

高温胁迫使叶绿素含量明显降低,而且以叶绿素a下降为主,高温胁迫下叶绿素含量逐渐减少的主要原因可能有两个:一是高温影响植物叶绿素生物合成的中间产物5-氨基酮戊酸和原卟啉Ⅳ的生物合成;另一个是高温胁迫下植物体内活性氧产量上升而易发生氧化破坏。

(2)高温与植物体内碳素代谢的平衡

植物进行物质生产依赖于碳素代谢的收支能力,主要取决于光合作用所形成的物质总量与呼吸作用所消耗的物质总量的差额。因此,高温对物质生产的影响,归根到底决定于这两个生理代谢过程。

光合作用对于温度很敏感,一般温带作物温度超过25℃,热带C_4植物超过35℃,光合作用即降低,而它们的暗呼吸和光呼吸则要在较高的温度下才开始下降,即呼吸作用的最适温度高于光合作用的最适温度。在25种植物中,光合作用的最高温度为36～48℃,在致死温度下(44～55℃),可以划分为3～12个等级。组织的饥饿常发生在致死温度之前。

在温度上升到温度补偿点时,贮藏物质即开始消耗,如果时间足够长的话,将会引起饥饿和死亡。温度补偿点随着光强增加而降低,故阳地植物在较低温度下即发生此种伤害。如果温度不受阻地维持在补偿点以上,通常在一天或几天后就发生伤害。陆生阳地植物补偿点较高,这一过程可能快得多。温度上升到补偿点以上时,呼吸作用继续增加,光合作用则下降,因而饥饿速率呈指数增高。

由于温度对光合作用和呼吸作用的影响不同,在许多情况下,环境温度越高(指在高温逆境下),植物进行光合作用和呼吸作用对碳素的收支相差越大,使物质生产能力显著下降。

大多数C_3植物进行光合作用的适宜温度为25～30℃,C_4植物可高达30～35℃。由于植物光合作用的最适温度都低于呼吸作用的最适温度,当环境温度超过植物光合作用的适宜温度时,不仅使净光合速率降低,而且,使暗呼吸作用和光呼吸作用速率都急剧上升,于是,植物碳素代谢处于失调的状态。

(3)高温与蒸腾失水

高温处理初期净光合率下降以气孔限制因素为主,高温下气孔导度、气孔限制值、表观量子效率及羧化效率均下降,细胞间隙CO_2浓度上升。随着时间的延长,则以非气孔限制为主。气孔开放被抑制可能是矿质元素间的拮抗作用所致。

高温下作物吸水量降低,蒸腾量减少,但蒸腾量仍大于吸水量,使植物组织的含水量降低同时发生萎蔫。植物含水量的降低使组织中束缚水含量相对增加,即组织持水力增高。研究黄瓜对不同温度逆境抗性时发现,束缚水含量增加可减慢高温胁迫下蛋白质的降解,是一项重要的耐热性指标。通过对高温胁迫下菜豆、辣椒、芹菜抗热性不同的品种间叶片蒸腾强度作用的比较研究发现,蔬菜的蒸腾速率与品种的耐热性密切相关。大白菜的研究表明,耐热品种比不耐热品种叶细胞具有更高的含水量和束缚水,较大的蒸腾速率及较低的蛋白质降解速率。对萝卜抗热性鉴定研究发现高温胁迫下死株率与自由水/束缚水比值呈极显著正相关,相关系数达0.974。从以上可知,热胁迫下耐热品种较热敏品种对水分的吸收和丧失有较强的平衡能力,从而表现出较强的抗热能力。

（4）高温与细胞膜的热稳定性

细胞膜系统是热损伤和抗热的中心，细胞膜的热稳定性反映了植物的耐热能力。细胞膜稳定性与膜脂的脂肪酸饱和程度有关，植物体内脂肪酸的高度饱和有利于提高膜的相变温度。高温会加剧膜脂过氧化作用，甚至会损伤植物细胞膜系统，此过程的产物之一是MDA，它常被作为膜脂过氧化作用的一个主要指标。

高温下细胞膜透性发生变化。植物生物膜主要由脂类和蛋白质组成，脂类和蛋白质之间靠静电或疏水键相互联系。当温度升高时，蛋白质移动的幅度增大，强度也增加。当温度过高时，甚至可以使生物膜功能键断裂，导致膜蛋白变性、分解和凝聚，膜脂分子液化和生物膜结构发生变化，使生物膜丧失维持ATP活动的正常功能。这就意味着植物体内正常的生理功能被破坏，许多生理生化代谢不能进行。同时，高温使膜透性增大，细胞内部的原生质外渗，植物细胞受伤甚至死亡。

3.植物抗热的分子基础

（1）高温胁迫与植物激素和信号分子

环境胁迫能诱导植物内源ABA的大量增加。Abass等观察到葡萄高温驯化过程中叶片ABA水平上升。外施ABA可以减轻逆境胁迫对植物生长发育的影响。Robertson等在雀麦草（Bromus japonicus）培养基中加入ABA可以显著增加高温胁迫（42.5℃，2h）下雀麦草的成活率。用外源ABA对葡萄组培细胞进行24h处理，能显著地提高其抗热性。在番茄和黄瓜上也有类似的结果。ABA处理能提高玉米MnSOD基因家族SOD3.2、SOD3.3和SOD3.4基因的转录，以及基因CAT-3在玉米胚轴的转录活性。Gong等的实验证明，ABA处理能诱导正常温度下的玉米苗SOD、CAT、APX和GPX活性的普遍升高，ABA处理能使热处理后的玉米苗维持较高的抗氧化酶的活性和降低MDA的含量。这些结果说明了ABA所诱导的抗热性与ABA诱导的抗氧化酶活性的升高相联系。

马德华等报道高温逆境驯化使黄瓜叶片中游离态SA含量增加2.5倍以上。Dat等报道对芥子（Sinapis alba L.）苗外施$100\mu mol \cdot L^{-1}$的SA能提高其在55℃高温时的抗热性，这与在45℃时进行驯化的效果是一样的。Lopez-Delgado等将马铃薯的组织在含有SA的介质中培养提高了其抗热性。SA可抑制CAT的活性，使POD活性提高，促进SOD基因的表达。植物可以通过改变SA的含量来传递逆境信息，使未遭受逆境的部位获得抗性。

（2）高温胁迫与热激蛋白

从上述可以看出，高温对植物造成的伤害是多方面的，导致生长发育中止或者引起细胞死亡。但是植物体对高温胁迫的响应并不是完全被动的，会发生相应的适应反应来降低胁迫造成的伤害，以维持基本的生理代谢；甚至通过开启某些基因的表达对高温产生抗性。这一过程中最显著的生理变化是正常的蛋白合成受到抑制，细胞转向合成HSP，这种现象叫作热激反应（Heat shock response，HSR，也即热击反应）。

（3）热激反应的功能

许多研究表明HSP的表达和耐热性有关。HSP的抗热性和细胞内的可溶性蛋白质的稳定有关。大量的研究工作已证实主要的热激蛋白都具有分子伴侣的功能。热激蛋白的表达调控主要在转录水平。温度、药物、重金属、病原体感染以及发育时间都影响此类蛋白的转录。HSP的转录由热激因子（Heat shock factor，HSF）控制。正常生理条件下，HSF以单体形式在胞质内或核内都存在，它不具有与DNA结合的能力，有机体在受到热激或其他生理胁迫时，HSF 在核内组装成三聚体，与热击响应基因 5'端的热激响应元件（Heat shock element，HSE）结合，诱导转录。

热刺激能诱导机体产生热激响应。在热激基因（编码热激蛋白的基因，Heat shock gene，HS gene）表达之前许多信号转导组分已经发生了改变。已有一些直接或间接的证据表明 Ca^{2+} 及 CaM 参与了植物 HSR 的信号转导。真核生物中热激基因的表达被热激转录因子（Heat shock transcription factor，HSF）所介导。热胁迫时，HSF 被激活并结合到热激元件（Heat shock element，HSE）上。

4.提高植物抗热性的措施

（1）高温锻炼

作物通过热锻炼后，其耐热性有明显提高，即热锻炼提高了植物组织的耐热性。往往不同品种作物的耐热性差异只有经过热锻炼才能表现出来，即在锻炼前耐热性相近的不同品种在经过热锻炼后获得的耐热性可能有很大的差异。因此，研究不同品种在热锻炼过程中获得耐热性能力的异同，对于发掘抗热品种资源、培育抗热品种具有重要的理论和实践意义。

把一种鸭跖草（*Commelina communis*）栽培在 28℃下 5 周，其叶片耐热性与对照（生长在 20℃下 5 周）相比，从 47℃变成 51℃，提高了 4℃。将组织培养材料进行高温锻炼，也能提高其耐热性。将萌动的种子放在适当高温下预处理一定时间后播种，可以提高作物的抗热性。研究报道，34℃下 1～5d 的热锻炼可提高小麦叶片细胞膜的热稳定性、SOD 和 CAT 活性，抗热品种提高的幅度大大高于热敏感的品种。

（2）化学制剂处理

用 $CaCl_2$、$ZnSO_4$、KH_2PO_4 等喷洒植株可增加生物膜的热稳定性；施用生长素、激动素等生理活性物质，能够防止高温造成的损伤。高温驯化期间葡萄叶片中 ABA 水平上升。外施 ABA 可减轻高温胁迫对植物生长发育的影响。此外，用外源 ABA 对葡萄组培细胞进行 24h 处理，可显著提高其耐热性。在热胁迫下，用 Ca^{2+} 处理过的玉米幼苗比那些没有用 Ca^{2+} 处理过的幼苗能维持相对较高的 SOD、CAT 和 APX 活性。

ABA 处理能诱导正常温度下的玉米苗 SOD、CAT、APX 和 GPX 活性的普遍升高，ABA 处理能使热处理后的玉米苗维持较高的抗氧化酶的活性和降低 MDA 的含量，这些结果说明了 ABA 所诱导的抗热性与 ABA 诱导的抗氧化酶活性的升高相联系。ABA 诱导的抗热性要求胞外 Ca^{2+} 穿过质膜进入胞内，而且 Ca^{2+} 预处理能提高 ABA 诱导的玉米苗在正常温度下和热胁迫下（在 46℃下 2d）的抗氧化酶活性。这直接表明了 Ca^{2+}、ABA 和热胁迫三者之间的相关性。高温逆境驯化使黄瓜叶片游离态 SA 含量增加 2.5 倍以上。对芥子苗外施 $100\mu mol \cdot L^{-1}$ 的 SA 能提高其在 55℃高温时的抗热性，同在 45℃时进行的热驯化效果一样。

（3）加强栽培管理

改善栽培措施可有效预防高温伤害，如合理灌溉，增强小气候湿度，促进蒸腾作用；合理密植，通风透光；温室大棚及时通风，使用遮阳防虫网；采用高秆与矮秆、耐热与不耐热作物间作套种；高温季节少施氮肥等。

本章小结

冰点以上低温对植物的危害叫作冷害,植物对冰点以上低温胁迫的抵抗和忍耐能力叫抗冷性。可将冷害分为直接伤害与间接伤害两类。冷害对植物的影响不仅在外部形态上,也在生理代谢上,如膜透性增加、原生质流动减慢或停止、水分代谢失调、光合作用减弱、呼吸速率大起大落、有机物分解占优势等。冷害的机理包括膜脂发生相变、膜的结构改变、代谢紊乱等。

冰点以下低温对植物的危害叫作冻害,植物对冰点以下低温胁迫的抵抗与忍耐能力叫抗冻性。冻害主要是冰晶的伤害,可分为胞外结冰与胞内结冰。冻害的机理包括结冰伤害、巯基假说、膜的伤害等。

植物耐寒性的内部差异有器官组织、生理状况、植物年龄、生活力和健康状况等。植物抗寒性与环境条件如温度、光照、水分、营养状况有关。提高植物抗寒性的措施包括低温锻炼、化学调控、合理施肥及其他措施。植物抗寒性和生物膜特性、膜脂不饱和度、膜脂过氧化作用、细胞保护系统、信号转导相关联,也包括植物抗寒基因表达、低温诱导蛋白形成。

由高温引起植物伤害的现象称为热害,植物对高温胁迫的抵抗与忍耐能力称为抗热性。不同类型的植物对高温的忍耐程度有很大差异。高温对植物的直接伤害包括蛋白质变性、脂类液化等。间接伤害如代谢性饥饿、有毒物质积累、生理活性物质缺乏、生物大分子合成下降。

植物的抗热类型表现形式有避热性、御热性和耐热性。高温对植物生长发育、生理代谢影响极大。对高温胁迫的抗性与植物激素和信号分子、热激蛋白相关联。提高植物抗热性的措施有高温锻炼、化学制剂处理和加强栽培管理等。

复习思考题

1. 讨论温度胁迫的概念与特点。
2. 低温下植物有什么形态与生理表现?
3. 谈谈生物膜与植物抗寒性的关系。
4. 高温对植物有哪些危害?
5. 分析植物抗热的分子基础。

第七章 水分胁迫与植物抗性

一、旱害与植物的抗旱性

(一)植物旱害的生物学特性

1.旱害与干旱的种类

水分胁迫应包括干旱和涝害。因而水分胁迫(Water stress)、水分亏缺(Water deficit)、干旱胁迫(Drought stress)等概念应有所不同,但人们往往将其同时使用,不加区别。

(1)干旱的种类

陆生植物最常遭受的环境胁迫是缺水,当植物耗水大于吸水时,就会发生水分亏缺。过度水分亏缺的现象,称为干旱(Drought)。旱害(Drought injury)是指土壤水分缺乏或大气相对湿度过低对植物的危害。植物对干旱胁迫的抵抗与忍耐能力称为抗旱性(Drought resistance)。中国西北、华北地区干旱缺水是影响农林生产的重要因子,南方各省虽然雨量充沛,但由于各月分布不均,也时有旱害发生。植物遭遇干旱包括下面几种情况:

①大气干旱(Atmosphere drought)。指空气过度干燥,相对湿度过低,引起植物蒸腾过强,根系吸水补偿不了失水,从而使植物发生水分亏缺的干旱现象。

②土壤干旱(Soil drought)。指土壤中没有或只有少量的有效水,使植物水分亏缺引起永久萎蔫的干旱现象。

③生理干旱(Physiological drought)。指由于土温过低、土壤溶液浓度过高或积累有毒物质等原因,妨碍根系吸水,造成植物体内水分亏缺,受到旱害的现象。

大气干旱如果持续时间较长,必然导致土壤干旱,所以这两种干旱常同时发生。在自然条件下,干旱常伴随着高温,所以,干旱的伤害可能包括脱水伤害(狭义的旱害)和高温伤害(热害)。如"干热风"等。

(2)植物在干旱下的生理表现

①根系吸水受抑。植物根系吸水量和吸水速率受到抑制,土壤有效水分不足使土壤溶液的水势下降(土壤渗透压增高),根系吸水速度减慢。加上根系发育不良,吸水面积减少,致使总吸水量降低。同时无机盐类的吸收也受到限制,根系分泌减少,根际微生物的繁殖活动也受到影响。

②打破植物水分平衡。植物体内水分平衡受到破坏,迫使各部位间的水分重新分配。各组织与器官间,都是水势高的向水势低的方向流动,幼叶从老叶夺水,使老叶失水发黄干枯。生殖器官的水分向成熟部位的细胞运输,使小穗小花数减少,灌浆速度加快,籽粒不饱满,千粒重降低。

③气孔关闭。干旱下保卫细胞内的淀粉向可溶性糖转化,失去水分使气孔关闭,减少蒸腾量。玉米、高粱萎蔫叶片的蒸腾速率为正常植株的 $1/2.5$,大豆为 $1/3.5$,这样有利于保水抗旱。同时也使 CO_2 从气孔扩散到叶绿体的阻力增大,CO_2 进入量减少,光合作用下降,同

化产物积累量降低。

④植株萎蔫。干旱使细胞失水，膨压降低，植株失去紧张状态。从外表来看，叶片卷曲下垂，出现萎蔫现象。原生质收缩变形，因为细胞壁弹性小而收缩性差，到一定限度就停止收缩，而原生质仍继续收缩，造成质壁分离现象，原生质体会被拉破。再度吸水时由于细胞壁吸胀速度快，原生质体吸胀速度慢，原生质体也容易被拉破。

⑤蛋白质变性。由于细胞失水，蛋白质分子结构间含氢的键如—SH、—OH、—NH 等发生改变，使蛋白质分子相互靠拢而凝聚和折叠，体积缩小。特别是蛋白质分子中，相邻肽键外部的硫氢键脱氢而形成双硫键。再度吸水时，由于肽链松散，氢键断裂，而双硫键牢固，造成蛋白质分子空间构象发生变化，蛋白质变性凝固。

⑥酶系统与激素受到干扰。酶系统因失水而发生紊乱，从热力学观点来讲，水的化学势能稍有降低，酶分子的水合作用就会下降，整个酶促代谢活动即会受到干扰。干旱时过氧化氢酶与合成酶类的活性降低，使氧化分解占优势。过氧化物酶等水解酶类的活性加强，正常的还原合成受到阻碍，同时酶谱带也发生变化。

各种激素的供应受到干扰，根系形成的细胞分裂素减少，从而影响了核酸和蛋白质的合成。干旱引起 ABA 累积，导致气孔关闭，抑制地上部分生长，诱导 Pro 含量增多。ETH 浓度增加，促进器官脱落。

⑦呼吸作用发生改变。开始干旱时呼吸加强，随后逐渐减弱，能量供应减少。干旱持续下去，呼吸基质碳水化合物与蛋白质消耗量增加，叶片失去绿色，提早变黄干枯。同时有机物质运输受阻，无机盐类的供应减少。气孔关闭后蒸腾减弱，水分循环不良，叶片温度升高，有机物质运输和无机盐类供应相应减少。

当然不同生长时期的缺水对植物影响程度不同，一般生殖生长阶段比营养生长时期受害较严重。非临界期水分亏缺，只降低总蒸腾量，对作物产量的影响较小，水分临界期（Critical period of water）遇到干旱，可使整个生育期的水分有效利用率降低，严重地影响植株生长和经济产量。

2.植物抗旱的形态与生理特征

(1)植物对水分的生态适应

根据植物对水分的需求，把植物分为 3 种生态型：需在水中完成生活史的植物叫水生植物（Hydrophytes），这类植物不能在水势为-0.5MPa 以下环境中生长；在陆生植物中适应于半干旱和半湿润环境的植物叫中生植物（Mesophytes），这类植物不能在水势为-2.0MPa 以下环境中生长；适应于干旱环境的植物叫旱生植物（Xerophytes），这类植物不能在水势为-4.0MPa 以下环境中生长。然而这三者的划分不是绝对的，因为即使是一些很典型的水生植物，遇到旱季仍可进行一定的生命活动。在植物的进化中，主要是由水生植物演变到中生植物再到旱生植物，如由水稻进化到旱稻等。

中生和旱生植物忍耐干旱的强度和生长恢复的弹性，随着自然进化和人工选择，发生了很大的变化。对于农作物来讲，培育耐干旱新品种的重要性在雨养农业地区是第一位的；在其他地区，针对不同的气候条件，结合选育抗寒、抗高温等适应性广的作物品种，培育在较大土壤水分范围内抗旱节水稳产高产的作物品种，也是育种的重要目标。这样的品种在较低土壤水分情况下，可以忍耐干旱而不致快速死亡，有雨或复水后快速恢复生长，取得稳定产量；在水分相对较多的情况下，又有一定的高产潜力，取得高产。如通过小麦抗旱育种者的长期实践,将选育的品系在干旱和灌溉两种不同条件下交替种植,选育既抗旱又丰产的优良高产品种,是一种切实有效的抗旱节水育种方法。

（2）抗旱植物的一般特征

①形态结构特征。抗旱性强的植物往往根系发达,伸入土层较深,能更有效地利用土壤水分。因此根冠比可作为选择抗旱品种的形态指标。叶片细胞体积小或体积与表面积的比值小,有利于减少细胞吸水膨胀或失水收缩时产生的机械伤害。维管束发达,叶脉致密,单位面积气孔多而小,角质化程度高,这样的结构有利于水分输送和贮存,减少水分散失。有的作物品种在干旱时叶片卷成筒状,以减少蒸腾损失。

②生理生化特征。抗旱性强的植物细胞渗透势较低,吸水和保水能力较强。原生质具较高的亲水性、黏性与弹性,既能抵抗过度脱水又能减轻脱水时的机械损伤。缺水时正常代谢受到的影响小,合成反应仍占优势,水解酶类变化不大,减少生物大分子的破坏,保持原生质稳定,生命活动正常。干旱时根系迅速合成 ABA 并运输到叶片使气孔关闭,复水后 ABA迅速恢复到正常水平。

另外,脯氨酸、甜菜碱等渗透调节物质积累变化也是衡量植物抗旱能力大小的重要特征。

水合补偿点（Hydration compensation point）是指净光合作用为零时植物的含水量。水合补偿点低的植物抗旱能力较强。如高粱的水合补偿点低于玉米,在同样的水势下（-1.5MPa）,当玉米萎蔫停止光合作用时,高粱仍可维持 25% 的光合作用,这是高粱比玉米更抗旱的原因之一。

在较干旱条件下生长的植物,一般都表现为植物体较矮小,根系发达,叶片细窄或多刺毛,气孔内陷等。生理代谢上也具有其特点:细胞含水量较低,体积较小;细胞质中有机物质较多,液泡中含无机盐成分较高,细胞水势较低,有利于水分保持。气孔数目在不同水分胁迫下的变化不同。

3.植物抗旱的类型

世界上有三分之一的可耕地处于供水不足的状态。植物对干旱胁迫的抗性包括特殊的形态解剖特征、生态适应、发育和生理生化代谢特性等,表现形式有避旱性（Drought escape）、御旱性（Drought avoidance）和耐旱性（Drought tolerance）3 种。

（1）植物的避旱性

植物改变生育期,在土壤和植株严重缺水以前,便完成了它们的生命周期。主要特点是适应当地的生态气候,具有原生质黏滞性较高,保水能力强,光合生产能力稳定等特性,缩短生育期,提前成熟可回避干旱。植物回避干旱的形式是多种多样的,以下列两种形式为主:

①节约用水。如气孔关闭,表皮角质层较厚,蒸腾表面积减少,组织器官内贮水,植物体内产生代谢水等,以达到保持体内适宜的水分状况的目的。

②加快吸水。如较大的输导组织与非输导组织之比,可以减小吸水阻力;根冠比高,根系渗透势低,可以增加吸水能力。

多数植物或栽培作物也都具有提早或延迟成熟和改变生活史这种适应性避旱性能。在干旱条件下,通过诱导增加 ABA 为主的激素的主动调节,降低营养生长量（重量和体积）,减短生育期,促进叶片和茎秆中的干物质运向果实种子,提前成熟和进入种子休眠期。从干旱和减产的因果关系来看,这是一种被动的避旱形式。从植物繁衍后代的特性来看,在较小的营养体基础上,在短的生育期内完成生殖生长和生活史,开花传粉、结果生籽,则是一种主动的抗旱形式。大田作物中,小麦和玉米等作物在干旱胁迫条件下,株高明显减低,开花、抽穗、成熟提前,提高了土壤水分利用效率。

有一些沙漠植物在雨后快速生长完成生活史,提高了降雨的利用效率。有的植物通过分泌出各种多糖、果胶和其他脂类物质,在种子表皮形成耐旱、耐盐、耐高温、耐冻的种皮或包衣,可以在缺水或极度严酷的条件下保持长期休眠状态。有的种子可以在逆境条件下存活数年、几十年或几百年甚至更长时间,躲避干旱和其他逆境条件,雨水再次来临时则快速萌发生长。沙漠中有的植物种子萌发后生命周期可能就是几小时、几天、几周、几月。这是一种主动积极的避旱方式。

(2)植物的御旱性

植物在水分胁迫下,通过限制水分的丧失和保持一定的吸水能力,维持体内较高的水势,并使细胞处于正常的微环境中,各种生理生化过程仍保持正常的状态,对干旱具有一定的抵御能力。其特点如下:

①减少水分蒸腾。可以通过增加气孔与角质层阻力,减少辐射光能的吸收,降低叶温,减少叶面积来完成。

②维持水分吸收能力。可以通过增加根系生长密度和深度,增加液流传导来完成。

③避免脱水。加强渗透调节能力,增加细胞壁弹性和可塑性,防止水分散失,从而减少对生长的抑制作用。

④忍耐脱水。许多生理活动发生变化,表现之一是避饥饿。如降低植物水合补偿点。另外就是耐饥饿。如降低基础代谢水平,减缓蛋白质水解,增加蛋白质合成,加快蛋白质修复,因此脯氨酸积累可能会起很大作用,它可将贮藏蛋白质分解放出的氨,转变为可再利用的形式。

(3)植物的耐旱性

耐旱性的表现主要是耐脱水,植物细胞的水势较低,对干旱表现出较强的忍耐能力,有很好的保持绿色(Staying green)特性,维持低代谢水平,延缓组织、器官衰老。比如通过如下方式:

①维持细胞膨压。可以通过渗透调节,增加原生质弹性,减少细胞体积来完成。

②忍受干燥脱水。主要指原生质耐脱水性能,在脱水条件下,原生质仍能维持其固有性质。

有的灌木和树木在干旱和寒冷条件下一年四季保持绿色。有的植物非常耐干旱,如在陕西省秦岭山区,就有一种还阳草(Angelica keiskei),在根系脱离土壤和水后,植株干枯的情况下,叶片茎秆却始终保持绿色,给根系浇水时,则重新复活。干旱地区低等植物如苔藓和地衣也有这种特性。它们在相对较低的水势条件下,可以发生生理和生长发育的可逆变化,恢复水势后可恢复生长。将这一类植物称为变水植物(Poikilohydric plant),它们的原生质能忍受几乎完全的脱水状态而无害。耐旱植物生长一般相对缓慢,个体生长量相对较小。绝大多数陆生植物都是恒水植物(Homoiohydric plant),在一定的土壤水势范围才能生长发育,低于这个水势范围,就干枯死亡,不能发生生理和生长发育的可逆变化而复活。

植物生长和获得高产,与更多的吸水和蒸腾有关。因而在干旱时,植株不但要能保水,还要吸收相对较多的水分,保持一定的蒸腾作用,又不会降低光合生产过程,这是一种更为主动积极和有效的抗旱方式。

4.干旱伤害植物的机理

旱害的核心问题是原生质脱水。由于干旱时土壤有效水分亏缺,叶子蒸腾失水得不到补偿,使得原生质脱水,细胞水势不断下降,膨压降低,生长受抑。已证明很多植物当细胞水势降低到$-1.4\sim-1.5MPa$时,植株的生理过程与生长都降到很低水平,甚至完全停止。

干旱对植株影响的外观表现,最易直接观察到的是萎蔫,即因水分亏缺,细胞失去紧张度,叶片和茎的幼嫩部分出现下垂的现象。萎蔫可分为两种:暂时萎蔫和永久萎蔫。暂时萎蔫(Temporary wilting)指植物根系吸水暂时供应不足,叶片或嫩茎会出现萎蔫,蒸腾下降,根系供水充足后,植物又恢复成原状的现象,尤其是阔叶植物叶片愈大这种现象愈为明显。永久萎蔫(Permanent wilting)是指土壤中已无植物可利用的水,蒸腾作用降低亦不能使水分亏缺消除,表现为不可恢复的萎蔫。永久萎蔫与暂时萎蔫的根本差别在于前者原生质发生了严重脱水,引起了一系列生理生化变化,虽然暂时萎蔫也会给植物带来一定的损害,但通常所说的旱害实际上是指永久萎蔫对植物所产生的不利影响。

(1)改变膜的结构及透性

当植物细胞失水时,原生质膜的透性增加,大量的无机离子、氨基酸和可溶性糖等小分子被动向组织外渗漏。细胞溶质渗漏的原因是脱水破坏了原生质膜脂类双分子层的排列。正常状态下,膜内脂类分子靠磷脂极性同水分子相互连接,所以膜内必须有一定的束缚水才能保持这种膜脂分子的双层排列。而干旱使得细胞严重脱水,膜脂分子结构即发生紊乱,膜因而收缩出现空隙和龟裂,引起膜透性改变。

(2)破坏植物正常代谢

细胞脱水对代谢破坏的特点是抑制合成代谢而加强了分解代谢,即干旱使合成酶活性降低或失活而使水解酶活性提高。

①光合作用减弱。水分不足使光合作用显著下降,直至趋于停止。番茄叶片水势低于$-0.7MPa$时,光合速率开始下降,当水势低至$-1.4MPa$时,光合速率几乎为零。干旱使光合作用受抑制的原因是多方面的,主要由于:水分亏缺后造成气孔关闭,CO_2扩散的阻力增加;叶绿体片层膜体系结构改变,PSⅡ活性减弱甚至丧失,光合磷酸化解偶联;叶绿素合成速度减慢,光合酶活性降低;水解加强,糖类积累。

②呼吸速率总体下降。干旱对呼吸作用的影响较复杂,一般呼吸速率随水势的下降而缓慢降低。有时水分亏缺会使呼吸短时间上升,而后下降,这是因为开始时呼吸基质增多。若缺水时淀粉酶活性增加,使淀粉水解为糖,可暂时增加呼吸基质。但到水分亏缺严重时,呼吸又会大大降低。如马铃薯叶的水势下降至$-1.4MPa$时,呼吸速率可下降30%左右。

③蛋白质分解,脯氨酸积累。干旱时植物体内的蛋白质分解加速,合成减少,这与蛋白质合成酶的钝化和能源(ATP)的减少有关。如玉米水分亏缺3h后,ATP含量减少40%。蛋白质分解则加速了叶片衰老和死亡,当复水后蛋白质合成迅速地恢复。所以植物经干旱后,在灌溉与降雨时适当增施氮肥促进蛋白质合成,可减轻干旱对植株的伤害。

与蛋白质分解相联系的是,干旱时植物体内游离氨基酸特别是脯氨酸含量增高,可达正常水平的数十倍甚至上百倍之多。因此脯氨酸含量常用作抗旱的生理指标,也可用于鉴定植物遭受干旱的程度。

④破坏核酸代谢。随着细胞脱水,其DNA和RNA含量减少。主要原因是干旱促使RNA酶活性增加,使RNA分解加快,而DNA和RNA的合成代谢则减弱。当玉米芽鞘组

织失水时,细胞内多聚核糖体解离成单体,失去了合成蛋白质(酶)的功能。因此有人认为,干旱之所以引起植物衰老甚至死亡,是同核酸代谢受到破坏有直接关系的。

⑤激素的变化。干旱时 CTK 含量降低,ABA 含量增加,这两种激素对 RNA 酶活性有相反的效应,前者降低 RNA 酶活性,后者提高 RNA 酶活性。ABA 含量增加还与干旱时气孔关闭、蒸腾强度下降直接相关。干旱时 ETH 含量也提高,从而加快植物部分器官的脱落。

⑥物质分配异常。干旱时植物组织间按水势大小竞争水分。一般幼叶向老叶吸水,促使老叶枯萎死亡。有些蒸腾强烈的幼叶向分生组织和其他幼嫩组织夺水,影响这些组织的物质运输。如禾谷类作物穗分化时遇旱,则小穗和小花数减少;灌浆时缺水,影响物质向穗部转运,籽粒就不饱满。

（3）机械性损伤

上述的旱害多破坏正常代谢,一般不至于造成细胞或器官的立即损伤或死亡。而干旱对细胞的机械性损伤可能会使植株立即死亡。细胞干旱脱水时,液泡收缩,对原生质产生一种向内的拉力,使原生质与其相连的细胞壁同时向内收缩,在细胞壁上形成很多折叠,损伤原生质的结构。如果此时细胞骤然吸水复原,可引起细胞质、壁不协调膨胀,把黏在细胞壁上的原生质撕破,导致细胞死亡。干旱引起的伤害可由图 7-1 表示。

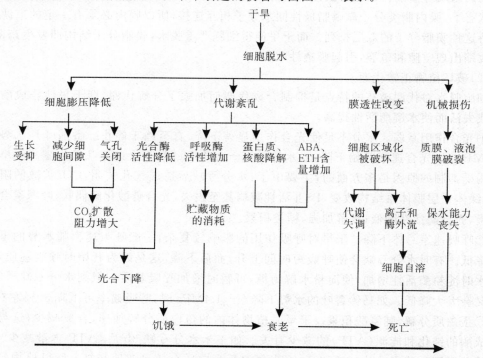

图 7-1　干旱引起植物伤害的生理机制

5.提高植物抗旱性的途径

选育抗旱品种是提高植物抗旱性的根本途径,也可通过以下措施来提高植物抗旱性。

（1）抗旱锻炼

将植物处于一种致死量以下的干旱条件中,让植物经受干旱磨炼,可提高其对干旱的适应能力。在生产上已有很多锻炼方法。如玉米、棉花、烟草、大麦等广泛采用在苗期适当控制水分,抑制生长,以锻炼其适应干旱的能力,这叫"蹲苗"。蔬菜移栽前拔起让其适当萎蔫一段时间后再栽,这叫"搁苗"。甘薯剪下的藤苗很少立即扦插,一般要放置阴凉处一段时间,这叫"饿苗"。通过适度的缺水处理,起到促下(促进根系)控上(抑制地上部分)的作用,植株根系发达,叶片保水能力强,叶绿素含量高,干物质积累多,渗透调节能力强。

播前的种子锻炼可用"双芽法"。即先用一定量水分把种子湿润,如小麦,用风干重 40% 的水分分三次拌入种子,每次加水后,经一定时间的吸收,再风干到原来的重量,如此反复干湿,而后播种,这种锻炼使萌动的幼苗改变了代谢方式,提高了抗旱性。

(2)化学诱导

用化学试剂处理种子或植株,可产生诱导作用,提高植物抗旱性。如用 0.25% $CaCl_2$ 溶液浸种 20h,或用 0.05% $ZnSO_4$ 喷洒叶面都有提高植物抗旱性的效果。氯化胆碱对逆境下的膜有稳定作用。喷施季铵型化合物甜菜碱(氯化胆碱)可提高冬小麦光合速率、胞间 CO_2 浓度、叶面积等指标,增强植物体的抗旱性。乙酰胆碱可以参与气孔的调节。

(3)矿质营养

合理施用磷、钾肥,适当控制氮肥,可提高植物的抗旱性。磷、钾肥能促进根系生长,提高保水力。小麦在水分临界期缺水,未施钾肥的植株含水量为 65.9%,而播前施钾的含水量可达 73.2%。氮素过多对作物抗旱不利,凡是枝叶徒长的作物,蒸腾失水增多,易受旱害。

磷促进有机磷化合物的合成,提高原生质的水合度,增强抗旱能力。钾能改善作物的糖类代谢,降低细胞的渗透势,促进气孔开放,有利于光合作用。钙能稳定生物膜的结构,提高原生质的黏度和弹性,在干旱条件下维持原生质膜的透性。

一些微量元素也有助于作物抗旱。硼在提高作物的保水能力与增加糖分含量方面与钾类似,同时硼还可提高有机物的运输能力,使蔗糖迅速地流向结实器官,这对因干旱而引起运输停滞的情况有重要意义。铜能显著改善糖与蛋白质代谢,这在土壤缺水时效果更为明显。

(4)生长延缓剂与抗蒸腾剂的使用

生长延缓剂能提高作物抗旱性。ABA 可使气孔关闭,减少蒸腾失水。矮壮素、B_9 等能增加细胞的保水能力。

抗蒸腾剂(Antitranspirant)是可降低蒸腾失水的一类化学物质。据其作用方式分为3 类:

①薄膜性物质。喷于作物叶面,形成单分子薄膜,以遮断水分的散失,如长链的醇类,或低黏度的如硅酮,喷施后可显著降低叶面蒸腾,而对光合作用影响较小,作物生长正常,其缺点是叶温略有增高。

②反射剂。它主要是一种对光有反射性的物质,如高岭土,喷施后能提高植物冠层对光能的反射,从而减少用于叶面蒸腾的能量。

③气孔开度抑制剂。这类药物主要作用有两方面,一是控制 K^+ 泵的作用,从而控制气孔保卫细胞的膨压,改变气孔开度,如阿特津(可抑制光合作用中水光解)、羟基磺酸(乙醇酸氧化酶抑制剂)、敌草隆(光合磷酸化抑制剂)和 ABA(影响保卫细胞 K^+ 浓度);二是阻碍水分透过作用,主要是改变细胞膜的透性使水分不易向外透出。

需要指出的是气孔既是水汽的通道,又是 CO_2 的通道,因此在利用抗蒸腾剂时,要注意用量和时间,应使作物水分散失减少,而光合作用和呼吸作用又能正常进行。

(5)发展旱作农业

旱作农业是指不依赖灌溉的农业技术,其主要措施包括:收集保存雨水备用;采用不同根区交替灌水;以肥调水,提高水分利用效率;地膜覆盖保墒;掌握作物需水规律,合理用水等。

(二)植物抗干旱的生物学基础

1.干旱下植物的生理生化响应

(1)光合、呼吸的变化

干旱抑制叶片伸展,引起气孔关闭,减少 CO_2 摄取量,增加叶肉细胞阻力,降低光合作用过程中相关酶的活性和光合同化力的形成,破坏叶绿体结构,降低叶绿素含量等,最终影响 CO_2 的固定还原,使叶片净光合速率降低。另外,干旱胁迫导致的光呼吸作用加强,能防止产生大量活性氧,使光合膜和反应中心免遭光氧化破坏。因为光呼吸可大量耗散强光下积累的 ATP 和 NADPH,这有利于反应中心继续将激发能转化成生物化学能,使反应中心不致因过量的激发能而遭到损害。

一般认为,随着水分亏缺程度的增强,各种植物的呼吸作用也随之增强,但许多研究表明这其中的问题要复杂得多。水分胁迫下,小麦幼苗的叶和根的呼吸速率变化不同。叶片在胁迫初期呼吸速率升高,然后随着相对含水量递减而急剧下降,抗旱性强的小麦叶片呼吸速率下降幅度小。根的呼吸速率随相对含水量下降呈指数方式降低。水分胁迫也可引起呼吸途径的改变。轻度水分胁迫下小麦幼苗叶片呼吸速率升高时,EMP 稍有升高,抗氰呼吸减弱。水分胁迫引起根呼吸降低时,EMP 和 TCA 的运行程度明显降低,细胞色素途径的运行程度也下降,但仍传递大约一半的呼吸电子流。中度水分胁迫下,小麦根内磷酸戊糖途径活性上升,EMP-TCA 途径活性降低,抗氰呼吸活性增大,而对氰敏感的系统活性减低,细胞色素氧化酶活性显著降低。

(2)物质代谢的变化

水分胁迫对植株氮和核酸代谢有影响。被水分亏缺调节的基因编码的蛋白质,有一系列的潜在功能,其中有的基因产物具有信号转导作用,有些产物作为渗透剂(Osmolyte)和蛋白酶存在,特别是当种子发育必须忍耐失水时,它们在干燥种子中积累。水孔蛋白存在于细胞膜和液泡膜上,在细胞乃至整个植物体水分吸收和运输过程中发挥重要作用。干旱胁迫促进水孔蛋白基因转录物的积累,过量表达水孔蛋白可增强水分吸收和运输,提高植物的抗旱能力。

(3)膜脂过氧化与保护酶的变化

水分胁迫导致植物膜伤害,其膜伤害的原因是细胞自由基代谢的平衡遭到破坏,有利于自由基的产生,过剩自由基引发或加剧膜脂过氧化作用,造成细胞膜系统的损伤。如随土壤水分胁迫加剧,小麦旗叶、根中的 SOD、CAT 活性下降,膜脂过氧化产物 MDA 含量增加,降低了清除自由基的能力,加重了膜脂过氧化程度,加速植株衰老。

(4)渗透调节物质的变化

干旱胁迫下,植物体内积累一些溶质,如可溶性糖、脯氨酸、甜菜碱及一些离子等,使细胞渗透势下降,这样植物可以从外界继续吸水,保持细胞膨压,使体内各种代谢过程正常进行。即干旱胁迫下植物产生渗透调节作用,通过渗透调节来维持细胞继续伸长。如在土壤水势为 $-0.1MPa$ 和 $-0.8MPa$ 时,小麦根的伸长是相似的,玉米、大豆的根也有类似现象。渗透调节也可使植物在干旱时维持气孔开放,从而维持一定的光合作用。由于渗透调节有它的局限性，如作用的暂时性、调节的幅度有限以及不能完全维持生理过程等，故干旱严重时，植物便会表现出膨压不能维持、生长率下降和气孔阻力增加等生理现象。

2.植物基因表达与抗旱性

植物在干旱胁迫条件下，产生相应的生理变化并诱导特定相关基因的表达，这些生理变化与相关基因的表达可能会减少植株在干旱胁迫条件下带来的伤害。

植物在水分胁迫下会引起一系列分子反应和信号传递，干旱胁迫诱导基因表达一些重要的功能蛋白和调节蛋白以保护细胞不受水分胁迫的伤害。研究已证实相关蛋白有跨膜运输蛋白（水通道蛋白、ATP 酶等）、水分胁迫调节剂（K^+、Na^+、蔗糖、脯氨酸、甜菜碱等）、运输或合成相关的酶、LEA 蛋白、抗氧化作用相关的酶（SOD、CAT 等）、水分胁迫蛋白、渗调蛋白、调控蛋白（蛋白激酶、转录因子）等。

干旱胁迫诱导基因的活化至少涉及 4 条途径：植物细胞可能通过膨压变化或膜受体的构象变化感知水分胁迫，将胞外信号转为胞内信号，从而触发相应的信号途径，并可导致第二信使（Ca^{2+}、IP_3 等）生成，在这些原始信号被逐级传递放大的过程中，其中 2 条传递途径依赖 ABA，另外 2 条传递途径不依赖 ABA。此外，H_2O_2 和 NO 在植物响应干旱胁迫反应中可作为信号分子。在干旱胁迫下，植物由"渗透感受器"感受外界胁迫信号，通过第二信使及其下游蛋白激酶级联传导反应，调控了一系列基因的表达。通过基因表达调控已分析鉴定出一些水分胁迫有关的顺式作用元件（ABRE、DRE、Myc 等）和转录因子（bzip、DREBP、MYC/MYB 等）。

干旱逆境蛋白或水分胁迫蛋白的诱导形成往往可增强植物的抗旱性。这些蛋白多数是高度亲水的，能增强原生质的水合度，起到抗脱水的作用。在拟南芥中，发现水分亏缺可强烈诱导质膜上一种水通道蛋白的基因表达，可帮助水分在受干旱胁迫的组织中流动，并可在浇水时促使水分膨压快速恢复。

二、涝害与植物的抗涝性

（一）植物涝害的生物学特性

1.涝害的种类

（1）湿害和涝害的概念

水分是最重要的生态环境因子之一，水分多少往往决定植物的生长、分布及群体结构。植物在对水分的长期适应过程中逐步演变、分化出了不同的生态类型，如专性水生植物、兼性水生植物、旱生植物、盐生植物、荒漠植物等。

通常将水分过多（Water excess）对植物的危害称为涝害（Flood injury），植物对积水或土壤过湿的抵抗与忍耐能力称为植物的抗涝性（Flood resistance）。

但水分过多的数量概念比较含糊。一般有两层含义：即渍水（Waterlogging）和淹水（Flooding）。因而广义的涝害一般也有两层含义，即湿害和典型的涝害。

①渍水与湿害。土壤过湿、水分处于饱和状态，土壤含水量超过了田间最大持水量或根系生长在沼泽化的泥浆中，叫渍水。这种涝害叫渍害（Waterlogging injury），也称湿害（Wet injury）。湿害虽不是典型的涝害，但本质与涝害大体相同，对作物生产有很大影响。

②淹水与涝害。典型的涝害是指地面积水，淹没了作物的全部或一部分，使植物受害。在低湿、沼泽地带、河边以及发生洪水或暴雨之后，常有涝害发生。

涝害会使作物生长不良,甚至死亡。我国几乎每年都有局部的洪涝灾害,而 6 月至 9 月则是涝灾多发时期,给农业生产带来了很大损失。

(2)水分过多对植物的危害

不同生态类型的植物对过多或过少水分的适应策略和机制是不相同的。淹涝胁迫对植物的伤害并非仅仅是因为水分过多而引起的直接效应,往往是淹涝诱导的次生胁迫。由于 O_2 在水中的扩散速度只有空气中的万分之一,植物遭受淹涝胁迫后,根系生长的土壤环境中 O_2 逐渐被消耗,而使根际的 O_2 供应状况由有氧转变成低氧,再到缺氧。通常水分过多对植物的危害,并不在于水分本身,因为植物在营养液中也能生存。核心问题是液相缺氧给植物的形态、生长和代谢带来一系列的不良影响(图 7-2)。

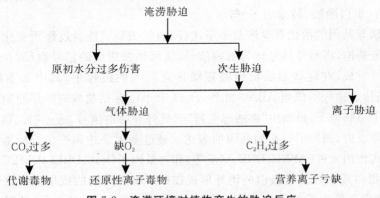

图 7-2 淹涝环境对植物产生的胁迫反应

淹涝胁迫引起的缺氧不仅导致植物改变能量代谢途径和生理过程,还使植物的细胞结构、形态特征也发生了一系列变化:

①结构改变。许多植物遭受没顶淹水后,节间和胚芽鞘伸长迅速加快,叶片黄化萎蔫,茎节部位长出不定根,根系变浅变细,根毛显著减少,根系停止生长,长时间淹水导致根系逐渐变黑,腐烂发臭,整株枯萎死亡。

②代谢紊乱。水涝缺氧主要限制了有氧呼吸,促进了无氧呼吸,如水涝时豌豆内 CO_2 含量达 11%,强烈抑制了线粒体的活性。菜豆淹水 20h 就会产生大量无氧呼吸产物,如乙醇、乳酸等,使代谢紊乱,受到毒害。涝害使光合作用显著减弱,这与阻碍 CO_2 的吸收及同化物运输受抑有关。许多植物被淹时,苹果酸脱氢酶活性(有氧呼吸)降低,乙醇脱氢酶和乳酸脱氢酶活性(无氧呼吸)升高,所以有人建议用乙醇脱氢酶和乳酸脱氢酶活性作为作物涝害的指标。乳酸积累导致细胞质酸中毒也是涝害的重要原因。

③营养失调。根系在缺氧的情况下氧化磷酸化会受阻碍,大大降低了吸收与利用水肥的能力。一方面由于缺氧,使土壤中的好氧性细菌(如氨化细菌、硝化细菌等)的正常活动受到抑制,降低了根系对离子吸收的活性,从而影响矿质营养的供应。另一方面由于缺氧和厌氧性微生物活动加强,如丁酸细菌等活跃,酵解产生大量 CO_2 与还原性有毒物质,原生质及质膜发生变化,透性减少,水分在根细胞组织通过皮层向木质部转移变慢,吸收活动受到抑制。尤其是有机肥多的土壤中,温度较高的季节里积水,厌氧微生物分解的数量更大。土壤氧化还原势下降,土壤内形成大量有害的还原性物质,如硫化氢、氧化亚铁、亚锰及醋酸、丁酸、乳酸等有机酸大量出现,都会直接毒害根系。土壤的酸度增加也会导致有些元素如铁、

锰、锌等容易被还原流失，引起植株营养亏缺。同时无氧呼吸还使 ATP 合成减少，根系缺乏能量，妨碍矿质的正常吸收。

④激素变化。在淹水条件下植物体内 ETH 含量增加。如水涝时，向日葵根部 ETH 含量大增，美国梧桐在淹水时根部 ETH 含量提高了 10 倍。高浓度的 ETH 引起叶片卷曲、偏上生长(Leaf epinasty)、茎膨大加粗；根系生长减慢；花瓣褪色和器官脱落等。ETH 的合成是个需氧过程，为什么涝害(缺 O_2)反而会促进 ETH 合成呢？这是因为水涝时会促使植物根系大量合成 ETH 的前体物质 ACC，当 ACC 上运到茎叶接触空气后即转变为 ETH。

淹涝胁迫下其他激素也发生变化。淹涝改变了植物内源激素的合成和运输，从而改变了激素平衡。淹水条件下根系缺氧，使根尖 GA 和 CTK 的合成和运输受阻，还可影响地上部 GA 和 CTK 的生物合成，使其地上部 GA 和 CTK 的含量也下降，从而抑制茎的伸长，促进叶片衰老、脱落。

⑤生长受抑。淹涝后土壤中 CO_2 浓度增加，O_2 浓度下降，它们对根系吸水都呈现出抑制效应。CO_2 浓度增加并通过降低原生质膜的透水性，阻碍根系的被动吸水；缺 O_2 主要是减少了细胞 ATP 浓度，抑制了根系的主动吸水过程。向日葵和番茄的根系处于高浓度的 CO_2 下，叶片蒸腾下降 34%～52%；向培植番茄的营养液中通氮气(缺氧胁迫)后，蒸腾作用只下降了 8%，这表明高浓度的 CO_2 抑制根系吸水的效应比缺氧胁迫的抑制效应更快。

淹涝不仅影响根系正常吸水、吸盐，引起营养失调，还引起地上部水分代谢失调。淹水后，气孔关闭，蒸腾作用降低，叶片萎蔫。长时间受涝情况下，光合有效面积损失，枯黄叶片发展是小麦渍害十分明显的症状。由于涝害影响根的生长，根/冠比长期处于失调状态。涝害不仅影响光合产物的积累速度，还改变光合产物在地上部分和根系中的分配比例。渍水条件下小麦地上部分或根系的日平均增重量均显著下降，而根系日平均增重的下降比例均大于地上部分，表明小麦根系受涝害的程度比地上部分更严重。

水涝缺氧使根系与地上部的生长均受到阻碍，降低植物的生物量。玉米在淹水 24h 后干物质生产降低了 57%。受涝的植物生长矮小，叶黄化，根尖变黑，叶柄偏上生长。淹水对种子萌发的抑制作用尤为明显。如水稻种子在水中萌发只长芽鞘，不长根，新叶黄化。在 1～2mg·L^{-1} 低溶氧浓度下(正常值在 8mg·L^{-1} 左右)，对低氧逆境敏感的番茄生长受到明显抑制，整株干物质积累量比对照下降了 50% 左右，根系干物重下降了近 70%；而对低氧逆境有一定耐性的黄瓜在溶氧浓度 1～2mg·L^{-1} 的低氧胁迫下，整株干物重也比对照下降了 31%，根系干物重下降了 18%。

2.植物涝害的机理

淹涝胁迫对植物生长、发育、繁殖的危害是多方面的，植物受害程度取决于多种因素，如植物的种类、同一种植物不同基因型、不同的生长发育时期，以及淹水的深度、温度、混浊度、持续时间、流速等。长期以来，在探明植物遭遇淹涝胁迫引起机体伤害甚至死亡的原因时，发现其机理有多种解释，下面是有代表性的几种。

(1)饥饿伤害

淹涝胁迫引起细胞生理最明显的变化之一是能量代谢途径的改变，有氧呼吸中断或受阻，ATP 水平下降，细胞能荷(AEC)显著降低。旱生植物的 AEC 一般从 0.8～0.95 下降到 0.1～0.3，线粒体基粒片层出现不可逆的结构变化。厌氧下旱生植物由无氧呼吸产生的能量极为有限，只能在短期内维持存活的代谢要求。反映到器官、个体水平上，则是一切生长、运输的主动过程全部减慢、生长发育迟缓。许多湿生植物或者因有发达的通气组织，或者有特别的能量贮存与无氧呼吸功能，能荷维持在 0.8 左右，能量耗竭仅在一些极端条件下发生。

（2）代谢有害产物积累

Crawford 和 Braendle 在总结缺氧条件下耐淹和不耐淹植物的根系代谢差异后提出，在 O_2 供应充足时，植物经 TCA 把糖酵解代谢的末端产物丙酮酸氧化成 CO_2 和水；但在淹涝缺氧情况下，植物细胞 TCA 不能顺利进行，丙酮酸经乙醇发酵代谢产生大量的乙醇，乙醇的过量积累对细胞结构和其他代谢途径都有毒害作用。他们认为植物耐淹涝能力取决于细胞降低乙醇的量，并暗示一些耐淹涝植物具有将糖酵解中间产物重新纳入其他代谢途径而产生其他的末端产物，如苹果酸、乳酸或其他有机酸。

（3）pH 平衡被打破

淹水缺氧条件下，细胞糖酵解代谢的末端产物丙酮酸转化成乳酸，引起细胞质 pH 下降，导致细胞质酸中毒（Cytoplasmic acidosis）。不耐淹植物细胞不能有效调节细胞乳酸发酵，细胞内积累大量的乳酸，导致细胞质进一步酸化；当细胞质 pH 下降和液泡 pH 提高到一定的程度时，会发生液泡－胞质质子梯度的破坏，进而危及细胞生存。而耐淹涝植物细胞可调节细胞质 pH 平衡状态以阻止细胞质酸化；随着细胞质 pH 下降，LDH 活性受到抑制，PDC 活性增强，乙醇合成占优势，细胞质酸化受阻，细胞质 pH 得到恢复。

（4）自由基伤害

植物根细胞厌氧后氧自由基水平增高。Crawford 和 Braendle 认为，缺氧后植物细胞抗氧化系统变得脆弱，在恢复供氧后，氧自由基浓度升高，造成细胞膜伤害、离子渗漏和细胞死亡。他们比较耐长期缺氧的白菖（Acorus calamus）与仅能耐短期缺氧的鸢尾草（Iris germanica）根细胞膜稳定性时发现，前者在胁迫下膜脂组分变化较大，不易破坏，而后者变化较小，21d 后脂类完全被破坏。

（5）土壤有毒物质危害

在长期淹涝土壤中，植物根系细胞的无氧呼吸产生的酸类物质分泌出根外，同时根际厌氧微生物在根际分泌大量有机酸类，如甲酸、乙酸、丙酸和丁酸等，都会加速对根系细胞的破坏，产生毒害效应。有机酸浓度在 $10^{-2}\sim10^{-3}\,mol\cdot L^{-1}$ 时，便会对水稻产生毒害，如淹水黏土中乙酸浓度达 $1.5\times10^{-2}\,mol\cdot L^{-1}$ 时，水稻生长明显受抑。有机酸通过增加土壤溶液中 Fe^{2+} 的浓度加重铁毒而间接影响水稻生长。

3.植物的抗涝性及其对策

（1）植物抗涝性的影响因素

植物的抗涝能力因各种因素而发生变化，不同类型植物、品种、生育期，抗涝能力都不相同。不同作物抗涝能力有别。同样是沼泽植物，水稻比莲藕更抗涝；陆生喜湿的作物中，芋头比甘薯抗涝；旱生作物中，小麦比大麦耐涝，玉米比大豆耐涝，油菜比马铃薯、番茄抗涝，荞麦比胡萝卜、紫云英抗涝。水稻中籼稻比糯稻抗涝，糯稻又比粳稻抗涝。

郑丕尧等根据作物的耐涝能力将其分为 3 类，即①抗涝作物，如水稻、高粱等；②一般抗涝作物，如玉米、小麦等；③怕涝作物，如棉花、芝麻等。显然，抗涝作物受涝害程度轻，而怕涝作物受涝害程序重。

同一作物不同生育期抗涝程度不同。在水稻一生中以幼穗形成期到孕穗中期最易受水涝危害，其次是开花期，其他生育期受害较轻。

土壤性质、作物抗病能力等均与涝害程度有关。抗病能力弱的作物,由于淹水后影响了病原菌、寄主植物和土壤微生物的活动,加之湿度太大有利于病菌繁殖,使作物感病性增加,更加重了危害程度。

(2)植物抗涝性的形态生理特征

作物抗涝性的强弱决定了其对缺氧的适应能力。

①形态结构特征与避缺氧性。关于植物的避缺氧性,在形态解剖适应性方面,主要有通气组织和不定根的形成、皮孔增生、叶柄偏上生长以及根的向氧性生长可增强氧的吸收与扩散,质外体障碍(Apoplastic barrier)的形成能够减少体内氧的逸失。

发达的通气系统是植物抗涝性的最明显形态特征。很多植物可以通过胞间空隙把地上部吸收的 O_2 输入根部或缺 O_2 部位,发达的通气系统可增强植物对缺氧的耐力。据推算,水生植物的胞间隙约占植株总体积的 70%,而陆生植物只占 20%。水稻幼根的皮层细胞间隙要比小麦大得多,且成长以后根皮层内细胞大多崩溃,形成特殊的通气组织,而小麦根的结构上没有变化。水稻通过通气组织能把 O_2 顺利地运输到根部。

②生理生化特征与耐缺氧性。提高耐缺氧能力是植物抗涝性的最重要生理表现。缺氧所引起的无氧呼吸使体内积累有毒物质,而耐缺氧的生化机理就是要消除有毒物质,或对有毒物质具忍耐力。某些植物(如甜茅属)淹水时刺激糖酵解途径,以后即以磷酸戊糖途径占优势,这样消除了有毒物质的积累。有的植物缺乏苹果酸脱氢酶,抑制由苹果酸形成丙酮酸,从而防止了乙醇的积累。有一些耐湿的植物则通过提高乙醇脱氢酶活性以减少乙醇的积累。有人发现,耐涝的大麦品种比不耐涝的大麦品种受涝后根内的乙醇脱氢酶的活性高。水稻根内乙醇氧化酶活性很高以减少乙醇的积累。非酶清除剂(如抗坏血酸、谷胱甘肽、维生素 E 等)和活性氧清除酶类(SOD、POD、CAT 等)以及使还原态抗氧化剂再生的酶的活化等,可抑制与清除活性氧,减轻淹水胁迫下活性氧积累对植物的伤害。

(3)提高植物抗涝性的途径

防止洪涝灾害的发生根本是要兴修水利。栽培管理应加强,如开深沟降低地下水位以避免湿害;采用高畦栽培,可减轻湿害;及时排涝,结合洗苗,保证光合作用与呼吸作用正常进行;增施肥料,尽快恢复作物长势。

缺氮时植株受涝害影响最大,土被水淹后作物根系分布靠近土壤表面,适当施用 N 肥可使僵苗转化。有试验表明,硝态氮有利于大麦根系合成 CTK,延迟叶片的衰老过程。筛选通气组织发达的品种,定向培育,加以人工定向锻炼,可提高品种耐涝性。

低氧预处理也可提高植株对水涝缺氧的耐受能力。水涝通常先导致低氧,然后才是无氧。乳酸及乙醇发酵在低氧或无氧细胞中都可被激发。将玉米幼苗先在低氧条件下暴露若干小时后再转入无氧环境,其根部排出乳酸的能力提高,通过乳酸的流出可避免细胞质酸中毒,从而使植株存活期延长。

(二)植物耐涝的生物学基础

1.淹涝对植物生理代谢的影响

(1)淹涝胁迫与呼吸作用

淹涝胁迫对呼吸作用的主要影响是有氧呼吸受抑,无氧呼吸增加,能量代谢主要依赖糖酵解产生 ATP,糖酵解过程中 3-磷酸甘油醛的脱氢反应需要辅酶 NAD,NAD 的再生通过等量的乙醇发酵或乳酸发酵完成。除乙醇发酵和乳酸发酵外,还存在另一种植物特有的从丙酮酸生成丙氨酸的丙氨酸发酵途径。低氧下发酵作用快速诱导,而且,耐淹植物有高水平的乙醇发酵作用,ADH缺乏型突变体对淹水很敏感,说明发酵途径在植物低氧忍耐机制中确实起作用。缺氧条件下乙醇发酵和乳酸发酵的强弱取决于胞质pH。淹水条件下,乳酸发酵引起胞质pH下降,抑制乳酸脱氢酶活性而活化丙酮酸脱羧酶和ADH,导致乙醇发酵增强。

(2)淹涝胁迫与光合作用

许多淹涝胁迫环境下,植物的茎秆并不遭受淹没,但植物的地上部分生长和代谢与根系的代谢是紧密相关的,根系的缺氧环境也会影响叶片的光合特性。植物对淹涝胁迫的初期反应是气孔关闭,CO_2的扩散阻力增加。随着淹涝时间的延长,与光合作用相关的酶活性逐渐降低;叶绿素含量下降,叶片早衰,绿叶面积减少,叶片脱落死亡。已经证实许多旱生植物,如番茄、小麦、辣椒、大豆等遭受淹涝后,叶片气孔出现关闭,气孔导度降低,光合速率下降。对淹涝胁迫敏感的植物而言,淹涝胁迫引起气孔关闭和光合作用的下降之间有着密切的关系。

(3)淹涝胁迫与矿质营养

淹涝胁迫明显改变植物的营养关系,主要表现在三个方面:①蒸腾强度减弱,矿质营养从根系运输到地上各组织的数量减少;②缺氧降低了根系细胞中ATP浓度,削弱了根系主动吸收矿质营养的能力;③土壤厌氧条件改变了许多矿质元素的可利用状态。

(4)淹涝胁迫与植物激素

植物受淹涝胁迫时主要表现是植株的衰老加速。出现这一现象的原因,有人认为与植物体内激素的产生和运转机构失调,各种激素间的平衡紊乱有关。如地上部ETH增多,脱落酸和生长素含量升高,而赤霉素和细胞分裂素含量下降。许多植物在遭受淹涝胁迫后,表现出多种形态和生长发育模式上的变化,如气孔关闭、叶柄偏上生长、叶片早衰、下胚轴膨大、不定根发育、通气组织增生、茎秆伸长等。这些症状可以通过淹涝前或淹涝后喷施激素而得到缓解或消除,说明这些形态上的变化与植物内源激素的合成和运输遭破坏有密切的关系。

ETH是植物对淹涝胁迫反应最敏感的植物激素之一。许多植物受淹后地上部分ETH含量增加,甚至可以增加10倍以上,如小麦、玉米、番茄、萝卜、水稻等。ETH可诱导一些淹水植物叶偏上生长、不定根产生、茎肿胀(Stem hypertrophy)、通气组织形成、皮孔增生。ETH生物合成抑制剂如银离子可阻止淹水引起的偏上生长。淹水植物受到来自两方面的ETH的作用:一是来自土壤的外源ETH;二是来自植物体的内源ETH。淹水下ETH的增加可能有以下三方面的原因:①植物体内ETH合成增加;②ETH由植物体内向外扩散受到水的阻碍,因为ETH在水中的扩散比在空气中扩散慢约1万倍;③土壤微生物合成的ETH增多。淹水下根中产生大量的ETH前体ACC,因为ETH生物合成的最终转换需要O_2,在根中形成的ACC最终从根内向上运输到茎转化成ETH。

2.植物耐涝的形态和生理适应

植物对淹涝胁迫的反应是复杂的,不仅表现出生态上的长期适应性,而且在形态、组织和细胞结构,甚至是线粒体、内质网、核糖体等亚细胞结构也表现出适应反应,同时还在基因表达上迅速做出响应,以调节自身的内环境和代谢途径。植物的抗涝性强弱,决定于形态结构和生理代谢上对缺氧的适应能力。

（1）根系分布状况

氧气在水中不仅溶解度低，而且扩散的速度只有空气中的万分之一。因此，淹涝环境下植物生长缺氧。如果植物能改变氧气扩散的途径及增强氧气从地上部分的茎、叶扩散到根系的能力，将会有利于氧气输送到根部，减轻淹涝胁迫对植物生长的危害。淹涝环境下，表层土并不是完全缺氧的，浅根植物的根系处在低氧胁迫，而不是缺氧状况。因此，植物仍能保存部分有氧呼吸。根系生长的表层化是许多湿生植物抵御洪水的适应策略。伴随根系表层化，根变细，根毛增多。细根既可以减少氧气在细胞中扩散的阻力，又不会形成粗根中部细胞的缺氧，而且增加了根系表面积，有利于利用根际空间。

另一些湿生植物的茎和根形成特化的结构变化，以利于气体运送到根部，如红树、水杉在淹水层上形成气生根。气生根发生的位置靠近淹水表面的茎部，氧气能扩散到气生根的组织中，而且气生根细胞间存在较大的气体空间，组织中可能储存氧气。当植物遭遇洪水时，氧气通过气生根传送到根部。

（2）产生不定根

在厌氧下许多植物初生根受到伤害或死亡，但在靠近地面处能产生许多新生的不定根（Adventitious root）。这一现象是由于近地表氧气分压较高，也可由ETH诱导生成，但不同植物之间的差异很大。淹水也诱导茎的基节部和茎节长出不定根，不定根大多发生在水体表层或含氧较丰富的土壤表层，能够从环境中获取氧气，维持植株正常的生理代谢。在淹涝严重的情况下，不定根还能代替因缺氧窒息丧失功能的原有根系，使植物根系保持一定的活力。

淹水引起不定根发生不仅在湿生植物水稻中，也在玉米、小麦、向日葵、苹果等旱生植物中得到证实。如在淹涝环境中，玉米幼苗基节部不定根的发生和形成明显加强，不定根原基发生明显早于正常幼苗；在淹水15d后，从基节部长出的不定根数目明显多于对照幼苗。不定根产生的多少反映了植物的适应能力，是许多旱生植物中耐渍基因型的重要标志。

（3）形成通气组织

许多水生植物并不形成外部特定的气体运输结构，但在缺氧土壤中仍能保持根系和根状茎的氧气供应。这些植物通过改变内部组织解剖结构，来促进氧气扩散到根部，CH_4、H_2S、CO_2等气体则由根部释放到大气中。通气组织是湿生植物皮层组织的一种特化形式。

一般认为通气组织分为两种：溶生性通气组织（Lysigenous aerenchyma）和裂生性通气组织（Schizogenous aerenchyma）。溶生性通气组织是由整个细胞崩溃而形成的细胞间隙，裂生性通气组织是由于细胞壁相互分离而形成的细胞间隙。

通气组织的形成对湿生植物的好处主要在两方面，一是明显减少了根组织径向传送气体的阻力；二是根组织单位体积的需氧量降低，根系细胞接触到气体的表面积增大，呼吸需氧量减少。通气组织能增加O_2从地上部传送到根部。O_2也能从根细胞渗漏出去，在根际区形成一个有氧的微环境；其他气体，如CH_4、CO_2、N_2也能经过通气组织释放到大气中。

（4）茎秆伸长

茎秆伸长可使水生植物获得更多的光合面积，伸出水面完成生殖过程，是避淹涝缺氧的一种机制。

通过茎秆伸长来适应淹涝环境的典型植株是深水稻（或称浮生稻）。深水稻是亚洲栽培稻特殊的生态型，生长在水深50cm以上的环境下至少一个月，有别于可灌溉环境下生长的现代改良水稻品种。深水稻随着洪水水位升高,植株向上生长,茎秆不断伸长,漂浮在水面上,在水表层的茎节处长出不定根,从水中吸收营养。同时,深水稻表现出非常好的伸长能力,当植株遭受淹水时,植株向上伸长的速度可以达到 $20\sim25cm\cdot d^{-1}$,最终植株伸长到7m。淹水引起的植株茎秆迅速伸长有利于氧气传送,二氧化碳固定,甲烷和硫化氢排放,风和昆虫的传粉,缺氧代谢最终产物的释放。植株茎节伸长归因于增加了细胞分裂活性和促进细胞伸长。ETH、ABA、GA 三种植物激素参与了环境信号诱导植株伸长的反应过程。深水稻已作为研究淹水与植株伸长应答反应的分子生物学模式植物。

(5)形成肥大皮孔

还有一些植物的茎秆和枝条皮层发育形成称为皮孔的疏水裂缝,氧气从皮孔进入茎秆基部,再扩散到根系。

淹水下,耐涝木本植物常在茎上形成肥大皮孔(Hypertrophied lenticles)。淹水引起桃、苹果、榅桲、梨、芒果、杨桃和伞房花越橘形成肥大皮孔,但是兔眼越橘即使淹水 100d,也不产生肥大皮孔。肥大皮孔的形成被认为是植株对水分过多的一种适应性反应。Larson 等观察发现,淹水胁迫下存活的芒果有肥大皮孔,由于淹水死亡的树则没有;当皮孔用矿脂(Petroleum jelly)或硅脂(Silicone grease)封闭起来,淹水的芒果树将在 3d 内死亡。

胞间隙增大表明肥大皮孔具有增加 O_2 的吸收和 O_2 向根运输的功能;此外,它还是有毒代谢物如乙醇、乙醛的分泌场所。

(6)根际氧化作用

形成有氧根际对植物适应水分过多的生态环境也非常重要。旱生植物遭受淹水胁迫后,土壤变成缺氧状态,根系处于还原环境,土壤中矿质营养也随之发生变化,过量的还原性物质对植物产生毒害。湿生植物具有通气组织和气体传导机制,根系能伸长到很深的厌氧土层中,因为根部的氧气可部分渗漏到根外,在根际形成一个有氧微环境,并在根的表面建立一个好氧的微生物群落。

对于植物利用矿物质营养而言,有氧根际的形成可以保护植物根系在淹涝胁迫条件下免遭重金属的毒害作用。缺氧环境下土壤中积累过量可溶性的 Fe^{2+}、Mn^{2+} 等还原性物质,有氧根际能使这些有毒还原性重金属进入细胞前发生氧化作用,变成难溶的氧化物,在根表面形成一层氧化铁膜,沉积在根表层上,阻止重金属元素过量进入细胞内。

如果把水稻与小麦根系浸在二价铁盐的溶液中,根系的氧化能力就很不同,水稻根系的氧化能力较强,使二价铁沉积在根的表面,而小麦根系的氧化能力很弱,二价铁多进入根内。

(7)代谢调节

无氧呼吸是植物潜在的代谢功能,当根细胞中氧浓度低于某一个阈值——临界氧分压(COP),植物自动以还原性中间代谢产物为末端电子受体,能量效率显著降低,每分子6-碳糖只产生 2 分子 ATP。它可作为一种补救途径以维持细胞存活。物种间以及同一品种不同基因型之间无氧呼吸速率有很大的差异。湿生植物除了其他适应机制以外,其无氧呼吸功能能强,酶活性高的特点,可以使其维持较高的能荷水平而正常生长。

淹水导致植物代谢以糖酵解和乙醇发酵为主,中间产物乙醛和末端产物乙醇的过量积累对细胞会造成一定的毒害效应。为了避免乙醇积累对根组织的伤害,植物利用其他方式,如乙醇渗漏到细胞外环境、通过木质部输导组织将乙醇从根部运送到叶片,来减轻根部乙醇过量积累。

3.逆境蛋白与植物耐涝性

淹涝同其他逆境胁迫一样会使植物的基因表达发生一系列变化,原来的好氧蛋白(Aerobic proteins)合成受到抑制,而同时形成了某些新的多肽,即厌氧蛋白(Anaerobic stress protein,ANP)。厌氧多肽中有一些就是糖酵解和乙醇发酵的酶类,如 ADH、丙酮酸脱羧酶、葡萄糖-6-磷酸异构酶、果糖-1,6-二磷酸醛缩酶和蔗糖合成酶。缺氧胁迫引起蛋白质合成方式的改变在许多植物的根组织中被观察到,如大豆、大麦、高粱、胡萝卜、豌豆、木棉等。淹水条件下,一些耐性组织中抗氧化系统酶(如 SOD)合成增加以抵抗活性氧的产生。William 等研究发现,低氧适应期间 46 种蛋白质的合成速率发生改变。最初 4h 内蛋白质合成的变化对随后缺氧胁迫时改善细胞质 pH 和度过缺氧胁迫的生存能力至关重要。

Mujer 等分离了湿生植物稗草的 6 个种及水稻根中的厌氧蛋白,发现它们有 5 种不同反应类型蛋白:第一类是缺氧胁迫刺激合成的蛋白(由 9~13 种肽组成),第二类是缺氧特异诱导蛋白(由 1~5 种肽组成),第三类是缺氧和有氧条件下保持稳定的组成型蛋白,第四类是只在有氧条件下占优势,缺氧条件下受抑制的蛋白(由 3~7 种肽组成),第五类是有氧条件下所特有的蛋白(由 1~4 种肽组成)。

根据代谢功能,可将缺氧条件下合成的蛋白质分成 3 个功能群:即调节糖类化合物进入糖酵解代谢的酶,如蔗糖合成酶、淀粉酶、己糖激酶;糖酵解代谢途径的酶,如醛缩酶、6-磷酸葡萄糖异构酶、3-磷酸甘油醛脱氢酶(GAPDH)、烯醇化酶;乙醇发酵途径的酶,如丙酮酸脱羧酶、乙醇脱氢酶。这些酶是植物在缺氧条件下完成从淀粉或蔗糖到乙醇全过程以获取需要的能量所必需的。

4.植物耐涝的基因表达

与植物耐涝渍相关的基因可分为 3 类:①糖酵解与乙醇发酵相关基因。这类基因最多,各代谢环节中主要酶的基因均在厌氧下增强表达。②结构、形态变异相关基因。如与细胞壁疏松化及通气组织形成有关的 XET 和纤维素酶基因,它们在厌氧条件下表达,受乙烯的诱导调节。③厌氧信号转导及激素调节基因。水稻中与乙烯合成相关的 ACC 合成酶受厌氧诱导,鸢尾草中 SOD 在缺氧下增强表达,说明它们的基因表达受厌氧调节。研究这类基因将有助于找到厌氧信号传递链和植物厌氧下基因表达共同的控制开关。

总之,植物适应淹涝胁迫的过程涉及植物细胞对环境信号的感应、传导,基因的转录、翻译调控,生理代谢途径的变化,亚细胞、细胞的结构改变,以及形态性状发生的改变等。

本章小结

水分胁迫包括旱害和涝害。旱害是指土壤水分缺乏或大气相对湿度过低对植物的危害。植物对干旱胁迫的抵抗与忍耐能力称为抗旱性。植物的干旱包括大气干旱、土壤干旱和生理干旱。干旱使植物根系吸水受抑、打破植物水分平衡、气孔关闭、植株萎蔫、蛋白变性、酶系统与激素受到干扰、呼吸作用发生改变,严重地影响生长和产量。

植物根据对水分的需求,可分为水生植物、中生植物和旱生植物。抗旱植物的形态结构和生理生化有其特征,可通过避旱性、御旱性和耐旱性来适应干旱环境。

旱害的核心问题是原生质脱水。由于水分亏缺,改变了膜的结构及透性,破坏了植物正常代谢,如光合作用减弱、呼吸速率总体下降、蛋白质分解、脯氨酸积累、破坏核酸代谢、激素比例变化、物质分配异常，干旱还造成细胞机械性损伤。

提高植物抗旱性可采取抗旱锻炼、化学诱导、合理施肥及生长延缓剂与抗蒸腾剂的使用，发展旱作农业等措施。

植物抗干旱的生物学基础包括协调膜脂过氧化与保护酶、渗透调节物质的变化等。植物在干旱胁迫下，产生相应的生理变化并诱导特定相关基因的表达，这些生理变化与相关基因的表达可能会减少植株在干旱胁迫条件下带来的伤害，如干旱逆境蛋白的诱导形成。

水分过多对植物的危害称为涝害，植物对积水或土壤过湿的抵抗与忍耐能力称为植物的抗涝性。淹涝胁迫使植株结构改变、代谢紊乱、营养失调、激素变化、生长受抑。

植物涝害的机理包括饥饿伤害、代谢有害产物积累、pH平衡打破、自由基伤害、土壤有毒物质危害等。

植物的抗涝能力因各种因素而发生变化，其抗涝性的强弱决定于对缺氧的适应能力，如形态结构特征和生理生化特征。淹涝对植物生理代谢如呼吸作用、光合作用、矿质营养、植物激素等的影响极大。

植物耐涝的适应包括根系分布状况、产生不定根、形成通气组织、茎秆伸长、皮孔肥大、根际氧化作用、代谢调节等。厌氧蛋白的形成和耐涝相关基因的表达使植物低氧适应能力进一步提高。

复习思考题

1. 讨论植物旱害的概念与干旱的种类。
2. 植物抗旱的形态与生理有哪些特征？
3. 干旱胁迫下植物可能发生什么生理生化变化？
4. 试分析提高植物抗旱性的方法及其机理。
5. 讨论植物涝害的表现及其机理。
6. 试分析植物耐涝的形态和生理适应对策。

第八章　光胁迫与植物抗性

一、太阳辐射与植物的适应性

（一）太阳辐射与光合色素

1.阳光波长范围

光是电磁辐射的一种形式，阳光是由波长范围很广的电磁波组成的，主要波长范围是150～4000nm，其中人眼可见光的波长在380～760nm，可见光谱中根据波长的不同又可分为红、橙、黄、绿、青、蓝、紫7种颜色的光。波长小于380nm的是紫外光，波长大于760nm的是红外光，红外光和紫外光都是不可见光（图8-1）。在全部太阳辐射中，红外光占50%～60%，紫外光约占1%，其余的是可见光部分。波长越长，增热效应越大，所以红外光可以产生大量的热，地表热量基本上就是由红外光能所产生的。紫外光对生物和人有杀伤和致癌作用，但它在穿过大气层时，波长短于290nm的部分将被臭氧层中的臭氧吸收，只有波长在290～380nm的紫外光才能到达地球表面。在高山和高原地区，紫外光的作用比较强烈。可见光在光合作用中被植物所利用并转化为化学能。

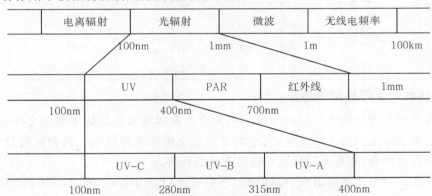

图8-1　太阳的电磁光谱及紫外线辐射的分布

注：PAR，光合有效辐射（Photosynthetic active radiation,）；UV，紫外线（Ultraviolet）

2.光合色素的吸收光谱与能量水平

光合色素（Photosynthetic pigments）主要有3类，分别为叶绿素类（Chlorophyll）、类胡萝卜素类（Carotenoid）和藻胆素类（Phycobilin）。不同的光合色素有不同的吸收光谱（Absorption spectrum）。光合色素对光能的吸收具有明显的选择性，叶绿素主要吸收红光和蓝光，类胡萝卜素的最大吸收峰在蓝紫光处，藻胆色素主要吸收红橙光和黄绿光。在可见光谱中，波长为620～760nm的红光和波长为435～490nm的蓝光对光合作用最为重要。

光具有波粒二象性。光是以波的形式传播的，不同能量的光以不同的波长传播。光又是一种运动着的粒子流，这些粒子称为光子（Photon）或光量子（Quantum）。通常用光量子密度(Photo flux density)表示光照强度,单位为 μmol·m^{-2}·s^{-1}。不同波长的光所含能量不同,它们的关系如下:

$$E = Lh\nu = Lhc/\lambda$$

式中 E 代表每摩尔光子的能量(J·mol^{-1}),L 是阿伏伽德罗(Avogadro)常数(6.023×10^{23}mol^{-1}),h 代表普朗克(Planck)常数(6.626×10^{-34}J·s),ν 代表辐射频率(s^{-1}),c 代表光速(3.0×10^8 m·s^{-1}),λ 代表波长(nm)。从式中可以看出,由于 L、h、c 全为常数,光量子的能量取决于波长,光波越短所含能量越大;反之,光波越长,能量越小。

下面以波长为 650nm 的红光为例,计算每摩尔光子的能量。

$\nu = c/\lambda = 3.0×10^8/6.5×10^{-7} = 4.6×10^{14}$(1nm=10^{-9}m,故 650nm=6.5×10^{-7}m)

$E = Lh\nu = 6.023×10^{23}×6.626×10^{-34}×4.6×10^{14} = 184$kJ

光子的能量也可用电子伏特(eV)表示。1eV 就是一个电子通过 1V 电位时所获得的能量,它等于 1.6×10^{-19}J=1.6×10^{-16}kJ。如果一分子物质获得 1eV 的平均能量,则这 1mol(6.023×10^{23}个分子)的总能量可知为 9.64×10^{4}J=96.4kJ。故 $E = 184×96.4^{-1} = 1.91$eV。

不同波长的可见光所含能量列于表 8-1 中。

表 8-1 不同波长可见光能量水平

波长 (nm)	颜色	能量		
		kJ·mol^{-1}	kcal·mol^{-1}	eV·mol^{-1}
700	红	171.0	40.87	1.77
650	橙红	184.0	43.98	1.91
600	黄	199.5	47.68	2.07
500	蓝	239.5	57.24	2.48
400	紫	299.3	71.53	3.10

(二) 植物对太阳辐射的适应

自然界中光是变化最大的环境因素。一天中光强和光质始终处于变动之中,一年中每天的光照长度会发生周期性的变化,气候的变化也会影响光照情况。植物可通过各种方式适应太阳辐射的改变,避免光照胁迫对植物造成的伤害。

植物对太阳辐射变化的适应,可以分为环境适应(Environmental adaptation)和遗传适应(Genetic adaptation)。

1. 环境适应

植物对辐射的环境适应又分为调节适应(Modulative adaptation)和诱交适应(Modificative adaptation)。

(1)调节适应

调节适应指的是植物对环境中太阳辐射短暂变化迅速表现出的反应。例如,向日葵头状花序在光的刺激下随光入射方向发生的运动。禾本科植物叶中泡状细胞在不同光强下对叶片卷折程度的调节和某些干旱地区植物在强光下叶片的对折等,以及对于这样短暂变化而发生的一系列主要反映在光合作用方面的功能性适应。调节性适应的特点是发生快,作用比较显著,但往往又很有限,当环境中的辐射恢复到原先状态时,迅速出现的适应行为也会很快随之消失。

（2）诱交适应

诱交适应是植物生长期间，对于平均辐射条件所形成的反应。与调节适应所不同的是，诱交适应情况下，植物所遇到的辐射条件相对个体发育而言是持久和稳定的，条件的变化均不超过植物的生态幅，而植物在结构上和功能上的适应特征一旦形成后，便会被保持下去。但是与调节适应一样，这样的适应特征并不遗传。诱交适应也是自然界的普遍现象。例如，适应于荫蔽的植株，生有扩展的叶表面，叶绿体内含有较多的叶绿素和辅助色素，而暴露在较强辐射下的植株则发育有较好的水分输导系统，叶子生有几层叶肉并含有大量叶绿体的细胞。这样的特征，在同一植株处于不同辐射状况下的阳生叶和阴生叶之间也能看到。由于结构适应和有效代谢处理的结果，适应强光的植株可形成较多的含能较高的干物质，并有较高的能育性，与之相反，适应于弱光的植株则表现为干物质生产和蛋白质合成率降低，呼吸作用与水分周转减弱，这些特征能使它们在只有中等能量可被利用的地方旺盛生长。

2. 遗传适应

植物对辐射的遗传适应又可称为发育适应（Evolutive adaptation），是一种建立在基因型变化基础上的可利用辐射的适应。这样的适应决定了不同种植物和生态型在分布上的生态学差异。在自然界中，植物的遗传适应分化显然与其分布的环境有着密切的关系。

3. 植物的光照适应类型

由于植物生长环境的不同，因而在种间和种内形成了对太阳辐射强度需要和抗性不同的基因型分化，显示出不同的遗传适应。根据植物这种适应状况的不同，一般可将植物分成阳生植物（Heliophytes 或 Sun plants）、阴生植物（Sciophytes 或 Shade plants）和耐阴植物（Tolerant plants）。阳生植物是只有在全光照下才能正常生长发育的植物，这类植物在水分、温度等条件适宜的情况下，往往在日光下并不会发生光照过剩的情况。许多 C_4 植物、C_3 植物以及生长在高山、荒漠和海滨开阔生境下的植物属于这种类型。阳生植物对强光有较好的抗性，但它们却不能耐荫蔽。阴生植物的情况则与之相反，它们对荫蔽有极好的耐性，但抗强光的能力却很弱。生活在较深水层下的水生植物、许多林下的草本、灌木和孢子植物都属于这样的类型。耐阴植物为介于阳生植物和阴生植物之间的类型，是自然界植物的主体。

在自然界中，由于存在着遗传上对环境中辐射状况具有不同反应规格和特殊适应潜力的基因型，根据结构与功能上的复杂表现还可以做出比上述更细的分类。如有人将植物分成专性阳生植物、兼性阳生植物、专性阴生植物和兼性阴生植物等，但至今这方面还没有严格而统一的标准和方法。有人提出以达到光合作用饱和时所需的光强为依据，将光强为全光照 1/5 以上的划为阳生植物，在全光照 1/10 以下的划为阴生植物。然而，植物在自然界的情况往往并不那么容易为某一方面的标准所统一，许多植物随年龄的不同对光强的需要和抗性也不相同，幼年可能是阴生植物，成年则为阳生植物；随地理位置的变化植物对光强的需要和抗性也会发生变化。如北方的植物迁移到南方，其耐阴性会增强，而南方的植物迁移到北方情况则相反。有时环境中其他条件配合的不同，同样也要影响到植物对光照的需要和抗性。同一种植物在干旱、瘠薄的土壤上生长，所要求的光照要比在肥沃、湿润的土壤上的多。而在自然界中植物所接受的许多间接影响和它们的某些特殊需要往往还会干扰人们对植物的辐射需要及其对光强抗性的认识。例如，有些植物在全日照下生长得更好，可能是由于它们对热的要求较高，或者是在强光下出现的干旱有利于它们根系的生长和分布，以便得到更多的水分和养分等。植物对荫蔽环境的需要也有这种复杂情况。因此,我们对植物遗传适应的研究和观察,必须充分认识到这样的复杂性,这在理论上和实践上均有重要的意义。

4.光形态建成与光受体

光对植物生长既有间接作用,也有直接影响。其间接作用是作为光合作用的能源,为植物生长提供必要的物质和能量;其直接影响是指光对植物形态建成的作用。由光控制植物细胞的分化、结构和功能的改变,亦即光控制形态发生的过程,称为光形态建成(Photomorphogenesis)。

植物的光受体可以感受不同波长、强度和方向的光所提供的信号。包括光敏素(Phytochrome),吸收红光及远红光区域的光;隐花色素(Cryptochrome),吸收蓝光和近紫外光区域的光;紫外光-B(UV-B receptor)受体,吸收280～320nm的紫外光等类型。

光敏素有两种类型:红光吸收型(Red light-absorbing form,Pr)和远红光吸收型(Far-red light-absorbing form,Pfr),两者的光学特性不同。Pr的吸收高峰在660nm,而Pfr的吸收高峰在730nm。Pr和Pfr在不同光谱作用下可以相互转换。当Pr吸收660nm红光后,就转变为Pfr,而Pfr吸收730nm远红光后,会逆转为Pr。Pfr是生理激活型,Pr是生理钝化型。隐花色素是吸收蓝光(400～500 nm)和近紫外光(UV-A,320～400nm)而调节形态建成、新陈代谢和向光性等的一类光受体。UV-B受体的作用光谱在290～300nm有一峰。在紫外光诱导下,表皮细胞中形成能够吸收UV-B的花青苷和黄酮类物质,可能是植物的一种自我保护反应。

二、强光胁迫与植物抗性

(一)强光胁迫与光保护作用

1.强光与强光胁迫

在正常条件下,植物能够通过各种调节过程,精确地控制和调节光能在光系统间的平衡分配,使光合作用高效地进行。但是在许多情况下,外界的光照常超出植物的调节范围,如在夏日的高光照条件下,植物吸收的光能常超出植物所能利用的范围,多余的能量会造成植物的损害。

高等植物光合作用所吸收光的波长为400～700nm,故此范围波长的光称为光合有效辐射(Photosynthetic active radiation,PAR)(图8-1)。当PAR超过植物的光合作用光补偿点(Light compensation point)以后,光合速率随着光照强度的增加而增加,在光饱和点(Light saturation point)以前,是光合速率上升的阶段;超过光饱和点以后,光合速率不再上升,如果光照太强,光合速率会随光强增加而降低。超出光饱和点的光强为强光(High light 或 High radiation),强光对植物可能造成的危害为强光胁迫(High light stress 或 High radiation stress)。

不同地区、不同植物,甚至同种植物的不同发育期等,强光有着不同的标准。阳生植物在饱和光强下光合速率较阴生植物高得多,而且光补偿点也高。强光对植物的胁迫主要体现在:影响光合速率造成光合"午休"、增加光呼吸、影响植物生长发育和繁殖进程甚至改变其成分等。而强光是否会形成胁迫还与其他环境因子(包括自然环境和生物环境)有关,如空气的温度、湿度、CO_2浓度、植株营养水平,特别是植物本身的生物学特性以及它生长的地理位置等。

植物对强光胁迫适应有多种多样的方式,如改变光合特性以适应强光环境;植物不同部位的叶片对强光胁迫的耐受能力不一样;增加叶片细胞中叶绿素的含量;喜阴植物极易受到光胁迫的影响,喜光植物则不易受影响。

2.植物的光保护作用

光能是光合作用的基本要素。捕光色素复合体使光能可以更为有效地传递到光反应中心,在强光下,这又可能使传递到光反应中心的激发能超出光系统可以利用的能量,而"多余"的能量将导致光合系统的破坏。实际上,在绝大多数情况下即使是光合效率较高的阳生植物也不可能利用吸收所有的光能。因此植物的光保护机制对于植物的生存是至关重要的。

植物在长期的进化中形成了多层次的防御机制,称为光破坏防御,也叫光保护作用(Photoprotection),以保障其在多变的光照条件下(在许多情况下是伤害性的)进行高效的光合作用的同时,不受到光的伤害(图 8-2)。

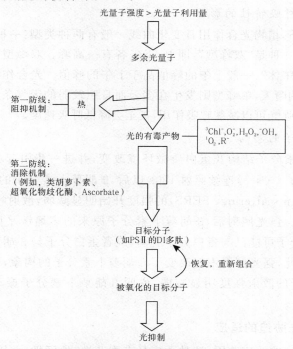

图 8-2　光合系统的多层次光保护和修复机制

(二)强光对植物的影响

1.强光对植物发育的影响

强光对植物形态和各器官在整个植株中的比例有一定影响。如甘薯在强光影响下,其薯蔓的生长虽受到抑制,却有利于薯块的形成,因而甘薯生长过程中受到一定时期的强光照射,有利于增加产量。棉花在生育期内,尤其是开花到吐絮期间持续强光天气,对于其产量和品质的形成十分有利。苎麻叶片有一定的趋光性,在强光日数较多的条件下生长旺盛、分枝多、麻皮厚、纤维产量高。

通常光饱和点低的阴生植物更易受到强光危害，若把人参苗移到露地栽培，在直射光下，叶片很快失绿，并出现红褐色灼伤斑，使参苗不能正常生长。用不同光照处理石斛，在5000LX下，石斛节间较长，茎秆纤弱，叶色深且无光泽，增长不明显，而20000LX下则茎秆粗壮，叶片肥厚，新生根较多。如果继续增大光强，达到40000LX时，节间短，叶片小，且伸展度小，叶色浅，有的叶片出现卷曲。

黄连为阴生植物，长年生长在林下阴湿的环境，因而形成了怕强光，喜弱光的特性。遮阴度大的黄连的叶面积明显大于强光下的黄连，因而叶片捕获太阳辐射的效率提高。强烈的阳光照射，会使叶片枯焦而死亡，尤其是幼苗期的黄连，对光的抗性更弱，如果荫蔽不良，遇到中午烈日暴晒，苗子就会被晒死。据报道，黄连的光饱和点为全日照的20%左右，用不同层数的纱布遮罩黄连植株，罩两层纱布的植株生长最好，叶色绿而大，随着纱布层数的增加，叶色由绿色转为深绿色再转为蓝绿色，叶数及根茎的分枝数减少。对不同林间荫蔽度下黄连生长的调查，结果与此一致。荫蔽度大，有利于黄连苗的生长成活，而荫蔽度适当，则有利于叶数、分蘖数、折干率的提高。

2.强光对光合与呼吸特性的影响

在自然环境条件下，植物光合作用日变化曲线一般有两种类型：一种是"单峰型"，即中午以前光合速率最高；另一种是"双峰型"，即上、下午各有一高峰。双峰型光反应曲线在中午前后的低谷就是所谓的"午休"，一般上午的峰值高于下午的峰值。光合作用日变化曲线的双峰型多发生在日照强烈的晴天，单峰型则发生在多云而日照较弱的天气条件下。强光对呼吸作用的影响主要表现为，强光可以减缓呼吸作用，甚至会降低呼吸速度。

3.强光对植物分子的影响

强光可能导致色素分子结构及蛋白质微环境改变，并进一步引起光破坏。当植物叶片用强光（$2500\mu mol \cdot m^{-2} \cdot s^{-1}$）连续照射150s以后，β-胡萝卜素分子的表面拉曼谱（Surface enhancement of Raman scattering, SERS）的强度开始明显减弱，散射峰的线宽也有增加，其信噪比也大大降低了。强光照射后，β-胡萝卜素分子原来的多烯链平面扭曲构象发生了变化，表明β-胡萝卜素分子可能已与蛋白分子脱离，或者蛋白分子与β-胡萝卜素分子结合区的构象发生了变化。因此，强光照射不但改变了β-胡萝卜素分子的构象，而且也改变了其微环境，使β-胡萝卜素分子的散射强度明显减弱，说明β-胡萝卜素分子振动状态随光照发生了变化。

（三）植物对强光胁迫的适应

植物对强光有一定的适应范围，这种适应具有季节性、地区性，并因物种而异。在强光、高温、低CO_2浓度的逆境下，C_4植物比C_3植物有更高的生产能力，因此C_4途径的植物具有更大的优势。C_4植物甚至能把最强的光用于光合作用，它们的CO_2吸收量是随光强而变化的；C_3植物则很容易达到光饱和，因而不仅不能充分利用太阳辐射，甚至会由于强光而产生光合速率的"午休"。阳生植物能利用强光，而阴生植物在强光下却往往遭受光胁迫而受到危害。

植物对于强光的适应能力，表现在以下几个方面。

1.调整形态结构

植物通过各种方式减少光能的吸收，以达到降低强光破坏的目的。叶片是光能吸收的主要器官,减少叶面积,在叶表面形成毛或表面物质,改变叶与光的角度等都可以降低光能的吸收。如在高光照的地区,植物叶片常较小;在干燥、高光照的沙漠地区一些植物的叶变态为刺(当然这和水分平衡也是有关的);一些植物叶的表面形成叶毛结构,形成角质或蜡质层,不仅可以减少水分的散失,而且也可以减少光的吸收。

2.阳生叶与阴生叶的形成

植物对强光的适应是多方面的,有的仅对高强度光照起到防护作用,有的可以同时对光照和其他因子的胁迫起到免受或少受损害的作用。从形态学和解剖学方面看有阳生叶与阴生叶的形成。阳生叶与阴生叶间的差异可见表 8-2。

同种植物的相同个体上,不同部位叶片对强光胁迫的耐受能力也有差异。常可以看到在同一株植物体上,由于所处光照情况的不同而形成结构特征、化学特征和功能均有差异的阳生叶和阴生叶。

阴生叶与一般阳生叶及全阳生叶对光的响应趋势虽然基本一致,但阴生叶光饱和点不到 $500\mu mol \cdot m^{-2} \cdot s^{-1}$,远低于阳生叶。树冠上层的全阳生叶可获得比一般阳生叶高的光照强度,它们在高光下的光合速率也大于一般阳生叶,这说明不同类型叶片已经对各自的生境产生了不同的适应性。青冈和欧洲山毛榉阳生叶的光补偿点夏季大于秋季;而光饱和点则为秋季大于夏季,说明光能利用能力为秋季大于夏季。两树种的光补偿点均为阳生叶大于阴生叶,而阳生叶的光饱和点可高达阴生叶的 10 倍之多,说明同一植株上叶片对于光强已产生了适应和分化。

表 8-2　阳生叶与阴生叶间的差异

特征	阳生叶	阴生叶	特征	阳生叶	阴生叶
结构特征			木质素	+	—
叶的表面积	+	—	类脂质	+	—
叶肉厚度	+	—	各种酸	+	—
细胞间隙系统(内表面)	+	—	花色素苷、黄酮	+	—
细胞数	+	—	灰分	+	—
叶脉的密度	+	—	Ca/K 比	+	—
表皮细胞外壁与角质层厚度	+	—	叶绿素 a/b	+	—
气孔密度	+	—	光系统 I	+	—
单位叶面积上的叶绿体数	+	—	光系统 II	+	—
包裹叶绿体膜系统的密度	+	—	叶绿素/叶黄素	—	+
化学特征			叶绿素/紫黄素	—	+
干物质	+	—	功能特征		
新鲜组织含水量	—	+	光合能力	+	—
细胞液的浓度	+	—	呼吸强度	+	—
淀粉	+	—	蒸腾作用	+	—
纤维素	—	+			

注:"+"表示高的速率或大的数量;"—"表示低的速率或小的数量。

3.叶片的运动

许多高等植物,在适应太阳辐射入射角度的改变,保证吸收更多光能方面,存在着追踪日光的现象,而当它们遭受到一定的环境因子胁迫时,它们同样可以通过叶片的活动来避开高强度光照的损害。例如,酢浆草属植物 *Oxalis oregano*,这是一种典型的阴生植物,当它的叶子受到太阳光斑照射时,叶子便能迅速地运动,使其始终处在一种荫蔽的位置上,从而避开强光的损害。阳生植物中也有些植物可依靠调节叶片的角度回避强光,比起那些结构上使之不能活动的叶子,能迅速运动的叶子往往不易出现光抑制现象。

4.改变光合特性

在自然光照下,同种植物处于不同的生境中光饱和点是不相同的。在林下生境中,升麻的光合作用——光响应曲线在 $80\mu\mathrm{mol}\cdot\mathrm{m}^{-2}\cdot\mathrm{s}^{-1}$ 就已经变得相当平滑了,呈现出饱和的趋势。而对林窗生境来说,曲线在 PPFD 为 $198\mu\mathrm{mol}\cdot\mathrm{m}^{-2}\cdot\mathrm{s}^{-1}$ 时远没有达到饱和状态,在林缘中 PPFD 为 $600\mu\mathrm{mol}\cdot\mathrm{m}^{-2}\cdot\mathrm{s}^{-1}$ 时仍未见饱和。这说明光合有效辐射的差异能导致光合特性的变化,植株通过改变光合特性来适应相应的环境条件,以捕获更多的光能,提高光能的利用效率。

植物细胞还可以通过改变光合组分的量,减少光能吸收或加强代谢,达到降低光破坏的效果。例如,在弱光下生长的植物叶绿体中 LHC 的含量常高于强光下生长的植物叶绿体的含量,LHC 在类囊体膜中含量的改变可以改变中心色素的面积,从而改变光能的吸收量。此外,弱光下的植物叶绿体中心反应中心复合体的含量常少于强光下的,强光下较多的光反应中心复合体有利于消耗较多的光能从而减少激发能在光反应中心的积累。再者,当光强增加时,与电子传递链有关的组分和 Rubisco 等的含量也增加,因此电子传递速率和 CO_2 固定增加。这样就有较多的光能被利用,也就减少了激发能的积累。

5.叶绿体及叶绿素的变化

除叶子的运动外,叶绿体也有类似的运动能力。在许多植物中,叶肉细胞的叶绿体可以随入射光强度改变其在细胞中的分布。在弱光下,叶绿体以其扁平面向着光源,并散布开以获得最大的光吸收面积;而在强光下,叶绿体则以其窄面向着光源,并沿光线排列相互遮挡以减少光的吸收面积。此外,在强光下,叶绿体光合膜上叶绿素 a/b-蛋白复合体的量会减少,基粒垛叠的程度降低,体积变得狭小,甚至类囊体的数目也少。

强光胁迫对植物叶片的叶绿素含量有影响。同一生境中的羊草有灰绿型与黄绿型,对光辐射强度的响应有不同程度的变化。灰绿型羊草与黄绿型羊草的光饱和点与补偿点不同。灰绿型羊草对光强度响应相对迅速,有较高的饱和光合速率,但它的光补偿点、饱和点却低于黄绿型羊草。一般说来,较高光辐射条件下植物的叶色较深,叶片叶绿素含量也相对较高。

(四)植物光合作用的光抑制

当光合机构接受的光能超过它所能利用的量时,光会引起光合活性的降低,这个现象就叫光合作用的光抑制(Photoinhibition of photosynthesis)。光抑制现象的最明显特征是光合效率的降低。在没有其他环境因素胁迫的情况下,晴天中午许多植物冠层表面的叶片和静止的水体表层的藻类经常发生光抑制。由于发生光抑制的前提是光能过剩,所以,任何妨碍光合作用正常进行而引起光能过剩的因素,如低温、干旱等,都会使植物发生光抑制。早期研究中考虑较多的是光抑制的破坏作用,而近年来不少人已把它看成是一个可调控的、保护性的耗散过剩能量的过程。光抑制不一定就造成光破坏(Photodamage)。光抑制造成光合速率下降的幅度在 10% 以上。

1. 光抑制的基本特征

从叶片气体交换的角度看,强光下 CO_2 同化(或 O_2 释放)量子效率及光饱和光合速率的下降是光抑制最显著的特征。然而,当量子效率的下降只是由于某种形式的过量激发能的耗散,而不是由于光合机构的破坏时,光饱和时的光合速率可能不发生变化。另外,由于光饱和光合速率受叶龄和叶片发育期间环境条件的影响,即使在非胁迫条件下,其数值也不恒定,也就是说没有可靠的"对照值",因而很难用它去定量地估计叶片遭受光抑制的程度。

而量子效率则不同,它在非胁迫条件下相当恒定。通常用吸收 CO_2 的分子数或释放 O_2 的分子数与所吸收的光量子数之比表示量子效率。从光抑制的现象看,其主要是光合作用量子效率的降低,即用于光化学反应的量子数与吸收的光量子数之比值的降低。据测定,植物在 CO_2 饱和条件下的量子效率均为 $0.106 \pm 0.004 \mu mol\ CO_2 / \mu mol\ light$,并不受叶片类型和生长条件的影响。因此,量子效率看来是用来定量地估计抑制程度的较好指标。虽然光系统 II(Photosystem II,PS II)电子传递活性降低也是光抑制的一个特征,但它远不如量子效率那样便于观测(特别是连续观测)和准确地反映活体中的情况。

光抑制的特性取决于植物所吸收的光能超出其光合作用所需的大小。光抑制可分为两种类型。第一种是指当所超出的光能并不是很多时,虽然光合的量子效率下降,但光合作用的最高速率并不受影响。这种量子效率的下降通常是暂时的,当光强下降到饱和光强以下时可以恢复其原来的水平。这种光抑制反应称为动态光抑制(Dynamic photoinhibition)。动态光抑制的量子效率下降是植物将所吸收的多余光量子转变为热能而耗散掉的结果。第二种是指当多余的光能不能被完全转化为热耗散掉时对光系统造成的伤害,这样的伤害不仅导致量子效率的降低,同时也使光合最高速率下降,光合机构遭到破坏,而且这种光抑制是较长期的,可以持续数周,甚至数月。这种光抑制反应称为慢光抑制(Chronic photoinhibition)。动态光抑制反映了植物对光能的调控机制;而慢光抑制则表明多余光能已经超出植物可能的调节范围而对植物造成了伤害,因此植物不仅要将多余的光能耗散掉,同时还需要对受损伤的光合系统进行修复。

2. 植物对光抑制的敏感性

植物对光抑制条件的敏感性受遗传因素和多种环境因素的影响。一般来说,阴生植物比阳生植物敏感,阴生条件下生长的阳生植物比阳生条件下生长的同一种植物敏感。

自然条件下,由黑暗到强烈阳光照射,光量子通量密度最大可达到 $2000 \mu mol \cdot m^{-2} \cdot s^{-1}$。在低光下,大约 80% 的光能被植物吸收利用。对阳生植物来说,在强光的一半时可能达到光饱和,光能的利用率为 25%,强光下光能利用率则下降为 10%;而阴生植物,只需强光的 5% 就可能达到光饱和,光能利用率更低。通常阴生植物比阳生植物对光的敏感性更高,在高光强下生长的植物比在低光强下生长的植物有更高的光能利用率。

在没有光以外的其他环境胁迫时,中午强光下 C_3 植物较 C_4 植物容易发生光抑制。在夏季,干旱地区高温、缺水常与强光同时发生,高等植物光合作用过程中的光抑制现象较为普遍,多数 C_3 植物在强光下都会发生光抑制,强光下光合作用不能利用的多余能量使光合速率(P_n)、表观量子效率(AQY)和 F_v/F_m 下降,严重时会对叶片的光合机构造成不同程度的伤害。冬季,不少低温地区冰冻往往与强光并存,越冬植物菠菜、欧洲油菜、冬小麦以及洋常春藤等发生明显的光抑制。在光抑制的过程中,强光是引起光抑制的主要因子。但温度、水分、营养缺乏、盐分等逆境胁迫时,即使光照不太强,也会产生光抑制现象。这是由于,各种环境胁迫因素都不利于光合作用的进行,以致光合机构对光能的利用减少,光能过剩的程度增加,而且还都不利于光胁迫破坏的修复过程。这些研究不仅表明了自然条件下光抑制的普遍性,而且也意味着光抑制研究在农、林业科学和生产上具有重要意义。

3. 光抑制的作用机理

光抑制引起的光合机构的破坏一般认为主要部位在光反应中心。光抑制是由光合电子传递系统失活造成的,离体的类囊体加入电子传递抑制剂可观察到光抑制。光合电子传递是从 PSⅡ反应中心色素(P680)电荷分离开始的,电子从供体 Z 传到原初电子受体 Q_A 和次级电子受体 Q_B 发生光抑制时,主要是从 P680 到 Q_A 电子传递受阻。

植物在强光下发生光抑制,主要部位在 PSⅡ。研究表明 D1 蛋白是光破坏的主要目标,光破坏的机制是以活性氧作用为基础的。植物发生光抑制至少有两个机制:一个是受体侧的光抑制,强光下 PSⅡ中 Q_A 的双还原抑制了通过 Q_A 的电子传递,导致电荷对的重组,形成三线态叶绿素(^{3}P680),^{3}P680 与附近 O_2 反应生成 $^1O_2$,$^1O_2$ 使 D1 蛋白降解和色素分解。另一个是供体侧的反应不能有效地还原 P680,使供体侧发生强氧化势的积累,以致电子传递失活,蛋白及色素受损,从而引起光抑制。

在光抑制过程中氧的作用是复杂的。氧参与的 Mehler 反应的光呼吸可能有防御光抑制破坏的作用。但是,如果形成的活性氧不及时清除,则对光合机构有害。在有氧条件下光抑制处理会引起多种膜蛋白及膜脂的破坏。

由于光以外其他多种环境胁迫因素本身都对光合作用有抑制甚至破坏作用,所以当它们与强光同时存在时问题就更复杂化。在光抑制条件下,电子传递活性受抑制,而光合磷酸化不直接受强光的影响。光合作用的光抑制可以导致一些光合碳代谢酶活性的下降。在无 CO_2 的条件下菠菜叶绿体经强光处理后,TCA 中间产物 RuBP 减少,而果糖-1,6-二磷酸(Fructose-1,6-bisphosphate,FBP)增加,表明 RuBP 再生受到限制。同时,RuBP 羧化酶活性下降,这可能与叶绿体基质的酸化有关。无 CO_2 条件下,强光处理使玉米的苹果酸脱氢酶和丙酮酸磷酸双激酶以及小麦的 RuBP 羧化酶失活。光合碳代谢酶以及一些代谢物库的变化可能是光抑制过程中的次发事件。

热耗散(Thermal dissipation)的增加是一种不发生光合机构破坏的光抑制机理。有证据表明,体内光合作用的光抑制是由天线色素或反应中心激发态叶绿素热耗散的增加引起的,反应中心复合体组分并不受到破坏。在这种情况下,叶绿素的可变荧光和弱光下的光化学效率也降低了。

4. 植物对光抑制的防御

植物在强光下可能发生光抑制,因此,植物在进化过程中形成了各种各样的光保护机制来最大限度地减轻或避免强光可能造成的潜在伤害。这些光保护机制包括:①通过叶片角度的变化、叶绿体的运动和蜡质层的增厚等,可以使叶片直接减少对光能的吸收;②通过状态转换、环式电子传递、D1 蛋白的周转、抗氧化分子和酶系统等分子机制的保护进行保护性调节;③通过天线系统非辐射耗散将过剩的光能以热能的形式消耗掉等。第一种机制是植物本身的生理特性,可以进行长期的光保护,而后两种则是在光抑制条件下植物所做出的即时响应,可以在短期内为植物提供有效的光保护。植物通过所有这些光保护机制的协同作用,最大限度地避免和减少光抑制所造成的伤害。

类囊体腔的 pH、天线复合体的聚集等因素对非光化学猝灭有一定的调控作用。在非光化学猝灭途径中,叶黄素循环(Xanthophyll cycle)在保护光合机构避免强光破坏中起重要作用。叶黄素循环是指叶黄素的 3 个组分,紫黄质(Violaxanthin,V)、环氧玉米黄质(Antheraxanthin,A)(也称花药黄质)和玉米黄质(Zeaxanthin,Z)依照光照条件的改变而相互转化。

V 两次脱环化分别形成 A 和 Z,此反应受抗坏血酸(AsA)的氧化作用驱动。逆反应在 Z、O_2 和 Fd 或 NADPH 存在下形成 A 和 V。植物在暗中和弱光下,叶黄素循环组分以 V 为主,当叶片吸收的光能超过光合作用利用时,产生过剩光能,V 转化成 A 和 Z。

叶黄素循环存在于所有的高等植物、蕨类、苔藓和一些藻类的类囊体膜上。当用强光照射植物叶片时,就会导致 Z 的积累,但只要吸收的光能不过量,就不会发生 V 的去环氧化反应。热耗散过程可通过叶绿素荧光的变化反映出来,而 Z 的含量与热耗散有密切的关系。随着光强的增加,Z 的含量提高,当光强下降时,Z 向 V 转变。

三、弱光胁迫与植物抗性

(一)弱光胁迫与植物的耐荫适应

1.弱光与弱光胁迫

因遗传及生长环境的差异,不同植物对光照的反应不同。因而可将植物分成阳生植物、阴生植物和耐阴植物。弱光(Low light 或 Low radiation)对植物生长发育的不利影响称为弱光胁迫(Low light stress 或 Low radiation stress)。

所谓的弱光胁迫有相对意义。如阳生植物和阴生植物本身对光照的要求存在差异。但对每一种植物来说,都存在着影响其生长的弱光逆境和限制其生存的最低光照强度。因此对这个问题的研究,既要研究其共同的一般规律,也要注意不同植物适应弱光所具有的不同特性。有人认为,环境光强持久或短时间显著低于植物光饱和点,但不低于限制其生存的最低光照强度时的光环境,可以称为弱光胁迫。

弱光胁迫对植物生长和农业生产有很大的影响。如设施覆盖物和骨架结构遮光及冬春季节经常出现雨、雪、连阴天等不良气候条件,使设施内的植物经常在弱光逆境中生长,有时设施内的光照强度只有自然光照的 10% 左右。如此弱的光照会造成作物徒长、光合能力和抗病虫害的能力下降,对于那些产品器官为果实的作物,弱光还会影响到开花、坐果及果实的发育,最终导致产量和品质的下降。

2.植物的耐荫适应

植物耐荫性(Shaded-tolerance 或 Shade-adapted)是指植物在弱光照(低光量子密度)条件下的生活能力。这种能力是一种复合性状。植物为适应变化了的光量子密度而产生了一系列的变化,从而保持自身系统的平衡状态,并进行正常的生命活动。

植物对弱光的抗性一般表现为两种类型,即避免遮阴和忍耐遮阴。

(1)避免遮阴

植物体或某些器官、组织,在生长发育中会不断调整,从而避开遮阴弱光的影响,以便在适宜的环境条件下完成生命周期或重要的生育阶段。具有避免遮阴能力的植物中先锋树种表现明显。当轻度遮阴时,其叶片做出很小的适应调节,同时降低径横向生长并加快高度的生长,以早日冲出遮蔽的光环境。但当遮阴增大时,则很难对新的光环境做出反应,或表现出黄化现象或最终被耐荫植物取代。黄化现象可以看成是植物与不利的光环境做斗争的一个极端情况。

（2）忍耐遮阴

当遮阴弱光逆境出现时，植物体发生与环境相适应的生理生化代谢变化，使植株少受或不受伤害。忍耐遮阴在顶极群落的中下层植物以及部分阳性植物的叶幕内部或下层叶片上表现比较突出。具有忍耐遮阴能力的植物，其叶片形态特征与低光照的环境极为协调，从而保证植物在较低的光合有效辐射范围内，有机物质的平衡为正值。这种对低光照的适应，包括了生理生化及解剖上的变化，如色素含量、RuBP羧化酶活性、叶片栅栏组织与海绵组织的比例关系、叶片大小以及叶片厚度等的改变。

（二）植物耐荫性及其机理

生长在弱光环境中的植物会产生一系列的生态适应性反应，这些反应包括形态、结构、生理生化过程和基因表达各个方面，是植物对弱光胁迫信号进行感受、转导和适应调节的结果。

植物对弱光的适应首先在于保证有机物的增长成为正值并高于其最低需要水平，即要尽可能达到有利于生长、繁殖和抵抗不良环境危害的水平。除了形态结构方面的适应外，植物还通过增强吸收弱光能量的能力，提高光能利用效率，高效率地将光能转化为化学能；同时降低用于呼吸及维持生长的能量消耗来维持其正常的生存生长。

1.形态结构变化

植物对弱光环境的适应，表现在形态上的变化是侧枝、叶片向水平方向分布，扩大与光量子的有效接触面积，以提高对散射光、漫射光的吸收。

叶内光梯度受叶片解剖构造及入射光的方向特性的共同影响。在具有柱状栅栏组织的叶片中，若入射光平行则光梯度相对较浅；若是漫射光则光梯度较大。相反，在只具海绵组织的叶片中，光梯度不受入射光的平行程度的影响。叶内光梯度量值的变化与细胞大小及叶背散射/叶面散射的比值，叶片光学深度和组织厚度的变化，组织发育的程度，入射光量子通量密度的日变化、季节变化等相一致。

叶表附属物，如表皮毛、短柔毛等，可以降低光量子吸收，故多数荫蔽条件下的植物叶片没有蜡质和革质，表面光滑无毛，这样就减少了对光的反射损失。树木结构使其能够分别以单层或复层叶绿体的方式于林冠下有效地捕获光量子。单层叶绿体有较高的光量子捕获率，而复层叶绿体则通过暴露更多的叶绿体来利用光流动率以进行光合作用。

耐荫植物与喜光植物相比，其叶片具有发达的海绵组织，而栅栏组织细胞极少或根本没有典型的栅栏薄壁细胞，这是植物耐荫的解剖学机理之一。柱状的栅栏组织细胞使光量子能够透过中心液泡或细胞间隙造成光能的投射损失。因而，相对发达的海绵组织不规则的细胞分布对于减少光量子投射损失，提高弱光照条件下的光量子利用效率具有十分重要的意义。

2.保持最大的吸光能力

研究表明，叶片表面状况对其吸收光能有很大的影响，通过凸起的细胞表面弯曲可降低散射光的反射，并且可以增加叶内光强度。耐荫植物叶片较阳性植物叶片薄，这不仅是叶内单细胞尺寸变小，同样是细胞层数减少的结果。

叶绿体层的形成是通过栅栏组织细胞的形状调节来完成的。耐荫植物的叶绿体呈狭长的串状或连续的层状分布,这种结构可以通过减少光量子穿透叶片的量而降低"筛效应"。叶绿体通过方向与叶内光量子分布(光梯度)相一致的运动,使其能更充分地利用透入叶片的光量子,从而使光合作用尽可能地完善起来。

　　叶绿素含量随光量子密度的降低而增加,但叶绿素 a/b 值却随光量子密度的降低而减小。低的叶绿素 a/b 值能提高植物对远红光的吸收。因而在弱光下,具有较低的叶绿素 a/b 值及较高的叶绿素含量的植物,也具有较高的光合活性。

3.提高光能利用效率

　　在弱光条件下,保持较高的光能利用效率对植物生长以及相关的生理生化过程至关重要。耐荫植物的光响应曲线与喜光植物的响应曲线不同:①光补偿点向较低的光量子密度区域转移;②曲线的初始部分(表观量子效率)迅速增大;③饱和光量子密度低;④光合作用高峰较低。光响应曲线变化的不同程度不仅是不同种类的植物所具有的特性,而且也是同一种植物的不同生态型所具有的特性。

　　植物光补偿点低,意味着植物在较低的光强下就开始了有机物质的正向增长,光饱和点低则表明植物光合速率随光量子密度的增大而迅速增加,很快即达到最大效率。因而,较低的光补偿点和饱和点使植物在光限制条件下以最大能力利用低密度光量子,进行最大可能的光合作用,从而提高有机物质的积累,满足其生存生长的能量需要。

　　通过对 C_3 和 C_4 的部分单子叶和双子叶植物 CO_2 吸收量子效率的测定表明:生长期间的光量子密度变化一般不影响量子效率,虽然阳生叶(喜光植物)的最大光合速率比阴生叶(耐荫植物)高得多,但二者的量子效率却是相似的。说明耐荫植物具有更强的捕获光量子用于光合作用的能力。

4.减少能量消耗

　　植物消耗能量的过程包括光呼吸和暗呼吸。耐荫植物叶片及根的呼吸强度均较喜光植物低。一方面,耐荫植物叶片的暗呼吸较弱,因而整个光响应曲线向左移动,光补偿点出现在更低的光量子密度下;在超过补偿点的光量子密度下,降低 Rubisco 水平,使其加氧酶活性降低,少产生或不产生光呼吸的底物磷酸乙醇酸。另一方面,遮阴条件下植物根呼吸降低,可能是由于遮阴区域的土壤温度降低时所致根量相对减少的结果。

5.植物适应弱光的两种机制

　　有人根据植物存活的作用观点认为植物对光照不足的适应性有两种不同的适应机制。一种机制是在广泛的光合有效辐射范围内起作用,在这个范围内,植物的有机物质平衡为正值。而第二种机制则只是在非常低的光合有效辐射强度下,这时有机物质平衡接近于零或者为负值。在第一种情况下,当遮阳时植物通过降低呼吸速率、提高光合作用对光合有效辐射的利用效率和增大叶面积来保证有机物质积累的相对稳定性。在第二种情况下,当光照强度很弱以至不能满足植物进行正常的生命活动时,就进入另一个适应遮阳的机制中去了,即停止一切侧生器官的生长、降低横向生长、增加高度的生长、出现黄化现象,这在生长于几乎全黑暗中的植物上表现得最突出。

　　总之,植物对弱光的适应取决于多方面因子的综合作用。对于每一种植物都可以划分出所谓的生理幅度和逆境幅度。在生理幅度内存在着光合作用对光合有效辐射的最大利用效率。在光合有效辐射的生理幅度内,植物朝着保存自动调节的方面发展,如增加光合面积、增加单位叶面积的叶绿体含量、增加光合器官的活性。而在逆境幅度内,植物朝着有机体能避免不良条件作用的方向发展,如减少侧生生长、迅速增加高度等。

四、紫外光辐射与植物抗性

(一)太阳的辐射范围与紫外辐射胁迫

1.太阳辐射与紫外辐射

太阳辐射包括从短波射线(10^{-5}nm)到长波无线电频率(10^5nm)的所有电磁波谱,其中大约98%的辐射在300~3000nm的波段内。紫外线(Ultraviolet,UV)辐射是比蓝光波长还短的电磁波谱,位于100~400nm,约占太阳总辐射的9%。依据在地球大气层中的传导性质和对生物的作用效果,通常将UV辐射分为UV-A(315~400nm)、UV-B(280~315nm)和UV-C(100~280nm)三部分(图8-1)。

UV-A波段的单个光子所具有的能量较低,不足以引起光化学反应,也不能同臭氧(O_3)分子反应;UV-B光量子的能量足以打断O_3分子中氧原子间的化学键,因此能被O_3分子有效地吸收,减弱到达地球表面的UV-B辐射强度;对UV-C而言,即使在非常微少的O_3条件下,其也能极有效地被大气层中的O_2和O_3分子吸收。因此,在全球大气层变化中,平流层O_3的任何耗损将意味着降低对太阳UV-B辐射的吸收,从而导致到达地球表面的UV-B辐射明显增强。

2.臭氧层减薄与地表UV-B辐射增强

全球大气层变化中近地表面太阳UV-B辐射的增强,直接起因于大气层上部平流层中臭氧层(Ozone layer)的耗损。O_3是一种含三个氧原子的高活性氧分子,为氧的三原子的同素异形体。平流层O_3主要集聚在地表上方25~50km的高空中,形成一臭氧层。O_3分子能有效地吸收来自外层空间的具有潜在危害的UV辐射,因此,臭氧层被认为是地球上生物尤其是陆地生物的保护层,它为地球上植物的进化提供了外部UV屏障。

地表紫外辐射能量占太阳总辐射能的3%~5%。UV-A可促进植物生长,一般情况下无杀伤作用,它很少被O_3吸收。UV-B对生物具有较强的伤害作用,在臭氧层正常时仅有10%可抵达地球表面,但随着臭氧层的破坏,其对地球表面生物的危害越来越大。

紫外辐射增强对植物的不良效应称为紫外辐射胁迫(Ultraviolet radiation stress)。紫外线是不可见的非电离辐射。人眼对波长为380nm的辐射开始有光觉,而波长短于100nm的辐射实际上能电离所有分子。紫外线的波长下限是100nm,但其生物学效应的波长下限为200nm,再短一些将被空气和水强烈吸收。而大多数有机分子要在波长180nm以下的紫外线中才能被电离,所以紫外线对生物物质是非电离辐射。

3.UV-B辐射增强对植物的影响

植物需要阳光进行光合作用,但与此同时不得不承受与阳光相伴的紫外辐射。太阳UV-B辐射增强是一种环境胁迫因子,对植物细胞核DNA、质膜、生理过程、生长、产量和初级生产力等方面产生巨大的影响。同时,许多野外实验,特别是自然生态系统水平的研究,发现的关于UV-B辐射作为一种调节因子的作用已越来越引起人们的注意。

从整株植物和自然生态系统水平的植物来考虑,UV-B辐射对植物生长、生物量积累和植物体的生存等的影响可大致分为两类:直接影响和间接影响(表8-3)。UV-B辐射的直接影响包括 DNA 的伤害、光合作用的影响和细胞膜功能的紊乱。在 UV-B 辐射的直接作用中,DNA 的伤害可能比光合作用和细胞膜功能的伤害更加严重。通常认为,与强 PAR 辐射对光合作用的光抑制相似,UV-B 辐射也能导致 PSⅡ反应中心的光失活,引起光合作用降低。也有研究表明,PSⅡ可能不是光饱和条件下 UV-B 直接抑制的关键部位,很可能通过增强 UV-B 辐射影响类囊体膜功能,或影响参与 Calvin 循环的酶来影响光合作用。

UV-B 辐射可通过各种机制对植物产生伤害,这种伤害是从几个主要的目标或器官开始的,造成伤害的最先一步为生物大分子的光化学修饰:要么激活光受体,要么损伤敏感的靶子。对 UV-B 辐射特别敏感的分子和器官有 DNA、蛋白质、植物激素、光合色素、膜系统等。通常认为 UV-B 伤害植物的主要靶位点有五个,即 PSⅡ、蛋白质、DNA、膜系统和植物激素。

与早期的室内研究结论相反,在自然生态系统中,越来越多的证据表明,增加 UV-B 辐射对植物生长和初级生产并没有明显的直接影响。而增强 UV-B 辐射的间接影响,如叶片角度的改变等,可能对植株地上直立部分响应 UV-B 辐射具有重要的意义,叶片厚度的增加可能会减轻 UV-B 辐射对叶细胞的伤害,同样,叶片厚度的变化会引起 PAR 在叶肉细胞中的传输,这也会影响叶片的光合作用。因此,有研究认为,相对于增强 UV-B 辐射的直接影响,间接影响更有可能会引起农业生态系统和自然生态系统的结构和功能的改变。

表 8-3　增加 UV-B 辐射对植物的直接和间接影响

影响类型	影响结果
直接影响	1.DNA 伤害:环丁烷嘧啶二聚体(CPDs)
	2.光合作用:PSⅡ反应中心、Calvin 循环酶、类囊体膜、气孔
	3.膜功能:不饱和脂肪酸的过氧化、膜蛋白的伤害
间接影响	1.植物形态构成:叶片厚度、叶片角度、植物体构型、生物量分配
	2.植物物候:萌发、衰老、开花、繁殖
	3.植物体化学组成:单宁、木质素、类黄酮

(二)植物对 UV-B 辐射的防护

1.植物对 UV-B 辐射的敏感性

植物对 UV-B 辐射的敏感性在不同物种和品种间存在着差异。在自然生态系统中,那些有较强适应性的物种有可能得到更多的资源(如光照、水分和养分等),在生长竞争中处于优势,从而会引起生态系统中群落结构的改变和物种多样性的变化。由于不可能对所有植物和品种进行筛选,因此有一些研究者参照其他环境因子的研究方法,采用植物功能型(Plant function type)来划分对植物 UV-B 辐射的响应。

依照功能群可以有几种不同的划分途径,这包括从简单的植物群(如苔藓、灌丛、树木等)到基于生理适应的复杂类群划分(如抗旱性、抗冷性等)。

(1)依照植物生长响应分类

植物基础的生活型分类表明,苔藓植物属于 UV-B 辐射的敏感类群,这与它们大部分占据高等植物群落的遮阴底部位置有关。杂草类、灌丛、禾草和树木对 UV-B 辐射的敏感性依次降低。UV-B 辐射的穿透能力在草本双子叶中最高,木本双子叶植物和禾草次之,松科针叶植物最低。

（2）依照 UV-B 吸收物质分类

UV-B 吸收物质的生产能力越高，植物对 UV-B 辐射的敏感性越低。尽管野外条件下关于 UV-B 吸收物质的研究相对较少，限制了植物敏感性的分类，但生长室内的研究结果表明，室内能表现出增加 UV-B 吸收物质的类群中，植物种的百分比和自然条件下表现出负响应的种类的百分比之间存在着非常强的相关性（$R^2 = 0.988, P = 0.0015$）。而且，这种分类与依照生长响应进行的分类结果很相似。显然，不同植物生活型对 UV-B 辐射的敏感性差异主要取决于叶表皮层中 UV-B 吸收物质的含量。

（3）依照植物生理功能型分类

植物的生理功能型包括阴生和阳生、抗旱、抗冷和抗冻等。通常，阳生植物和具有抗旱、抗冷和抗冻特性的植物有较强的适应 UV-B 辐射的能力。由于这些用来划分生理类型的特性也能够用于确定 UV-B 的敏感性，因此，依照这种分类来区别植物对 UV-B 的敏感性有一定的可行性。

2. 植物对 UV-B 辐射的防护方式

平流层中臭氧层的形成为地球上生物的生存和进化提供了防护 UV 伤害的外界屏障；与此同时，在从水体向陆地进化的过程中，植物体本身也发展了多种越来越复杂的内部防护机理，从而使得今天高等植物成为陆地植物的主要类群。植物体对 UV-B 辐射的各种防护方式可分为两类：吸收和屏蔽作用与保护和修复作用。

（1）吸收和屏蔽作用

植物体能够屏蔽 UV-B 辐射引起的伤害，其机理包括产生 UV-B 吸收化合物和叶表皮附属物质（如角质层、蜡质层）等。

UV-B 辐射的穿透性因物种及叶龄不同而异，UV-B 辐射穿透性最大的是草本双子叶（宽叶）植物，而木本双子叶、牧草、针叶树类依次减少。UV-B 辐射穿透性也随叶片年龄而变，幼叶较成熟叶衰减 UV-B 辐射能力差。此外植物也可通过株型矮化，减小分枝角度，增加分蘖等形态改变来适应过强紫外线的辐射。

在大多数植物中，叶表面的反射相对较低（小于 10％），因此 UV-B 吸收化合物的形成可能是过滤有害 UV-B 辐射的主要途径。

植物暴露在太阳 UV-B 辐射下，会刺激 UV-B 吸收化合物的积累，这些保护物质主要分布在叶表皮层中，能阻止大部分 UV-B 光量子进入叶肉细胞，而对 PAR 波段的光量子没有影响。UV-B 吸收化合物的增加可降低植物叶片对 UV-B 辐射的穿透性，减少其进入叶肉组织的量，从而避免对 DNA 等生物大分子的伤害。类黄酮在 270nm 和 345nm 处有最大吸收峰，羟基肉桂酸酯在 320nm 左右处有最大吸收峰，因此它们都能有效地吸收 UV-B 辐射。尽管花色素苷的吸收峰位于 530nm 处附近，但与肉桂酸酯酯化后也能提供抵御 UV-B 辐射的保护。

（2）保护和修复作用

由于叶表皮层中的 UV-B 吸收物质以及叶表皮层上的其他保护结构并不能 100％有效地吸收有害的 UV-B 辐射，所以植物体还需要强大的保护和修复系统。

①活性氧清除系统。许多研究结果表明，UV-B 辐射引起的进一步伤害作用可能间接源于活性氧的产生。增强 UV-B 辐射可以引起叶片产生过量活性氧分子。活性氧与许多细胞组分发生反应，从而引起酶失活、光合色素降解和脂质过氧化等。有研究认为，强光下发

生光抑制时,D1 蛋白的降解可能主要缘于活性氧分子的积累。活性氧积累也能影响碳代谢中固定 CO_2 的酶,如 1,6-二磷酸果糖酶、3-磷酸甘油酸脱氢酶、5-磷酸核酮糖激酶等,这些酶都含有巯基,活性氧能导致二硫键的形成,从而引起酶失活。活性氧导致的一系列关键性叶绿素代谢相关酶的失活可能是 UV-B 辐射引起光合作用下降的主要原因。

自由基和活性氧清除剂的增加也可减少 UV-B 辐射的不利影响。UV-B 辐射可诱导氧自由基如 O_2^-、H_2O_2 等的产生,并降低 SOD、过氧化氢酶和抗坏血酸过氧化物酶的酶活性和抗坏血酸的含量,使防御系统失去平衡而导致膜脂质过氧化,膜系统伤害会改变细胞的代谢状态,最终导致细胞死亡。Kramer 等报道 UV-B 辐射导致黄瓜中丁二胺和亚精胺含量的上升。多胺能在质膜表面形成一种离子型的结合体,阻止脂质过氧化作用。UV-B 辐射阻抑光合作用与叶绿体膜结构遭到破坏、分布于膜上的组分及膜的物理特性发生改变密切相关。

强 UV-B 辐射可以诱导叶内抗氧化防御能力的提高,包括低分子量抗氧化物质(如抗坏血酸、谷胱甘肽等)含量的提高,抗氧化酶(如 SOD、POD、CAT、GR 等)活性的增强,这些都能有效地防御活性氧引起的伤害。此外,亲脂性维生素 E、类胡萝卜素、酚类化合物和类黄酮化合物也能清除部分活性氧分子。

②DNA 伤害的修复途径。由于叶表皮层中的 UV-B 吸收物质以及叶表皮层上的其他保护结构并不能 100% 有效地吸收有害的 UV-B 辐射,所以植物体还需要修复系统。DNA 伤害的修复系统包括:光复活(Photoreactivation,PHR)、切除修复、重组修复和后复制修复。

光复活作用普遍存在于植物体中,通过 DNA 光裂合酶(DNA photolyase)专一性修复损伤的 DNA 分子。此酶具光依赖性,经蓝光或 UV-A 激活后,通过光诱导的电子传递直接将嘧啶二聚体修复成它们原来的单碱基。事实上,UV-B 辐射引起的损伤能很快被这种依赖光的酶所修复。许多研究表明,这种光复活作用在低可见光条件下并不有效。因此,早期的生长室或温室实验,由于相伴的 PAR 辐射较低,或 UV-B/PAR 的比率太高,往往过高地估计了植物对 UV-B 辐射的敏感性。切除修复通常被认为是暗修复过程,包括核苷酸切除修复(NER)和碱基切除修复(BER)两种。

以上两种修复途径的相对贡献依赖于 DNA 的初始伤害程度。苜蓿幼苗在高强度 UV-B 伤害下,两种类型的修复途径都对除去 CPDs(环丁烷嘧啶二聚体)有明显贡献。但在较低伤害水平下,仅仅可以探测到光复活作用。因此,尽管植物确实具有切除紫外线光产物的能力,但在最终除去 CPDs 方面,光复活可能是适宜的修复途径。

植物主要通过两方面来适应短期增强的 UV-B 辐射,一方面通过诱导一些抗性基因的表达和增强表达来减轻伤害。对 DNA 损伤的修复在生物体内普遍存在,这种机制是生物体消除或减轻 DNA 损伤、保持遗传稳定性的重要途径。另一方面,植物通过提高光复活酶的活性来修复 UV-B 辐射引起的伤害。

3.UV-B 辐射信号的感受和传导

植物体对 UV-B 辐射有很宽的响应范围,可能包括特殊的 UV-B 光受体(UV-B photoreceptor)和信号传导过程,也可能有植物激素的调节作用,最终引起特殊基因的表达。

(1)信号传导

高等植物感受 UV-B 辐射的生理反应机理,特别是对基因表达的调节过程还不完全清楚。Jenkins 等提出了几种可能的假说:①细胞核 DNA 直接吸收 UV-B 辐射,引起一些信号物质的产生,刺激特殊基因的转录速率;②植物体细胞通过产生活性氧来探测 UV-B 辐射。

在这种情况下,UV-B 辐射后观察到的基因转录的增加,很可能是一种氧化胁迫反应而不是对 UV-B 辐射的响应;③通过高等植物中类似其他光接受系统的一种光受体分子感受 UV-B 辐射,这可能是一种特殊的能吸收 UV-B 辐射的 UV/蓝光受体和生色团。可以肯定,上述 3 种假说并不相互排斥,有可能 UV-B 辐射通过平行的途径来调节基因表达。光生理学、生物化学和遗传学的研究也进一步表明,植物体可能存在不同的光受体类型。

已经证明 UV-B 光受体与植物光敏色素和蓝光受体有某种联系,而这两种光形态建成相关受体会改变植物形态。实验表明,核黄素可能起着 UV-B 受体的作用,从而诱导色素合成和抑制主茎伸长。

(2)激素调节

植物在 UV-B 胁迫下,体内 ABA 的累积,可能是 UV-B 辐射损伤了叶绿体膜和细胞膜,细胞失去膨压所致;也可能与膜上 Mg-ATPase 活性下降,使叶绿体基质 pH 降低,而造成细胞内 ABA 含量的累积有关。虽然 UV-B 胁迫能使 ABA 光解,但植物对 UV-B 辐射的响应并不是通过改变 ABA 的结构来实现的。UV-B 对生长的影响可能是由于光解破坏了吲哚乙酸或者降低了吲哚乙酸酶活性,继而引起细胞壁扩张性降低。另外,还观察到 UV-B 辐射引起的黄瓜下胚轴的抑制可被 GA_3 恢复。UV-B 辐射引起的激素含量的变化、形态变化和代谢变化之间有着密切的关系。激素调控本身十分复杂,许多详细问题有待进一步深入研究。

本章小结

植物对太阳辐射变化的适应,可以分为环境适应和遗传适应。因植物生长对太阳辐射强度的不同适应,可分成阳生植物、阴生植物和耐阴植物。

强光对植物可能造成的危害为强光胁迫。不同地区、不同植物,甚至同种植物的不同发育期等,强光有着不同的标准。植物对强光胁迫适应有多种多样的方式,如改变光合特性以适应强光环境。强光影响植物的发育、光合与呼吸特性、植物分子结构等。植物对于强光的适应能力,表现在以下几个方面:调整形态结构、阳生叶与阴生叶的形成、叶片的运动、改变光合特性、叶绿体及叶绿素变化等。植物对光抑制的防御包括直接减少对光能的吸收、进行保护性调节、以热能的形式消耗掉等,以最大限度地避免和减少光抑制所造成的伤害。

弱光对植物生长发育的不利影响称为弱光胁迫。弱光逆境有相对意义,但对每一种植物来说,都存在着影响其生长的弱光逆境和限制其生存的最低光照强度。植物对弱光的抗性一般表现为两种类型,即避免遮阴和忍耐遮阴。弱光环境中植物的生态适应性反应包括形态结构、生理生化过程和基因表达各个方面。

紫外辐射增强对植物的不良效应称为紫外辐射胁迫。植物对 UV-B 辐射的敏感性在不同物种和品种间存在着差异,可采用植物功能型来划分对 UV-B 辐射的响应。植物对 UV-B 辐射的防护方式有吸收和屏蔽作用、保护和修复作用。后者如活性氧清除系统、DNA 伤害的修复途径。植物体对 UV-B 辐射有很宽的响应范围,可能包括特殊的 UV-B 光受体和信号传导过程,也可能有植物激素的调节作用,最终引起特殊基因的表达。

复习思考题

1. 讨论光对植物的直接作用与间接作用。
2. 怎么理解太阳辐射与植物的适应性？
3. 谈谈光受体的概念及其功能。
4. 强光胁迫对植物有何影响？
5. 植物的耐荫适应有哪些方式？
6. 你怎么理解紫外光辐射与植物抗性？

第九章　盐胁迫和养分胁迫与植物抗性

一、植物盐害及其生物学特性

（一）盐胁迫及其危害

1.盐胁迫的概念

土壤中可溶性盐过多对植物的危害叫盐害（Salt injury）。植物对盐分胁迫（Salt stress）的抵抗与忍耐能力称为抗盐性（Salt resistance）。

盐渍土壤液相中含的 Na^+、Mg^{2+}、Ca^{2+}、Cl^- 和 $SO_4{}^{2-}$ 等浓度高，生长在此的植物会受到危害，其中对农作物危害最大的是氯化钠、氯化镁、硫酸镁以及碳酸钠、重碳酸钠等。

一般在气候干燥、地势低洼、地下水位高的地区，水分蒸发会把地下盐分带到土壤表层（耕作层），这样易造成土壤盐分过多。海滨地区因土壤蒸发、咸水灌溉和海水倒灌等因素，使土壤表层的盐分升高到 1% 以上。盐的种类决定土壤的性质，若土壤中盐类以碳酸钠和碳酸氢钠为主，此土壤称为碱土（Alkaline soil）；若以氯化钠和硫酸钠等为主时，则称其为盐土（Saline soil）。因盐土和碱土常混合在一起，即盐土中含有一定量的碱土，故习惯上把这种土壤称为盐碱土（Saline and alkaline soil）。

盐分过多使土壤水势下降，严重地阻碍植物生长发育，这已成为盐碱地区作物收成的制约因素。全球有各种盐渍土约 $9.5 \times 10^8 hm^2$，占全球陆地面积的 10%，广泛分布于 100 多个国家和地区。我国盐碱土主要分布于北方和沿海地区，约 $20 \times 10^7 hm^2$，另外还有 $7.0 \times 10^6 hm^2$ 的盐化土壤。随着灌溉农业的发展，盐碱土的面积还有不断扩大的趋势。一般盐土的含盐量在 0.2%～0.5% 时就会妨碍植物生长，而盐土表层含盐量往往可达 0.6%～10%，这对植物生长就更为不利了。如果能提高作物抗盐性，并改良盐碱土，那么这将对农业生产的发展产生极大的推动力。

2.盐害与离子害

盐害实际上是盐离子导致的伤害，但盐害与离子害是不同的。根据 Levitt 的解释，如果盐离子浓度将植物的水势降低 0.05～0.1MPa 时，由此对植物产生的伤害作用称之为盐害；如果离子的浓度不足以降低植物的水势，但对植物同样可以产生伤害作用，这种伤害即为离子害。盐害多指钠盐、镁盐和钙盐解离后生成的 Na^+、Mg^{2+}、Ca^{2+}、Cl^-、$SO_4{}^{2-}$、$CO_3{}^{2-}$ 等离子的毒害，这些离子要在浓度相当高的情况下才会致害，由于浓度高，除了产生离子的直接伤害外，还会产生次生伤害作用，如由其渗透胁迫产生的伤害作用。离子伤害主要由一些在低浓度下就能产生伤害的离子导致，如 Cu^{2+}、Hg^{2+}、Sn^{2+}、Co^{2+}、Pb^{2+} 等。一般的离子伤害浓度在 $10^{-3} mol \cdot L^{-1}$ 以下，所以对植物不会产生渗透胁迫。

3.盐胁迫对植物的危害

盐胁迫对植物的效应主要为离子胁迫和渗透胁迫，以及由此导致的其他胁迫，如氧化胁迫、营养胁迫等，使植物受到各种各样的伤害，严重时导致植物死亡。但长期生长在这种环境条件下，植物通过自然选择也会对这些胁迫产生一定的适应性。植物在受到盐胁迫时发生的危害主要表现如下。

（1）渗透胁迫

由于高浓度的盐分降低了土壤水势，根细胞渗透势相对增高，使植物水分吸收受到抑制或不能吸水，甚至导致体内水分外渗，因而盐害通常表现为生理干旱（Physiological drought）导致细胞失水收缩甚至枯死。

许多植物在土壤含盐量为 $0.2\%\sim0.25\%$ 时，就出现吸水困难；含盐量高于 0.4% 时，植株就易外渗脱水，生长矮小，叶色暗绿。在大气相对湿度较低的情况下，随叶蒸腾作用的加强，盐害更为严重。

（2）离子失调

离子胁迫（Ionic stress）是盐害的重要原因。盐碱土中 Na^+、Cl^-、Mg^{2+}、SO_4^{2-} 等含量过高，会引起 K^+、HPO_4^{2-} 或 NO_3^- 等离子和离子基因的缺乏。Na^+ 浓度过高时，植物对 K^+ 的吸收减少，也易发生磷和钙的缺乏症。植物对离子的不平衡吸收，不仅使植物发生营养失调，抑制了生长，而且还会产生单盐毒害作用。

盐胁迫抑制植物对必需元素的吸收。作物吸收过量的 Na 盐，由于离子间的拮抗作用，使其他一些必需元素的吸收受到抑制，导致作物因缺乏某些元素而引起生育障碍。土壤中多量的 Na^+，还使土壤 pH 上升，可溶性 P^{3+}、Fe^{2+}、Mn^{2+} 含量降低，影响植物养分吸收而发生生长发育障碍。

（3）膜透性改变

土壤含盐量高时，植物可能吸收大量盐分并在体内积累造成盐害；当外界盐浓度增大时，往往使细胞膜功能改变，细胞内电解质外渗率加大。将大豆子叶圆切片放入浓度为 $20\sim200 mmol \cdot L^{-1}$ 的 NaCl 溶液中，观察到渗漏率大致与盐浓度成正比。这是因为 NaCl 浓度的增高造成了植物细胞膜渗漏的增加。高浓度的 NaCl 可置换细胞膜结合的 Ca^{2+}，膜结合的 Na^+/Ca^{2+} 增加，膜结构被破坏，细胞内的 K^+、PO_4^{3-} 和有机溶质外渗。

在盐胁迫下，细胞内活性氧增加，引起膜脂过氧化或膜脂脱脂，导致膜选择透过性丧失。细胞中 Na^+ 与 Cl^- 的积累使得膜糖脂含量明显下降。盐胁迫下，单细胞绿藻饱和脂肪酸含量下降，多元不饱和脂肪酸的含量上升。

（4）生理代谢紊乱

盐分过多还会引起氧化胁迫（Oxdative stress），抑制植物的生长和发育，导致一系列的代谢失调。

①光合作用减弱。盐分过多使 PEP 羧化酶和 RuBP 羧化酶活性降低，叶绿体趋于分解，叶绿素和类胡萝卜素的生物合成受干扰，气孔关闭，光合作用受到抑制，并且阻碍光合产物的运输。

②呼吸作用不稳。低盐时植物呼吸受到促进，而高盐时则受到抑制，氧化磷酸化解偶联。同时高盐引起糖代谢异常，ATP 和核酸物质形成能力降低。

③蛋白质合成受阻。盐分过多会降低植物蛋白质的合成，促进蛋白质分解。如蚕豆在盐胁迫下叶内半胱氨酸和蛋氨酸合成减少，从而使蛋白质含量减少。

④有毒物质累积。盐胁迫使植物体内积累有毒的代谢产物，如小麦和玉米等在盐胁迫

下产生的游离 NH_4^+ 对细胞有毒害作用。

(二)植物耐盐性的生物学基础

1.植物对盐分的响应类型

植物体耐盐性的种间差异大。根据植物的耐盐能力，可将植物分为盐生植物（Halophyte）和甜土（淡土）植物（Glycophyte）或非盐生植物（Nonhalophyte）。盐生植物是盐渍生境中的天然植物类群，一定浓度 NaCl 促进其生长，可生长的盐浓度范围为 $1.5\%\sim2.0\%$，如碱蓬、海蓬子等。这类植物在形态上常表现为肉质化，吸收的盐分主要积累在叶肉细胞的液泡中，通过在细胞质中合成有机溶质来维持与液泡的渗透平衡。绝大多数农作物属甜土植物，对盐渍敏感，其耐盐范围为 $0.2\%\sim0.8\%$。其中有的植物对盐渍特别敏感，叫盐敏感植物（Salt-sensitive plants），如大豆、玉米、水稻等，$10\sim50$ mmol · L^{-1} 的 NaCl 就可严重抑制其生长。有的植物能耐受较高的盐浓度，叫耐盐植物（Salt-tolerant plants），如大麦、甜菜、番茄等。

Maas 用多种作物在田间生长条件下进行耐盐性试验，通过土壤电导率测定，得出各种作物开始产生生长障碍时的临界电导率。研究认为甜菜、大麦、棉花、冰草具有强耐盐性；高粱、小麦、豇豆、南瓜、苇状羊草、黑麦草有较强耐盐性；菜豆、萝卜、洋葱、莴苣、胡萝卜、柑橘、杏、李、葡萄、草莓有弱耐盐性；水稻、玉米、甘蔗、亚麻、花生、蚕豆、甘蓝、西红柿、菜花、辣椒、黄瓜、洋芋、野麦草、苜蓿、红三叶草、豌豆有较弱耐盐性。可见植物的生理特性不同其耐盐能力也有差异。作物发芽期和幼苗期对盐害反应最敏感，小麦、玉米、蚕豆对主要盐分都有一个适度含量区间和最适值，由此根据不同的盐渍土种植耐盐性作物，可充分发挥土地的作用，提高产量。

许多盐生植物能在叶和茎表面形成盐腺（Salt gland）和盐囊泡（Salt bladder），以此来排出体内多余的盐分，从而减轻盐对植物的伤害。有的植物叶表面生有泡状毛（Vesiculated hair），吸入盐分后，泡状毛脱落，将盐从体内排出。

植物在高盐生境中常发生以下形态变化：①叶高度退化，叶数或叶面积减少。②单位叶面积气孔数减少，多下陷。③叶片增厚，多汁液，下皮层较厚的栅栏组织起贮水作用。④叶表皮细胞排列紧密，叶表皮变肥厚，叶表面蜡质化。⑤输导组织的形成和发育退化，维管组织比例小。⑥根的内皮层细胞木栓化。以上形态变化都能减少叶片对水的蒸腾，是植物防御水分吸收降低的一种机能。③⑤⑥可使叶组织保持较低的盐分浓度，而①②则明显地降低了每一植物个体光合作用的能力。因此耐盐性获得的同时又不可避免地使作物产量下降。

2.植物对盐渍环境的适应方式

植物对盐渍环境的适应方式主要有御盐性和耐盐性。

(1)御盐性

在盐渍环境中生长的一些植物，它们没有去除或减少外界环境中盐分胁迫的能力，但它们能够在植物体内建立某种屏障、机制或机构，阻止盐分进入植物体或植物的某部分，或者在盐分进入植物体以后，再以某种方式将盐分排出体外，从而避免或减轻盐分的伤害作用，保证其正常的生理活动，这种抗盐性能称为御盐性（Salt avoidance）。从热力学的观点上来讲，这种御盐性是避免与盐分胁迫达到热力学平衡，即在植物体内仍保持一部分缓冲盐分胁迫的因子,使其自身不受伤害。御盐性可通过被动拒盐、主动排盐和稀释盐分来达到避免盐害的目的。

①拒盐(Salt exclusion)。一些植物对某些盐离子的透性很小,在一定浓度的盐分范围内,根本不吸收或很少吸收盐分。也有些植物的拒盐作用只发生在局部组织,如根吸收的盐类只积累在根细胞的液泡内,不向地上部分运转,地上部分"拒绝"吸收盐分。

一般认为拒盐盐生植物与其根细胞的质膜组成有关。Kuiper 发现盐生植物细胞膜脂中单半乳糖二甘油酯(MGDG)含量低,盐离子不易通过质膜,从而提高了其抗盐性。另外,盐生植物根细胞膜的不饱和度小,盐离子不易通过,可能也与其抗盐性有关。

②排盐(Salt excretion)。也称泌盐(Salt secretion),指植物将吸收的盐分主动排泄到茎叶的表面,而后被雨水冲刷脱落,防止过多盐分在体内的积累。盐生植物排盐主要通过盐腺(Salt gland)和盐囊泡(Salt bladder),玉米、高粱等作物都有排盐作用。此外有些植物将吸收的盐分转移到老叶中积累,最后脱落叶片以此来阻止盐分在体内的过量积累。

③稀盐(Salt dilution)。指通过吸收水分或加快生长速率来稀释细胞内盐分的浓度。如红树虽然每天接受 1.7mmol·L^{-1} 盐分,但叶片的盐浓度保持恒定(510~560mmol·L^{-1})。肉质化的植物靠细胞内大量贮水来冲淡盐的浓度。

稀盐的盐生植物,其叶和茎不断地肉质化,体内能储存大量的水分,使盐分浓度降低到不致使植物受到伤害的水平,如碱蓬属植物就是靠叶和茎的肉质化来实现抗盐的。研究发现,稀盐植物叶和茎的肉质化是由 Na$^+$ 来启动的,其原因可能与 Na$^+$ 诱导 ATP 的合成、促进薄壁组织细胞分裂和原生质膨胀有关。

(2)耐盐性

在盐渍环境中生长的某些植物,它们无法阻止或排出盐分,而"允许"盐分进入植物体,虽然积盐(Salt accumulation),但它们可以通过不同生理途径"忍受"或部分"忍受"盐分对它们的作用而不致受伤害,以维持其正常的生理活动,这种抗盐性称为耐盐性(Salt tolerance)。所谓"忍受"实际上是采取某种措施抵消或降低盐分的伤害作用,即阻止、减少或补偿盐分所诱导的有害胁变。从热力学的观点来看,这种耐盐性是与盐分胁迫达到热力学平衡的。

显然,生长在盐渍环境中的能够避盐的植物,植物体内的盐浓度较低,相反,能够耐盐的植物体内的盐浓度则较高。

①耐渗透胁迫。通过细胞的渗透调节以适应由盐渍产生的水分逆境。植物耐盐的主要机理是盐分在细胞内的区域化分配,即细胞内离子的区域化作用(Ion compartmentalization)。盐分在液泡中积累可降低其对其他功能细胞器的伤害。植物也可通过合成可溶性糖、甜菜碱、脯氨酸等渗透物质,来降低细胞渗透势和水势,从而防止细胞脱水。

②营养元素平衡。有些植物在高盐土壤中生长,根系具有选择吸收土壤中低浓度必需元素的机能。由于构成盐渍土主体的盐类大多为 NaCl,一般 K$^+$ 浓度都很低,许多植物在盐胁迫下通过限制 Na$^+$ 吸收、增加 Na$^+$ 外排,同时保证 K$^+$ 的吸收,来维持细胞质较低的 Na$^+$/K$^+$ 比值,从而提高耐盐性。

选择吸收 K$^+$ 的机能对植物耐盐至少有三个意义:由于植物发挥了较强的选择吸收机能,可避免植物缺钾元素;植物从高浓度 NaCl 土壤中选择吸收多量的 K$^+$,使其细胞内保持较低的渗透势;对 K$^+$ 的选择吸收机制中,至少有一部分与 Na$^+$ 的排出机制有关,植物通过

积极吸收 K^+ 促进 Na^+ 的排出,即在液泡膜内存在一种 K^+ 和 Na^+ 的交换机制。当然也有植物像向日葵、洋葱等,Na^+ 的排出与 K^+ 吸收机制无关。

③代谢稳定性。在较高盐浓度中某些植物仍能保持酶活性的稳定,维持正常的代谢。如菜豆的光合磷酸化作用受高浓度 $NaCl$ 抑制,而玉米、向日葵、欧洲海蓬子等在较高浓度 $NaCl$ 下反而刺激光合磷酸化作用。

某些植物在较高的盐浓度中仍能保持一定的酶活性,维持正常的代谢过程。例如,大麦幼苗在盐渍时仍保持丙酮酸激酶的活性。有些植物在盐渍环境中诱导形成胺类化合物(如腐胺、尸胺等),消除其毒害作用。

陆静梅等发现松嫩平原的 4 种盐生植物,它们的根都发育出不同程度的通气组织,可能与盐生植物对盐分的适应性有一定的关系。

④与盐结合。植物还可通过代谢产物与盐类结合,减少游离离子对原生质的破坏作用。细胞中的清蛋白可提高亲水胶体对盐类凝固作用的抵抗力,从而避免原生质受电解质影响而凝固。

⑤抗盐基因表达与盐胁迫蛋白。盐渍时能诱导一些基因表达,近年来不断有定位、克隆抗盐相关基因的报道。这些抗性基因表达合成一些逆境蛋白,如一种分子量为 26kD 的蛋白质,该蛋白质在盐适应细胞中的含量相当高,可达总蛋白质的 $10\%\sim12\%$。该蛋白质的合成和积累发生在细胞对盐胁迫进行逐级渗透调整的过程中,属于渗调蛋白类,其功能是有利于降低细胞的渗透势和防止细胞脱水,提高植物对盐胁迫的抗性。

根据盐胁迫基因表达产物的作用,可以将盐胁迫诱导基因分为两大类。一类是功能基因,包括:编码渗调物质如甜菜碱、甘露醇、海藻糖及脯氨酸等合成酶的基因;编码维持离子平衡的转运蛋白如 Na^+/H^+ 反向转运蛋白的基因;编码活性氧清除酶如超氧化物歧化酶、谷胱甘肽过氧化物酶、谷胱甘肽还原酶的基因;编码直接保护细胞免受盐胁迫伤害的功能蛋白如胚胎发生后期丰富蛋白、伴侣蛋白和水通道蛋白等的基因。

另一类为编码调节蛋白的基因,包括调控基因表达的转录因子,如 DREB 转录因子、MYB 转录因子、MYC 转录因子及 bZIP 转录因子等,以及感受和传导胁迫信号途径中的蛋白激酶基因等。

(三)提高植物抗盐性的途径

1.抗盐锻炼

植物耐盐能力常随生育时期的不同而异,且对盐分的抵抗力有一个适应锻炼过程。种子在一定浓度的盐溶液中吸水膨胀,然后再播种萌发,可提高作物生育期的抗盐能力。如棉花和玉米种子用 $3\%NaCl$ 溶液预浸 1h,可增强耐盐力。

植物细胞膜系统是盐害的原始和主要部位。盐易损伤细胞膜,使膜透性增大,膜内电解质及有机物大量外渗,造成代谢紊乱,从而引起植株严重损伤以致死亡。海藻糖是一种非还原性二糖,对稳定细胞膜结构和功能、提高植物抗逆性有特殊的作用。

Warr 等发现某生物中海藻糖的含量与其对盐的耐受性以及渗透调节能力有关。经海藻糖预处理后,小麦幼苗在盐胁迫中,细胞电解质渗漏率远低于对照,而植株根系活力和生长速度则高于对照。说明预处理使植株对盐已有了一定的抵抗能力。

2.使用生长调节剂

用生长调节剂处理植株,如喷施 IAA 或用 IAA 浸种,可促进作物生长和吸水,提高抗盐性。ABA 能诱导气孔关闭，减少蒸腾作用和盐的被动吸收，提高作物的抗盐能力。

3.培育抗盐品种

不同作物和同一作物不同品种的抗盐性有很大差异，因而可通过选择或培育抗盐品种来提高栽培作物的抗盐性。以在培养基中逐代加 NaCl 的方法，可获得耐盐的适应细胞，适应细胞中含有多种盐胁迫蛋白，以增强抗盐性。现在人们用转基因技术已培育出抗盐的番茄品种。

4.改造盐碱土

通过合理灌溉、泡田洗盐、增施有机肥、地膜覆盖、盐土种稻、种植耐盐绿肥（田菁）、种植耐盐树种（白榆、沙枣、紫穗槐等）及种植耐盐碱作物（向日葵、甜菜等）等方法改造盐碱土都是从农业生产的角度上抵抗盐害的重要措施。

二、养分胁迫与植物抗性

（一）植物的养分胁迫与养分效率

1.养分胁迫

（1）养分胁迫的概念

植物的必需元素（Essential element）中，需要量相对较小的为微量元素（Microelement）或微量营养（Micronutrient），需要量相对较大的为大量元素（Macroelement）或大量营养（Macronutrient）。此外还有一些有利于植物生长发育的有益元素（Beneficial element）。无论何种元素，过多过少时都可能对植物造成伤害，可将其称为养分胁迫（Nutrition stress）。

Clark 总结了发生在各主要土类上的养分胁迫问题，主要包括石灰性或碱性土壤的磷、铁、锌、锰、铜等养分的缺乏和硼毒与盐害等；酸性土壤的酸害、铝和锰毒害及缺磷、缺钾、缺镁、缺钙、缺锌、缺钼、缺硼、甚至缺硫等。

（2）养分胁迫的特点

植物对介质中的矿质元素（包括植物必需元素和非必需元素）的反应一般都遵循着一定的规律（图 9-1），对于必需营养元素，介质浓度过低时会引起植物养分缺乏。无论是必需元素还是非必需元素，介质浓度过高都会引起对植物的毒害。植物对养分缺乏和元素毒害的适应能力分别称为"养分效率"和"元素毒害抗性"。其中养分效率包括了氮效率、磷效率、钾效率、铁效率和铜效率等，而元素毒害抗性包括了抗盐性、抗酸性、抗重金属性等。

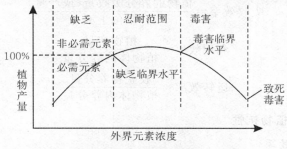

图 9-1　植物对外界元素浓度变化的典型反应

2.养分效率

作物的养分效率偏低是农业生产的重要限制因子。我国主要农作物对氮肥的利用率平均只有 30％左右,磷肥只有 20％左右,钾肥只有 40％左右,这不仅造成了养分资源的极大浪费,而且会带来严重的环境污染。造成养分效率低的原因很多,一方面是养分在土壤中的损失问题(如钾的流失等),另一方面是作物本身对土壤中养分的吸收利用效率较低。以磷素为例,一般土壤中的总磷含量足可以满足农作物生长的需要,但由于土壤中大部分磷的形态有效性较低,不能被作物所吸收,表现出较低的养分效率,导致作物仍然缺磷。这种由于未充分发挥植物本身对养分吸收利用的遗传潜力而导致的养分缺乏称为养分的遗传学缺乏(Genetic deficiency)。另外一个常见的例子是植物的缺铁症。即使在含铁总量较高的土壤,只要土壤条件不适宜(如 pH 太高或碳酸盐、磷酸盐含量较高),铁的有效性就会较低,因而不能被作物所吸收,或者即使被吸收了也不能充分地被作物利用,植物仍会出现缺铁症状,这也是一种养分的遗传学缺乏。

植物对养分元素吸收和利用的能力大小以养分效率(Nutrient efficiency)来表示,养分效率可以根据不同的研究对象和研究目的而有不同的定义。通常养分效率是指单位养分的投入与产出的比例,即:

$$养分效率 = \frac{植物产出}{养分投入}$$

式中:植物产出——产量(生物产量或经济产量);

养分投入——土壤养分含量或施肥量。

在农业生产系统中,人们关心的是单位肥料的投入所获得的增产量,这时的养分效率可用肥料农学效率来表示,即:

$$肥料农学效率 = \frac{施肥区养分产量 - 不施肥区养分产量}{施肥量}$$

作物的养分效率还可以用肥料利用率(或肥料回收率)来表示:

$$肥料利用率(或肥料回收率) = \frac{施肥区养分吸收量 - 不施肥区养分吸收量}{施肥量}$$

具体而言,养分效率又可分为吸收效率(Uptake efficiency)、利用效率(Utilization efficiency)和运转效率(Translocation efficiency)。吸收效率是指单位土壤(或其他介质)中植物吸收的养分量或所能产生的植物产量,利用效率是指植物体内单位养分所能产生的植物产量,而运转效率则是指收获物中养分量占植物体内养分量的比例。用公式分别表示为:

$$吸收效率 = \frac{植物的养分吸收量(或产量)}{单位土壤}$$

$$利用效率 = \frac{植物产量}{植物体内养分量}$$

$$运转效率 = \frac{收获物养分量}{植物体内养分量}$$

(二)氮素胁迫与植物抗性

1.氮素循环与氮效率

(1)氮素循环

自然界中氮的主要形式是大气中的氮气(N_2),约占大气总体积的 78％,但游离的 N_2 不能直接被高等植物所利用。因而,大气圈的氮要进入生物圈,必须通过如下两种方式:一是生物固氮,即空气中 N_2 被豆科植物或其他固氮生物固定利用;二是化学固氮,即空气中的 N_2 通过自然现象(如闪电)或工业固氮(如合成氨)变成可供植物利用的形态。其中生物固氮起着更为重要的作用。据估计,地球上每年的生物固氮量有近 2 亿吨之多,比现时化学固氮(包括工业固氮)多几倍。目前人们正致力于研究将固氮生物的固氮基因转移到非固氮生物中去,希望产生新的固氮生物类型。随着基因工程技术的进展,这一愿望很可能会实现,从而将会导致一次新的农业革命。不过,在生物固氮技术还没有突破之前,工业固氮仍然起着重要的作用。

进入生物圈的氮一般为铵态氮和硝态氮两种形式,植物可吸收利用这两种形式的氮源并将其转化为有机态氮(氨基酸、蛋白质等)供给动物或微生物利用。植物、动物及微生物残体中的有机态氮最终又会以铵态氮的形式排放到土壤中。进入土壤中的铵态氮或者被植物再次吸收利用,或者通过一些途径挥发进入大气圈或流失到水圈中。

(2)氮效率

人们很早以前就注意到了非固氮植物在吸收利用氮素方面的遗传变异。大量的证据表明植物无论是在不同的种属之间还是在同一种类植物的不同品种(或品系)之间均存在着氮效率差异,具体表现在:①吸收硝态氮和铵态氮能力的差异;②硝酸还原酶的水平和活性的差异;③体内无机氮(主要是硝酸盐)贮存库大小的差异;④氮在体内运输和再利用的差异。

在种属间,C_3 植物和 C_4 植物间的氮效率差异颇受人们关注。在相同的土壤供氮条件下,C_3 植物(如水稻、小麦、大麦、燕麦等)比近似苗龄的 C_4 植物(如玉米、高粱等)对 NO_3^- 有较高的吸收速率和积累量,但 C_4 植物对体内氮素的利用效率远高于 C_3 植物,因而在较低的外源氮素供给时,C_4 植物能获较高的产量。

在某一植物种内的品种或品系之间也普遍存在氮效率的基因型差异。有关植物氮效率基因型差异的报道已涉及玉米、小麦、大麦、燕麦、水稻、高粱、黑麦草、马铃薯、番茄、棉花、大豆、苹果等多种类型的作物,说明了氮效率基因型差异是普遍存在的现象。

2.氮素胁迫的根系表现

土壤氮素是植物氮的主要来源,NO_3^- 主要通过质流的方式迁移至根系表面,但当土壤溶液 NO_3^- 浓度很低时,扩散则会成为根系吸收氮素的限制因子,根系形态特征如根长、根表面积等对氮的吸收则显得极为重要。已有研究表明,增加氮的供应对根系生长的影响可能表现为促进或抑制作用。Bahman 报道,当氮素缺乏时,相对较多的光合产物被根系利用,形成较大的根系,以便吸收更多的氮素,在高氮供应的条件下,根系的生长量降低,主要是由于高氮可能降低根系向深层穿插的能力,从而降低其对深层养分、水分利用的能力。

根系活力是指根系的吸收、合成、代谢能力,特别是与吸收作用有密切关系。研究发现在 $0\sim130cm$ 土深中各土层根系活力施氮后均比不施氮显著增加,推迟施氮期上层土($0\sim40cm$)中根系活力增加。增施氮肥能增强根系活力,随营养液氮浓度的升高根系总吸收面积增加,且与营养液氮浓度呈极显著正相关。不同供氮对水稻的根系影响的研究表明,氮素处理能显著影响水稻根系的生长和活力。在生育前期水稻根系无论在数量、体积、最长根长,还是在根系活力等方面差异不大。到了拔节期,高氮素水平能迅速提高根系活力,促进根系快速生长;而低氮素水平有利于根系深扎,但根量不足、活力不高。

3.氮素胁迫的生理适应

植物氮素营养状况的好坏,直接影响光合速率和生长发育,并最终影响产量和光能利用率。氮胁迫下，作物的光合速率会下降，然而其下降幅度以及其他的一些光合特性参数都会表现出基因型差异。马祥庆等在对氮素高效基因型杉木无性系的选择研究中发现：正常供氮条件下，不同杉木无性系光合速率有明显差异。在氮素胁迫条件下，各无性系 Pn 下降，而下降幅度在不同无性系间差异显著，耐氮素胁迫能力强的 Pn 下降缓慢。正常供氮条件下，不同杉木无性系其他光合特性也存在明显差异，增产潜力大的具有较低的光补偿点和 CO_2 补偿点，较高的光饱和点。随氮胁迫加剧，各无性系 CO_2 补偿点增大，光饱和点下降，但不同杉木无性系光合特性对氮素胁迫的反应程度明显不同，其中耐氮胁迫的无性系光合特性指标在氮素胁迫下变幅不大。

在一定范围内，光合速率与含氮量呈直线相关，达到一定含氮量后，光合速率不再继续提高，且有下降趋势。黄高宝等研究表明，氮素营养效率的高低与品种净光合速率、气孔导度等都有一定的相关性，适当供氮能提高净光合速率、气孔导度，增加幅度因品种而异。

植物体内氮素主要存在于蛋白质和叶绿素中。蛋白质是构成原生质的基础物质，蛋白质态氮通常可占植株全氮的 $80\%\sim85\%$。在作物生长发育过程中，细胞的增长和分裂以及新细胞的形成都必须有蛋白质参与。在矿质营养中，氮素对蛋白质含量的影响最大。缺氮常因使新细胞形成受阻而导致植物生长发育缓慢，甚至出现生长停滞。蛋白质的重要性还在于它是生物体生命存在的形式。叶片中可溶性蛋白质的主要成分是 RUBP 羧化酶和 PEP 羧化酶等光合作用过程中的酶蛋白，因此其含量高低可以反映叶片光合活性大小。测定结果表明，无论在正常灌水或是干旱胁迫下，高氮处理可溶性蛋白质含量均高于中氮处理和低氮处理，说明玉米苗期施氮肥可以提高酶蛋白质的含量，从而提高光合活性。

(三)磷素胁迫与植物抗性

1.磷素循环与磷效率

(1)磷素循环

磷一般不会挥发，也较少随水流失，因此，它的循环基本上只局限于生物圈和土圈。磷的主要来源是含磷岩矿中的磷酸盐，经自然风化作用或人工化学分解后成为可供植物吸收利用的各种形式。

磷的循环过程受不同形态磷化合物有效性的制约，这是磷循环的一个特点。磷在土壤中的循环十分复杂，牵涉磷在生物活体、死去的有机体及无机形态下不同的储存形式。

不同形态磷的转化，特别是磷在土壤中的固定与溶解，是磷循环的中心内容。不稳定的无机磷被植物吸收后转换为果实、茎叶及根内的磷；而有机磷则分为新鲜残体中的有机磷及稳定态的有机磷。此外，尽管磷随水流失较少，但一旦流失，将会进入江河湖海中成为永久性的沉积盐。除非有新的地质大运动，否则这部分磷将从陆地中消失。据估计，每年大约有350 万吨磷从陆地流向海洋而损失。

(2)磷效率

全世界 13.19 亿 hm^2 耕地中约有 43% 缺磷，我国 1.07 亿 hm^2 耕地中约有 2/3 严重缺磷，土壤缺磷（"遗传学缺磷"）已成为农业生产中最重要的限制因子之一。虽然磷肥在农业中的用量不断增加，但磷肥利用率低，当季利用率只有 15%，把后效包括在内也不超过 25%，施用磷肥不能从根本上解决作物缺磷现状。

由于长期施用磷肥，大部分磷转化为作物难以利用的难溶性磷在土壤中积累起来，以致土壤全磷含量较高,而有效磷含量很低,多数农业土壤已成为一个潜在的磷库,属于"遗传学缺乏",即土壤中总磷含量高,但能被植物吸收利用的有效磷含量低,缺磷问题依然严重。改善作物磷营养状况,在合理施肥的基础上,挖掘和利用作物本身的遗传特性,选育和利用磷高效基因型,是改善作物磷营养、培育耐低磷养分胁迫新品种的先决条件。

植物不同种(属)间和品种(系)间在磷效率方面均存在着较大的差异,其中不同种类植物的差异相当明显。在同样的低有效磷土壤中,一些种类的植物可以正常生长,而另一些植物则生长严重受阻,甚至死亡。不同的生态区域中都存在着一些突出的高磷效率植物种类,如国际半干旱热带作物研究所(ICRISAT)的研究者发现,在印度半岛的半干旱酸性缺磷红壤中,木豆比大豆、小麦、玉米、高粱等作物具有较高的适应低磷能力,主要原因是木豆根系能分泌番石榴酸(Piscidic acid)类的物质,螯合土壤中 Fe-P 的 Fe^{3+} 从而将磷释放出来。在中国南方的缺磷红壤中,肥田萝卜、印度豇豆等作物具有相对较高的磷效率;而在北方缺磷的石灰性土壤中,油菜和白羽扇豆等作物则具有相对较高的磷效率。对以上两种生态类型的植物研究表明,肥田萝卜、印度豇豆主要由根系分泌石榴酸类物质,通过螯合作用来活化土壤中 Fe-P 或 Al-P;而油菜和白羽扇豆主要通过根系分泌柠檬酸和苹果酸,通过酸化作用而活化土壤中的 Ca-P。

同一植物种类的不同品种或品系之间也存在着磷效率方面的基因型差异。如小麦、水稻、高粱、大麦、玉米、菜豆、番茄等均有相似报道。植物品种(系)间在磷效率方面的基因型差异有时是相当可观的。如一些实验表明,在其他养分供应正常但土壤有效磷较低的条件下,来自不同基因库的不同菜豆基因型苗期生物量差异可达 4.2 倍,籽粒产量差异可达 2.4 倍。

2.磷素胁迫的根系表现

磷素胁迫首先在根系中有反应。如对大麦和小麦根系形态变化研究表明,低磷胁迫诱导大麦和小麦根的伸长,根系表面积增大,根系活力增加;不同水平的磷胁迫都使大麦和小麦的根/冠比显著大于对照,同时低磷胁迫诱导大麦和小麦根干物重增加。比较大麦和小麦在磷胁迫下根系变化的不同可以看出,在低磷胁迫的初期小麦 R/S、根长有较大的增加而大麦则变化不大。

磷容易被土壤固定,在土壤溶液中的移动性很差,主要靠扩散作用迁移到根表,扩散距离只有 $1\sim2mm$,扩散速率很慢,在高肥力土壤中磷的扩散速率大约是 $30\ \mu m \cdot h^{-1}$,在缺磷土壤中只有 $10\ \mu m \cdot h^{-1}$。植物一般仅能吸收距根表面 $1\sim4mm$ 根际土壤中的磷。根系的形态变化不仅受植物遗传基础的控制,而且与土壤供磷状况、土壤类型等环境条件密切相关。研究表明在低磷条件下,根系形态以及根构型变化可能是植物有效吸收和利用土壤磷的特异性机理。已有的研究发现,低磷胁迫下作物根系形态的许多变化,如根数、根长、根重、根冠比、根表面积、侧根数与长度、根毛密度和长度等都将影响根系对磷的吸收。一般而言,根系深而广,侧根发达,根毛健全发达,排根形成对磷的吸收起决定性影响,磷高效基因型根系常具有这些特点。

根构型是指同一根系中不同类型的根(直根系和须根系)在介质中的空间分布,包括三维立体构型和平面几何构型。根构型在很大程度上决定了根系在土壤中的空间分布和所接触土壤体积的大小,因而对植物的磷吸收效率十分重要。廖红等通过计算机扫描结合软件处理,发现在特定土壤水分条件下,菜豆磷高效吸收的理想根构型为基根变浅、主根加深,形成浅层基根吸磷、深扎主根吸水的"伞状"构型;而旱种水稻磷高效吸收的理想根构型为不定根及次生侧根适当分散、均匀分布,形成多数根留在表层吸磷、少数根扎到深处吸水的"须状"构型。严小龙等应用分子标记技术对菜豆根构型的一个重要参数(基根平均生长角度)的数量性状座位进行了分子图谱定位,定位了该性状对低磷胁迫适应性反应的一些 QTL,并且发现其中部分 QTL 与控制菜豆田间磷吸收效率的 QTL 连锁,从而从分子水平上证实菜豆根构型性状与磷吸收效率密切相关。

3.磷素胁迫的生理适应

酸性磷酸酶(Acid phosphatase,APase)普遍存在于植物体内,这类酶可催化分解磷酸单脂等含磷有机化合物并释放出无机磷(Pi)。除胞内 APase 外,植物也能分泌酸性磷酸酶到根际,以分解土壤有机磷,释放出无机磷离子供植物吸收利用。APase 可将土壤中的难溶性有机磷活化为植物可吸收的有效态磷,展现了诱人的研究前景。普通小麦的 4AL,4BS,4DL,5A,5B,5D 携有 Apase 的编码基因。黑麦编码 APase 的基因在 1R 染色体上。白羽扇豆中分离出两个特异性地编码分泌性 APase 的 cDNA 克隆 *lasap*1,*lasap*2,将其引入烟草中发现携带该基因的烟草转化株根部可分泌大量 Apase。从番茄中克隆到酸性磷酸酶基因 *LEPS*2,该基因表达的加强受磷饥饿专一性诱导。

在低磷胁迫下,植物通过一系列的生理生化变化适应胁迫逆境,包括一些酶和蛋白质的特异生成,除酸性磷酸酶外,还有磷酸烯醇式丙酮酸羧化酶(PEPC,PEPCase)、RNA 酶(RNase)、β-葡萄糖苷酶及磷转运蛋白等。这些酶和蛋白质特异性地被低磷所诱导,并对磷的吸收、活化、转运及利用起重要作用,是植物进行磷饥饿自救的重要机制。

内源激素可能与低磷诱导形态特征的适应性变化有关。研究表明,磷缺乏诱导根部 ETH 的合成,ETH 对低磷条件下菜豆根毛发育、根系向地性反应具有重要的调控作用,低磷以及 ETH 对根毛的形成具有促进作用。Reed 等认为 IAA 从地上部向根部的极性运输是拟南芥对外界刺激进行调节的一种手段,对侧根的生长发育起决定作用,而用 IAA 转运抑制剂处理或切除 IAA 的主要生物合成部位均对侧根的发育有抑制作用。孙海国等报道,低磷刺激根系 IAA 增加,进而诱导细胞周期蛋白基因 *cyclAt* 的表达,促进小麦根的生长,使根/冠比增加。Tanimoto 等指出内源 IAA 对根系生长起关键作用,IAA 刺激还是抑制根系生长依赖于 IAA 浓度,低水平的 IAA 抑制根系生长。López 等报道,低磷胁迫时,根系细胞分裂素水平上升,刺激了地上部而抑制地下部的伸长生长,外源细胞分裂素抑制拟南芥侧根的生成。内源激素的变化对根系的形成和发育有着复杂的调控机制,根系的改变以及干物质在根系与地上部分之间分配比例的改变很可能与体内激素平衡的改变有关。

本章小结

土壤中可溶性盐过多对植物的危害叫盐害。植物对盐分胁迫的抵抗与忍耐能力称为抗盐性。植物在受到盐胁迫时发生的危害主要表现在渗透胁迫,离子失调,膜透性改变,生理代谢紊乱如光合作用减弱、呼吸作用不稳、蛋白质合成受阻及有毒物质累积等方面。

根据耐盐能力,植物可分为盐生植物和甜土(淡土)植物或非盐生植物。盐生植物是盐渍生境中的天然植物类群;绝大多数农作物属甜土植物,其中对盐渍特别敏感的叫盐敏感植物,能耐受较高的盐浓度的植物叫耐盐植物。

植物对盐渍环境的适应方式主要有御盐性和耐盐性。御盐性可通过被动拒盐、主动排盐和稀释盐分来达到避免盐害的目的。耐盐性是采取某种措施抵消或降低盐分的伤害作用,如耐渗透胁迫。

提高植物抗盐性的途径包括抗盐锻炼、使用生长调节剂、培育抗盐品种和改造盐碱土等方法。

无论何种元素过多过少都可能对植物造成伤害,可将其称为养分胁迫。作物的养分效率偏低是农业生产的重要限制因子。植物对养分元素吸收和利用的能力大小可以用养分效率来表示。

植物无论是在不同的种属之间还是在同一种类植物的不同品种(或品系)之间均存在着氮效率差异,如吸收硝态氮和铵态氮能力的差异;硝酸还原酶的水平和活性的差异;体内无机氮(主要是硝酸盐)贮存库大小的差异;氮在体内运输和再利用的差异。氮素胁迫在根系表现最为直接。氮素胁迫直接影响光合速率和生长发育,并最终影响产量和光能利用率。

磷的循环过程受不同形态磷化合物有效性的制约。土壤缺磷("遗传学缺磷")已成为农业生产中最重要的限制因子之一。植物不同种(属)间和品种(系)间在磷效率方面均存在着较大的差异,其中不同种类植物的差异相当明显。磷素胁迫首先在根系中有明显反应,根际中的磷常由于根系的吸收而被迅速消耗。植物通过改变自身的形态、结构,以及调节根际土壤环境等一系列途径来适应低磷胁迫。

复习思考题

1.讨论盐胁迫的概念及其危害。

2.盐胁迫的直接伤害与次生伤害有哪些? 为什么?

3.谈谈植物对盐渍环境的适应方式。

4.什么是植物的养分胁迫与养分效率?

5.比较植物的氮素胁迫与磷素胁迫特点。

第十章 病虫害与植物抗性

一、病害与植物抗病性

(一)植物抗病及其特性

1. 植物的抗病性

许多微生物包括真菌、细菌、病毒等都可以寄生在植物体内,对寄主产生危害,这就叫病害(Disease)。植物对病菌侵袭的抵抗与忍耐能力称为抗病性(Disease resistance)。

引起植物病害的寄生物称为病原物(Causal organism 或 Pathogenetic organism),若寄生物为菌类,称为病原菌(Disease producing germ),被寄生的植物称为寄主(Host)。

2.植物感病与抗病的类型

既然病害是寄主和寄生物相互作用的结果,那么它就不是寄主的固有特性。当植物受到病原物侵袭时,病原物和寄主相对亲和力的大小,决定了植物不同的反应。亲和性相对较小,使发病较轻时,寄主被认为是抗病的,反之则认为是感病的。

植物受病原物侵染后,从完全不发病到严重发病,在一定范围内表现为连续过程(图10-1),因此同一植物既可以认为是抗病的,也可以认为是感病的,这要根据具体情况而定。

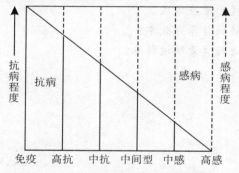

图 10-1 寄主对病原物侵染的反应类型

(1)免疫

寄主排斥或破坏进入机体的病原物,在有利于病害发生的条件下不感染或不发生任何病症,这在植物中较少见。

(2)感病

寄主受病原物的侵染而发生病害,生长发育受阻,甚至局部或全株死亡,影响产量和质量。损失较大者为高度或严重感病。

(3)抗病

植物抗病反应主要有以下几种类型:

①避病。受到病原物侵染后不发病或发病较轻,这并非由于寄主自身具有抗病性,而是

病原物的盛发期和寄主的感病期不一致，植物即可避免侵染。如雨季葡萄炭疽病孢子大量产生时，早熟葡萄品种已经采收或接近采收，因此避开了危害；又如大麦在自花授粉前，花序始终在旗叶鞘里，由于雌蕊不暴露，结果避开了黑穗病。

②抗侵入。指由于寄主具有的形态、解剖结构及生理生化的某些特点，可以阻止或削弱某些病原物侵入的抗性类型。如叶表皮的茸毛、刺、蜡质、角质层等，此外如气孔数目、结构及开闭规律、表面伤口的愈合能力、分泌可抑制病原物孢子萌发和侵入的化学物质等，均与抗侵入的机理有关。

③抗扩展。寄主的某些组织结构或生理生化特征，使侵入寄主的病原物的进一步扩展被阻止或限制。如厚壁、木栓及胶质组织可以限制扩展。组织营养成分、pH、渗透势及细胞含有的特殊化学物质如抗生素、植物碱、酚、单宁及侵染后产生的植保素等，均不利于病原物的继续扩展。

④过敏性反应。过敏反应（Hypersensitive response，HR）又称保卫性坏死反应，是病原物侵染后，侵染点附近的寄主细胞和组织很快死亡，使病原物不能进一步扩展的现象。

3. 非寄主抗性与寄主抗性

（1）非寄主抗性

植物随时都在面临成百上千种微生物的企图性进攻，而其中只有极少数的进攻会成功，导致植株发病。所以绝大多数微生物对于某一种植物而言，该种植物拥有对它的非寄主抗性（Nonhost resistance），这种抗病性类似于植株抗虫性中的非选择性抗性（Non-selecting resistance），抗性水平上类似于动物的免疫反应，但机制上与免疫反应完全不同。企图侵染的病原菌由于受以下因素的限制而不能完成侵染和使植物致病。

①结构障碍（Structural barrier）。由于目标植株拥有特殊的形态结构如厚的表皮蜡质、木栓层、细胞壁等，使病原菌通常难以成功侵染。

②毒素的忌避性（Avoidance）。由于目标植株体内预存有一些特殊的生化或化学成分，通常是一些有毒的次生物质或毒蛋白，使病原菌不能完成有效侵染。

③营养限制（Nutrient restriction）。目标植株体内的生化成分不适合于病原菌完成其生命周期中生长、繁殖、扩散等生命活动。

（2）寄主抗性

寄主水平抗性是指某一微生物能引起该植物物种水平上的致病性，但该寄主植物在与该病原菌的不同层次互作中能表现出一定的抗病性。

①预存防卫系统介导的寄主抗性。植物不能像动物那样移动迁徙，对外来进攻采取机械躲避方式，同时植物体内也不存在类似动物体内的免疫循环系统，这就决定了植物的防卫机制本质上不同于动物。这种防卫机制上的最大不同之处，一是几乎所有植物细胞都必须具有主动或被动的抗病防卫能力，二是形态上和生化上的预存防卫系统（Preformed defensive system）是植物抗病性的一个重要方面。几乎所有的植物体内都存在一些预存的防卫系统，它不需要病原菌与寄主植物的分子识别和诱导过程就可以发挥防卫作用，所以主要在病原菌侵染的初期阶段起作用。植物抗病性的诱导防卫反应往往有一个时间过程，在诱导防卫反应还来不及起主要作用时，预存防卫系统就起主要作用。

形态上的预存防卫系统因不同植物而异，不同的形态防卫系统对不同的病原菌来说防卫效果也不一样。最常见的形态防卫系统是一些结构屏障，如表皮蜡质、木栓层、加厚的细胞壁等。

　　生化上的预存防卫系统主要是一些对病原菌有毒的次生代谢物质,如酚类、3,4-二羟苯甲酸、糖苷、不饱和内酯、硫化合物、皂苷、生氰糖苷及硫苷等化合物。皂苷属于糖基化合物,广泛分布在植物界中,在健康组织中它的含量也较高,在组织受到损伤时被激活,对真菌的毒性主要是由于它与真菌细胞膜上的甾类作用形成孔洞。硫苷是一种含硫糖苷,广泛分布在十字花科植物中,同样受到组织损伤的诱导。这些化合物在植物体内常常作为潜在病原菌的第一道化学障碍。这些物质可以以活性物质方式贮存在液泡等细胞器中,也可以以活性成分的前体形式贮存在细胞中,一旦遭受病原菌的攻击,植物细胞主动或被动地产生去分区化(Decompartmentation)作用,毒素前体被相关的酶所活化,具活性的毒素直接与病原菌接触而起杀菌作用。

　　从功效上看,除上面说的次生物质外,多酚氧化酶(Polyphenol oxidase,PPO)、液泡贮存型的几丁质酶(Chitinase)、植物凝集素等抗菌酶类或抗菌蛋白也应当属于预存防卫系统。预存防卫系统杀菌物质一般具有组成性表达特点,但多数又兼具诱导表达的特点,病原菌的侵染一般会诱导其超量表达。

　　②抗病基因介导的诱导抗病性——基因对基因学说诱导防卫系统(Induced defensive system),又可分为抗病基因 R 介导的抗病性和 PG-PGIP 互作介导的抗病性等。寄主植物和病原菌都存在丰富的基因型,虽然同是某一病原菌的寄主,有些寄主植物拥有抗病性,而有些寄主植物则不具有抗病性而表现为感病。相似地,对于某一寄主植株而言,有的病原菌小种或菌系对其具有致病力,而另外的小种或菌系对其则不具有致病力或致病力上有强弱之分。根据 Flor 基因对基因学说(Gene for gene theory),在某一特定的寄主与病原菌的组合中,寄主是抗病还是感病取决于寄主与病原菌之间的基因型互作。寄主可能拥有抗病基因(Resistance gene,R),也可能缺乏抗病基因。对应地,病原菌可能拥有无毒基因(Avirulence gene,Avr),也可能不具有无毒基因。只有寄主的抗病基因的直接或间接产物即受体(Receptor)与病原菌无毒基因的直接或间接产物即配体(Ligand)或称激发子(Elicitor)相互识别(Recognition),产生非亲和性互作(Incompatible interaction)并激活(Activation)一系列防卫反应(Defensive response)后,寄主才表现为抗病。反之,当病原菌存在致病基因而寄主中又不存在相应抗病基因时,不管病原菌有没有无毒基因,都表现为亲和性互作,寄主植株感病。目前关于植物抗病性的研究主要集中在寄主水平的抗性上,而且大多数依据的就是基因对基因模型或称为 R-Avr 模型(R-Avr model)。

　　③寡糖素介导的诱导抗病性——PG-PGIP 模型。寡糖(Oligosaccharide)是由糖残基经糖苷键相连的任意长度的短链的聚合物。少数寡糖在很低的浓度下对植物组织具有信号功能,对植物的生长、发育、防卫等生理过程产生影响,称这种寡糖为寡糖素(Oligosaccharin)。绝大多数已知的寡糖素是对多糖进行人工的酸解或酶解而得到的,糖蛋白也是寡糖素的一种来源,因此扩展后的寡糖素概念是指具有引起特定信号功能的多糖或糖蛋白。一些寡糖素具有激发子的功能,动物中寡糖素可以介导对病原菌和寄生虫的防卫反应,在植物中源自病原菌和源自植物细胞表面的寡糖素都能诱导植物的抗病或抗虫反应。

　　源于真菌和源于寄主的寡糖素均可诱导植物的抗病反应。源于真菌的寡糖主要有葡聚糖(Glucan)、寡聚几丁质(Oligochitin)和寡聚壳聚糖(Oligochitosan)。几丁质和 β-葡聚糖是许多真菌细胞壁的重要组分,真菌在侵入植物时会受到寄主体内产生的酶如几丁质酶和葡聚糖酶的降解作用而产生有激发子活性的寡糖。葡聚糖中诱导活性最强的是庚-β-葡糖苷,

几丁质是 β-N-乙酰葡萄糖胺残基组成的线性多糖,壳聚糖是其脱乙酰的衍生物。病原菌在侵染植物内部组织之前必须先穿过富含多糖的植物细胞壁,因此它必须分泌果胶酶、半纤维素酶、纤维素酶等水解酶来降解植物细胞壁。寄主的细胞壁被这些酶分解产生的寡糖可以作为激发子诱导植物防卫基因的表达。

④解毒模型介导的抗病性。基因对基因模型指出只有当寄主植物拥有显性抗病基因 R,同时病原菌又拥有显性无毒基因 Avr,并产生 R-Avr 互作时,寄主植物才会表现出抗病性。这对于大多数的活体营养型(Biotrophic)的植物-病原菌互作来说是准确的,但对特别依赖于某些毒素的成功毒性作用来完成其致病侵染过程的病原菌尤其是一些腐生营养型(Necrotrophic)的病原菌来说,基因对基因学说并不完全正确,而且自然界也许存在一些并不需要符合基因对基因学说的抗病机制,如玉米抗圆斑病的机制就是一个例子。在这种情况下,解毒模型(Detoxification model)就被提出来了。该模型中寄主植株的抗病性主要依赖于显性解毒基因的表达来解除病原菌的致病毒素,或者对病原菌毒素的靶向生化物质产生非敏感性突变而使毒素失效,甚至可以改变相应的生化途径使病原菌彻底失去致病力,只有植物不能对病原菌的致病毒素进行成功的解毒时才会表现为感病。其实,植物与病原菌的互作也许远比人们想象的要复杂得多,对于寄主型互作来说,也许很多情况下基因对基因模型和解毒模型同时存在,具体涉及某一特定的寄主—病原菌互作时则各有侧重。

4.提高植物抗病性的途径

要提高植物的抗病性,可从多方面入手,综合防治。

(1)培育抗病品种

这是防治病害的根本途径。

(2)改善环境和加强管理

改善植物的生存环境和加强管理是抗病的基本措施。如合理施肥,增施磷、钾肥;开沟排渍,降低地下水位;田间通风透气,降低温度。

(3)化学控制

化学控制的运用是抗病的重要手段。如杀菌剂、生长调节剂的合理施用。

(二)植物抗病的生理机制

植物对病原菌侵染的抵抗主要表现在:形态结构对病菌不适应,生理代谢对病原菌的限制以及产生抗病物质。

1.形态结构屏障

许多植物外部都有角质层保护,坚厚的角质层能阻止病菌侵入机体组织。苹果和李的果实在一定程度上能抵抗各种腐烂病真菌,主要依赖于角质层的增厚。白粉病菌不侵染三叶橡胶树老叶,就是因为其老叶有坚厚的角质层结构作保护。

导管堵塞与抗病性相关,大麻黄萎病抗病品种在接种病原微生物以后能产生大量的侵填体堵塞导管。在研究香蕉枯萎病、葡萄穿孔病、棉花黄萎病时都证实抗病品种产生侵填体或胶状物堵塞导管的速度明显快于感病品种,而且导管堵塞的频率高。导管堵塞物一般是菌丝体、胶质或侵填体,导管堵塞后既能防止真菌孢子和细菌等病原微生物随蒸腾液流上行扩展,又能使得寄主抗菌物质得以积累,防止病菌酶和毒素扩散。

植物在受到病原体感染后,细胞壁的木质化作用(Lignification)形成了对病原体进一步侵染的保护圈,使真菌等不能透过,并增强抗病原菌的酶溶解作用,同时也限制了水和营养物由寄主向病原菌的扩散,限制了病原菌的生长和增殖。细胞壁富含羟脯氨酸糖蛋白(Hydroxy proline-rich glycoprotein,HRGP)以及胼胝质(Callose)累积,也有防止病原体生长,提高抗病反应的作用。

2.组织局部坏死

有些病原真菌只能寄生在活的细胞里,在死细胞里不能生存。抗病品种与这类病原菌接触时,过敏反应的结果是在侵染部位形成枯斑(Necrotic lesion),被侵染的细胞或组织坏死,使病原菌得不到合适环境而死亡,这样病害就被局限于某个范围而不能扩展。

被侵染的细胞也可能发生PCD。离子流(Ca^{2+})、ROS、SA、JA等均是PCD发生过程中的重要信号分子;类半胱氨酸蛋白水解酶(Caspases like proteases,CLPs)、线粒体参与PCD过程;液泡在植物PCD中占重要的地位。

3.氧化酶活性增强

植物在被病原侵染后,氧化酶活性明显升高,且抗性品种显著高于敏感品种,从而抑制病原微生物的活性和毒性。如过氧化物酶、抗坏血酸氧化酶等,它们可以分解毒素,促进伤口愈合,抑制病原菌水解酶活性,从而抵抗病害的扩展。

PPO在植物抗病防御中有重要作用。PPO是酚类物质氧化的主要酶,氧化可产生醌类(咖啡酸,绿原酸),以杀死病原微生物或形成木质素的前体——预苯酸,从而修复伤口、抑制病原菌的繁殖。故PPO经以上两种功能起到保护寄主的作用,使寄主免于病原微生物的危害,表现出机体抗病的反应特性。

4.产生病菌抑制物

植物体原本就含有一些对病菌有抑制作用的物质,使病菌无法在寄主中生长。酚类化合物与抗病有明显的关系,如儿茶酚对洋葱鳞茎炭疽病菌的抑制,绿原酸对马铃薯的疮痂病、晚疫病和黄萎病的抑制等。亚麻根分泌的一种含氰化合物,可抑制微生物的呼吸。生物碱、单宁都有一定的抗病作用。

植物凝集素是一类能与多糖结合或使细胞凝集的蛋白,多数为糖蛋白。小麦、大豆和花生的凝集素能抑制多种病原菌的菌丝生长和孢子萌发。水稻胚中的凝集素能使稻瘟病的孢子凝集成团,甚至破裂。

此外,一些植物体内还存在一些有机硫化合物。如葱属、十字花科植物体内的硫醚(蒜氨酸)、甘蓝科植物体内的异硫氰酸(芥子油)、皂素及氢氰酸等内源抗菌物质,它们对病原菌均有明显的抑制作用和溶菌作用。

5.形成植保素

植保素也称植物防御素或植物抗毒素。广义的植保素是指所有与抗病有关的化学物质;而狭义的植保素仅限于病原物或其他非生物因子刺激后寄主才产生的一类对病原物有抑制作用的物质。植保素通常是低分子化合物,一般出现在侵染部位附近。

最早发现的是从豌豆荚内果皮中分离出来的避杀酊,不久又从蚕豆中分离出非小灵,从马铃薯中分离出逆杀酊,后来又从豆科、茄科及禾本科等多种植物中陆续分离出一些具有杀菌作用的物质。至今从植物中分离到的植保素就有300多种,大都是异类黄酮和萜类物质。

6.诱导抗性与系统获得性抗性

(1)诱导抗性的概念

植物诱导抗性(Induced resistance)指在外界生物或非生物因子的刺激或作用下,使植物能够抵抗原来不能抵抗的病原物的侵染,从而使感病植物表现抗病,抗病植物更加抗病。其实质是诱导因子使植物产生了系统获得性抗性,在其后与病原菌相遇时,预先激活的防卫反应对病原菌的入侵就具备了一定的抵御性。植物诱导抗性的获得使植物原来处于蛰伏状态的防御机制得到激发而发挥作用,且具有一定的广谱性,为一种既安全又经济的方式。

植株某一部分受一病原体侵染,不仅该处增加抵抗,也把防御广泛病原体的能力扩展到全株,这个现象称为系统获得性抗性(Systemic acquired resistance,SAR),也称系统诱导抗性,即免疫性。不同的文献关于诱导抗性与系统获得性抗性等概念的含义的指代不一样,从外延上看诱导抗性应当包含 SAR 和诱导系统抗性(Induced systemic resistance,ISR)。

(2)诱导抗性的一般特性

①广谱性。由多种因子或单一因子诱导的植物抗病性可以抵抗多种病害的危害,即诱导抗性的广谱性。例如,烟草花叶病毒诱导的烟草系统获得的抗性对病原真菌、细菌和病毒均产生广谱抗性。以草酸喷施黄瓜可诱导产生对真菌、细菌和病毒病害的抗性。

②滞后性。诱导处理的植物需要经过一定的时间间隔才能显示出它对某种病害的抗性。这种间隔期因不同植物和诱导物而异。菜豆下胚轴在紫外线短时间照射后立即接种,只会削弱其对瓜类炭疽病菌的抗性,而如果该植物在紫外光下照射 24~48h 后接种,则可诱导其产生对该病原菌的抗性。

③不完全性。植物的诱导抗性一般并不是对病原菌的绝对免疫,而只是侵染程度的减轻,而且缺乏典型的剂量效应。如 Anfoka 等用 TNV 预接种番茄和马铃薯诱导了其对 CMV 株系 Y 的系统抗性,从而延缓了病情发展,降低了病情指数。

④耗能性。当产生诱导抗性的时候,一些植物蛋白被水解成氨基酸,然后再重组成防卫相关物质。因此,诱导抗性涉及一个有限的资源重新分配的问题,用于产生抗性的能量将不会再用于生长。在缺乏营养的情况下施用苯并噻重氮(Benzothiadiazole,BTH),会使小麦更加感病,拟南芥植株会表现出矮化和营养缺乏症状,这都说明了组成性表达诱导抗性需要耗能。

⑤安全性。由于诱导抗性是通过诱发植物的免疫机制来实现的,诱抗剂本身不具备直接的抑菌作用,在植物体内诱抗剂也不转化为有毒物质,所以诱抗剂对人畜和环境安全无公害。而且正因为诱导因子不必与病原物同时作用于植物,与内吸性杀菌剂相比,作用位点单一、易产生新的抗药性小种,其抗性作用是稳定的,可以避免致病新类群和环境污染等潜在危害的出现。

(三)植物抗病的信号转导和基因表达

1.病原相关蛋白与植物抗病性

病原相关蛋白(Pathogenesis-related protein,PR)是植物被病原菌感染或在一些特定化合物处理后新产生(或累积)的蛋白。

有的 PRs 具有 β-1,3-葡聚糖酶(β-1,3-glucanase)或几丁质酶等水解酶的活性,它们分别以葡聚糖和甲壳素(甲壳质、几丁质)为作用底物。高等植物不含甲壳素,只含少量的葡聚糖,但它们是大多数真菌及部分细菌的主要成分。几丁质酶(Chitinase)能水解多种病原菌细胞壁的几丁质,起到防卫作用。在尝试利用几丁质酶基因提高几丁质酶水平来增强植株抗病性方面取得较大进展。β-1,3-葡聚糖酶既能分解病原菌细胞壁的1,3-葡聚糖,直接破坏病原菌细胞;同时分解产生的低聚糖,又可以诱导其他防卫反应酶系统(如 PAL 等)。寄主植物受病原菌感染时,β-1,3-葡聚糖酶常与几丁质酶一起诱导形成,协同抗病。这两种酶在健康植株中含量很低,在染病后的植株中含量却大大提高,通过对病原菌菌丝的直接裂解作用而抑制其进一步侵染。

苯丙氨酸解氨酶(Phenylalanine ammonia lyase,PAL)、肉桂酸-4-羟化酶(CA4H)和 4-香豆酸-COA 联结酶(4CL)是苯丙烷代谢途径的关键酶,类黄酮、香豆素、木质素以及多种次生酚类抗病物质都是通过苯丙烷代谢途径合成的。因此,这三个酶特别是 PAL 的活性与植物的抗病反应直接相关。PAL 是苯丙烷类代谢途径的关键酶和限速酶,可催化 L-苯丙氨酸直接脱氨产生反式肉桂酸,最终转化为木质素及其他次生产物(酚类、香豆素、黄酮等),这些产物具有抵抗病原物侵害的作用。

2.活性氧与植物抗病性

早在 1933 年人们就发现哺乳动物的噬中性粒细胞在行使吞噬功能时显著增加氧的消耗,称之为"氧化迸发"(Oxidative burst),也叫活性氧迸发。后来的实验表明这种氧的大量消耗并不是由于线粒体电子传导活性增加造成的,而是 H_2O_2、O_2^- 等活性氧大量产生造成的。活性氧迸发被认为是过敏反应的特征性反应,也是植物对病原菌应答的早期反应之一。

已发现寄主植物—病原菌不亲和互作过程中的活性氧迸发现象几乎存在于所有类型的寄主植物—病原菌不亲和互作过程中,包括寄主植物—病原真菌不亲和互作,寄主植物—病原细菌不亲和互作以及寄主植物—植物病毒的不亲和互作。在活性氧迸发过程中,有大量的活性氧产生,包括 H_2O_2、O_2^-、羟自由基和单线态氧。

3.抗病基因和防卫基因

寄主抗病基因(Resistance gene)和防卫基因(Defense gene)是两个不同的概念。防卫基因产物有的直接对病原增殖起限制作用,而抗病基因直接产物或间接产物可识别病原无毒基因直接或间接产物,导致防卫基因的迅速表达。Hammond-Kosack 和 Jones 依据基因编码的蛋白产物的结构等信息,将已克隆的植物抗病基因分为 6 个类别。

预先用蛋白质或核酸合成抑制剂处理寄主,再接种非亲和的病原,本来抗病的寄主就变成了感病的寄主。这说明病原诱导下新基因的表达是寄主主要的防卫反应,这些新表达的基因叫防卫基因。

4.植物多种抗病反应间的相互关系

植物的诱导抗病性是通过多种抗病防卫反应协同作用实现的。虽然各种抗病反应的相互关系非常复杂,但是人们通过对菜豆悬浮培养细胞的诱导实验和在拟南芥转基因植株与突变体上进行的许多工作发现,植物诱导抗病功能因子具有时序性、协同性和功能多样性的普遍规律。

时序性是指这些功能因子在抗病防卫反应中的出现有特定的秩序,在植物—病原物互作的阶段性,只有当前一种防卫功能因子被病原物克服时,才充分动用下一防卫因子。通常这个过程包括:产生 ROS→产生 SA→发生局部 HR 和部分防卫基因表达(如 PA、木质素)→另一些防卫基因表达(如 PR、木质素、HRGP)→产生系统获得性抗性。每一过程还可细分为不同阶段。如过敏反应分为 3 个阶段,①诱导期,接种后 2h 左右,其间 LOX、SOD、

POD 等活性增加。②潜伏期，接种后 2～6h，与 PA 合成有关的酶 PAL、4CL、CHS 等开始合成，PA 开始出现。③症状期，接种 6h 以后，PA 合成量逐渐增大直至最大值，2d 左右 PR 开始增加。

协同性是指各种功能因子在反应系统中从时间、空间和功能上相互配合、协调作用。如 HR 过程中有 ROS、SA、醌类、PA 和 PR 等的协同作用，从不同的时间、空间上使宿主局部细胞迅速坏死和杀抑病原物。

功能多样性是指某一功能因子常常具有多种功能，如 PAL 可分别调控 PA、酚类物质、木质素合成；POD 参与木质素的聚合，催化酚类转变为醌类，还能催化木质素与多糖、HRGP 等形成共价键，加固细胞壁等；SOD 能清除超氧自由基，形成的 H_2O_2 又可作为二级信使促进 PA、PR 和 HRGP 的合成；植物激素 ETH 能促进受侵染组织大量形成 POD 和多酚氧化酶，同时促进 PAL 的合成，诱导 HRGP 的积累。

二、虫害与植物抗虫性

(一)虫害与植物抗虫的类型

1.虫害与植物抗虫性

世界上以作物为食的害虫达几万种之多，其中万余种可造成经济损失，有严重危害的达千余种。中国记载的水稻、棉花害虫就有 300 余种，苹果害虫有 160 种以上。因害虫种类多、繁殖快、食量大，所以作物无论产量或质量均遭受到巨大的损失，虫害严重时其危害甚至超过病害及草害。

自公元前 707 年至 1935 年，我国发生蝗灾 796 次，平均 3 年发生 1 次。以 1944 年为例，受害面积达 $3.3 \times 10^7 hm^2$，仅蝗虫就消灭了 $9.175 \times 10^7 kg$，其中蝗卵就超过 $5.0 \times 10^4 kg$。1978 年日本松褐天牛等猖獗危害，受灾面积超过 $200 \times 10^4 m^2$。同年，挪威和瑞典因云杉八齿小蠹危害致死的云杉达 6.0×10^5 株（约占林木总数的 25%）。

植食性昆虫和寄主植物之间复杂的相互关系是在长期进化过程中形成的，这种关系可以分为两个方面，即昆虫的选择寄主和植物对昆虫的抗性。但是这两个方面不能完全分开，分析植物抗性的原因时必须考虑昆虫的行为和生理特征，反过来研究昆虫对寄主的选择时也必须分析植物特性的作用。

寄主植物和昆虫之间的相互关系有两个极端，一个是由于昆虫的侵害导致一个寄主物种、种群或个体的死亡；另一个是寄主物种、种群或个体完全不受昆虫的伤害。寄主植物的抗性通常是处于这两个极端之间的广阔范围。

在植物—昆虫的相互作用中，植物用不同机制来避免、阻碍或限制昆虫的侵害，或者通过快速再生来忍耐虫害。植物对虫害的抵抗与忍耐能力被称为植物的抗虫性(Pest resistance)。

2.植物对虫害的反应

根据田间观察害虫在植物上生存、发育和繁殖的相对情况，以及从质和量衡量害虫对寄主植物的相对危害，可将植物对虫害的反应分为如下情况。

（1）免疫

免疫品种是在任何特定条件下，从不被某一特定害虫取食或危害的品种，这种情况即使有，也是很有限的。

（2）高抗

某一品种在特定条件下受某种害虫危害的概率很小。

（3）低抗

某一品种受害虫危害的概率低于该植物其他品种。

（4）易感

易感品种表现为其受害虫危害的概率等于或大于某一害虫对其他品种的危害概率。

（5）高感

高感品种表现为对某一害虫表现出高度敏感性，其受害虫危害的概率远远高于其他品种。

3.抗虫性反应的类型

对抗虫性反应有多种分类法，如物理的、化学的和营养的抗性，也可分为生态抗性（Ecological resistance）和遗传抗性（Inheritance resistance）两大类。

（1）生态抗性

生态抗性指由于环境条件（特别是非生物因素）变化的影响，制约害虫的侵害，而表现的抗性。在一定环境下寄主可以很快越过最易感虫的阶段，此时害虫的危害性已经减少。不少害虫有严格的危害物候期（Phenological period），作物的早播或迟播可减少或回避害虫的危害。

昆虫—植物相互作用中不能忽视环境条件（特别是非生物因素）的影响，它们不同程度地减轻或加重害虫危害，影响着抗虫性的表现。

①寄主回避。即一定环境下寄主可以很快越过最易感虫的阶段，此时害虫的为害虫态已经减少。对于寡食性害虫，寻找寄主以及寄主感虫器官与害虫的物候期必须协调、同步，当不完全协调同步时，寄主回避则成为可能。自然界中，寄主回避构成了隔若干年才有一次害虫大发生的原因。有些品种是靠早熟来回避害虫的，通过晚播早熟种可以判断是否存在寄主回避。

我国常见的害虫如稻瘿蚊、麦红吸浆虫等，均有严格的危害物候期，哪怕几天的相差就会使为害水平形成悬殊差异。

②诱导抗虫性。由植物或环境，如气候、水分和土壤肥力等变化而产生的暂时增强的抗性。如长期阴雨、日照不足，植物光合作用下降，致使害虫营养水平下降、群体不易发展而表现的抗性。另如长管蚜在高于 20℃下不易繁殖，然而这种温度却适宜小麦生长。

③逃避。指寄主由于具备短暂的不完全侵害的环境条件而不被侵害。可见，在感虫群体中发现不受害的单株，未必是抗虫的品种，还必须研究其后代才能确定。

（2）遗传抗性

遗传抗性指植物可通过遗传方式传递给后代的抗虫性能。包括如下几种类型：

①拒虫性。指植物依靠形态解剖结构的特点或生理生化作用，使害虫不降落、不能产卵及取食的特性。

②耐虫性。指植物具有迅速再生能力，可以经受住害虫危害的特性。如植物受地下害虫危害后，可以迅速长出新根，而又不至于过分竞争地上部分的养分，具有较好的内部调节机能。

③抗生性。指植物产生对昆虫的生存、发育和繁殖等有毒的代谢产物，使入侵害虫死亡的特性。如抗虫棉，当棉铃虫食其叶子后便死亡。

以上三种可遗传的抗性类型的划分，并非绝对的，不是任何抗虫现象都能明显划归于三种类型之中的某一种，也可能一种植物同时具备两种或三种抗性。如抗麦茎蜂的实秆小麦品种"Rescue"，既因不吸引雌蜂产卵而具有拒虫性，又因幼虫蛀入后不易存活而具有抗虫性，加之该品种即使受蛀后也不易倒伏，所以虫害对收获影响不大。

4.提高植物抗虫性的途径

（1）培育抗虫品种

国内外都有用生物技术来培育的抗虫品种，如抗虫棉。现已分离出几十种抗植物虫害的基因，如蛋白酶抑制剂基因（Proteinase inhibitor gene）、植物凝集素基因（Lectin gene），转基因技术的运用将成为提高作物抗虫性的重要手段。

（2）加强田间管理

合理施肥是提高抗虫性的重要措施，缺钾、缺钙会降低植物的抗虫能力。栽培密度适当，田间通风透光，促使植物健康生长，可有效提高抗虫性。

（3）应用预警机制

根据某些害虫的物候期，可适当早播或迟播，应用早熟或晚熟品种，来避开害虫危害。

（二）植物抗虫的形态生理机制

植物在受到昆虫攻击时，通常会在生理生化及形态等方面发生一系列适应性反应。如产生有效自卫的化学物质，降低植物体营养价值同时使自身可食性恶化；产生影响昆虫生长发育的化学物质，减少昆虫对自身的危害；拟态反应或形成特殊的变态叶，以警告捕食昆虫；形成一些特殊结构如尖刺、荆棘和皮刺等用以防御虫害。同时，植物受侵害处细胞还可以产生一系列信号物质传输到其他未受损伤组织，使整个植株对随后虫害的抗性增加，借此来保全自身，延续种族。

植物能否被昆虫侵害决定于两种联系：①信息联系，指植物是否具有吸引昆虫取向、定位至栖息取食、繁衍后代的理化因素。②营养联系，即植物能否满足害虫生长繁殖所必需的营养条件。

1.拒虫性的形态结构特性

主要是通过化学方式干扰害虫的运动机制，包括干扰昆虫对寄主的选择、取食、消化、交配及产卵。

有的通过拒产卵而拒虫。不同品种植物所发出的引诱雌虫的气味不同，如甘蓝蝇产卵，决定于是否存在促进产卵的烯丙基异硫氰化物，该物质在品种间是有差异的。大菜粉蝶雌虫产卵则需要黑芥子苷的存在。印楝、川楝或苦楝的抽提物对稻瘿蚊有明显的拒产卵作用。棉花叶、蕾、铃上无花外蜜腺的品种，至少减少昆虫40%的产卵量，说明花外蜜腺含有促进产卵的物质，无花外蜜腺则成为重要的抗虫性状。Maxwell通过杂交，把海岛棉的拒产卵因子转育到陆地棉上，新选系可以使昆虫的产卵量减少25%～40%。

有的通过拒被取食而拒虫。植物存在一些能降低昆虫存活率的生化物质，但昆虫致死的原因，多是因为饥饿，加之不良环境的胁迫，而不一定因为取食了毒素。四季豆属植物中含有的生氰糖苷、菜豆亭等，对墨西哥豆象起取食诱停素的作用。

又如植物体内的番茄碱、垂茄碱、茄碱、卡茄碱和菜普亭等生物碱，均对幼虫取食起抗拒、阻止或不良影响，甚至使昆虫饥饿死亡。

因此形态解剖基础构成了拒虫性机理的主要方面。但拒虫性同时还与植物不同形态解剖结构产生的对昆虫毒害甚至致死的化学物质密切相关。因此形态解剖方式与生化方式在整体拒虫性防御中是交织在一起的。

2.抗虫性的生理代谢特性

植物分泌对昆虫有毒的物质,当昆虫取食后,可由慢性中毒到逐渐死亡,这是植物抗虫性的重要表现。植物毒素包括来自腺体毛的分泌物、组织胶以及一些次生化合物。其中有些具有改变昆虫行为、感觉、代谢、内分泌的效应;有些影响昆虫发育、变态、生殖及寿命。

植物的这种抗性多有季节性,有的与植物营养有关。豌豆抗蚜品种生长期碳氮比较高,可使成蚜体重下降、产仔量减少,而衰老时与感虫品种趋于一致。抗蚜豌豆品种"完美"较感蚜品种"锦标"氨基酸种类多,除作为营养物质外,氨基酸还通过影响筛管内的液压间接使昆虫无法取食而挨饿。通过研究抗甘蓝菜蚜和桃蚜的氨基酸种类还发现,两种蚜虫各有其偏嗜性氨基酸,这可以作为某些品种均只能抗一种蚜虫的解释。糖和卵磷脂的含量影响昆虫的繁殖,因此就对生殖的抗性而言,糖和卵磷脂之比似乎较碳氮比更为重要。维生素也是昆虫所偏嗜的食物,如缺乏抗坏血酸使某些玉米自交系能抗欧洲玉米螟。

抗虫性与植物毒素有关。多种茄科植物分泌可黏固昆虫或对昆虫有毒的化学物质,前者主要是机械作用,无毒性可言。烟草属某些种,腺体毛分泌的烟碱、新烟碱、降烟碱等生物碱对蚜虫皆是有毒的。圆叶苜蓿毛上分泌的浓度低的液体则会降低幼虫的取食发育速度,浓度高时几天内即引起害虫死亡。与抗性有关的次生物质包括异戊间二烯类、乙酰配体及其衍生的物质、生物碱及糖苷等。研究证明,α-蒎烯、3-蒈烯、棉酚(棉毒素的主要成分)、葫芦素等至少有双重作用。

棉毒素含有的棉籽醇为环状三萜,除虫菊花中所含的杀虫有效成分除虫菊酯,则为附加了其他结构的一种混合萜,这些次生物质都以不同的方法对昆虫产生毒害。从罗汉松中分离出来的一种高毒性物质罗汉松内酯,证实对昆虫的发育具有抑制效应。银杏这个古老树种之所以不易受昆虫侵害,与叶中存在的羟内酯和醛类有关。

害虫进食对植物组织造成的机械创伤可能诱发植物蛋白酶抑制剂(Proteinase inhibitor)的产生,从而增强植株的抗性。

如同受到病原菌侵染一样,遭受虫害的植物也可能产生特殊的信号分子,并将信号传递到整个植株,使植株获得抗性。系统素是这种信号分子之一,它能够实现长距离的植物细胞间联络,最后诱导植株的其余部位形成蛋白酶抑制剂,阻碍昆虫的进一步咬食。

值得提出的是,植物组织受到机械损伤时,也会提高蛋白质含量。例如,甘薯切片24h后,其呼吸强度增加1倍,蛋白质含量提高10%～30%,DNA含量增加50%。而且,改变了三羧酸代谢的途径。

3.环境因子对抗虫性的影响

内因(基因型)在任何情况下都不能脱离外因(环境条件)而单独表现,所以环境因子,如温度、光强与相对湿度、土壤肥力及水分等都影响着抗虫性的大小和表现。

(1)温度

温度过高过低均会使植物丧失抗性。首先温度影响寄主正常的生理活动,进而可改变害虫的生物学特性。其次,温度可改变寄主对昆虫取食及生长的影响。此外,温度直接影响着昆虫的行为和发育,而温度的极限值则取决于植物和害虫的种类。

（2）光强与相对湿度

较低光强及较高相对湿度对抗虫性影响很大。降低光强会明显降低抗虫性，因为光强可改变茎秆硬度而影响抗性。与田间小区比较，田间罩笼内和温室内的植株因光强较弱，抗虫性会丧失。而当光照减弱时，抗性降低的是具抗性的实秆小麦品种，感虫的空心茎小麦及硬粒小麦品种却不受影响。

（3）土壤肥力及水分

土壤营养水平能改变抗性水平和表现。苜蓿斑点蚜在缺钾无性系植株上容易存活繁殖，而缺磷无性系植株对该种蚜的抗性较强，过量缺乏钙和镁，植株的抗虫性会减弱。随着氮肥及磷肥施用量的增加，玉米螟在感虫杂种叶片上取食级别加大，伤斑和虫道增多，而其对抗虫杂种则无影响。土壤连续或严重缺水，会使韧皮部汁液黏度加大，致使刺吸式口器害虫，如蚜虫，取食减少，生殖受抑。栽植过密，通风透气不良，可能会诱导某些害虫大量发生。

4.植物抗虫的信号转导和基因表达

植物遭受病虫伤害后数分钟至几小时内发生的伤反应有两个功能，一是激活防御反应系统，二是促进受伤害组织的愈合，使植物免遭进一步的伤害。具体包括特异信号的产生/释放、信号的感知及转导、激活与伤害相关的防御基因等。

伤诱导基因编码的蛋白可能具有如下功能：修复损伤的植物组织；产生抑制害虫生长的物质；参与激活伤反应信号通路；调整植物代谢。植物伤反应的信号转导是一个网络系统，并可能存在种特异性。茉莉酸类、系统素、寡糖素、脱落酸、乙烯及水压、电脉冲等都参与植物伤信号转导。

本章小结

微生物在植物体内产生的危害叫病害。植物对病菌侵袭的抵抗与忍耐能力称为抗病性。病害是寄主和寄生物相互作用的结果。病原物和寄主相对亲和力的大小，决定了植物不同的反应。亲和性相对较小，使发病较轻时，寄主被认为是抗病的，反之则被认为是感病的。

植物抗病反应包括避病、抗侵入、抗扩展、过敏性反应等。非寄主抗性的病原菌由于受以下因素的限制而不能完成侵染和致病，如结构障碍、毒素的忌避性、营养限制等。寄主水平抗性包括预存防卫系统介导的寄主抗性、抗病基因介导的诱导抗病性、寡糖素介导的诱导抗病性、解毒模型介导的抗病性等。

提高植物抗病性需采取综合措施，包括培育抗病品种、改善环境、加强管理和化学控制等。植物抗病的生理机制有形态结构屏障、组织局部坏死、氧化酶活性增强、产生病菌抑制物、形成植保素等。病原相关蛋白往往可提高植物抗病性，活性氧与植物抗病性密切相关。

植食性昆虫和寄主植物之间复杂的相互关系是在长期进化过程中形成的，这种关系可以分为两个方面，即昆虫的选择寄主和植物对昆虫的抗性。植物对虫害的抵抗与忍耐能力被称为植物的抗虫性。

抗虫性反应可分为生态抗性和遗传抗性两大类。前者如寄主回避、诱导抗虫性、逃避。后者如拒虫性、耐虫性和抗生性。提高植物抗虫性的途径包括培育抗虫品种、加强田间管理、应用预警机制。

植物在受到昆虫攻击时,会在生理生化及形态等方面做出一系列适应性反应。环境因子对抗虫性有深刻的影响。植物抗虫中涉及信号转导和基因表达,寡糖素、系统素、脱落酸、JA等参与其中。

复习思考题

1.讨论植物感病与抗病的类型。

2.什么是非寄主抗性与寄主抗性?

3.试分析植物抗病的生理机制。

4.植物抗虫有何反应类型?

5.谈谈抗虫性的生理代谢特性及环境因子对抗虫性的影响。

第十一章 环境污染与植物抗性

一、植物对环境污染的响应

植物所处的大环境包括岩石圈（Lithosphere）、水圈（Hydrosphere）和大气圈（Atmosphere）。随着现代工业的发展与城市化进程的加快，厂矿、居民区、现代交通工具等所排放的废渣、废气和废水越来越多，扩散范围越来越大，再加上农业上大量使用农药化肥等化学物质，引起残留的有害物质的增加。当这些有害物质的量超过了生态系统的自然净化能力，就造成了环境污染（Environmental pollution）。

环境污染不仅直接危害人类的健康与安全，而且给植物生长发育带来很大的危害，如引起严重减产、降低品质。污染物的大量聚集，可以造成植物死亡甚至可以破坏整个生态系统。

环境污染可分为大气、水体、土壤和生物污染。其中以大气污染和水体污染对植物的影响最大，不仅范围广，接触面积大，而且容易转化为土壤污染和生物污染。

（一）大气污染与植物抗性

1. 大气污染与大气污染物

（1）大气环境

对地球生物有影响的大气环境是指包围着地球表面的一层混合气体，常称之为大气圈或大气层（Atmospheric layer），包括对流层、平流层、中间层和电离层。大约99％的气体集中在距地球上方29km以下的范围内，臭氧层是指大气层的平流层中臭氧浓度相对较高的部分，能阻挡危害生物的紫外辐射，被誉为"生命之伞"。

对流层中的气体主要是氮气，占总量的78.0％，氧气占20.94％，氢气占0.033％，其他气体，如二氧化碳、氩气、氖气、氦气、甲烷等含量较少。有恒定组成和正常分布的气体是清洁的大气，如果某种或某几种气体含量增加就会造成大气环境的污染。

大气污染（Atmosphere pollution）是指有害物质进入大气，对人类和其他生物造成危害的现象。大气中的有害物质称为大气污染物（Atmosphere pollutant）。

大气污染包括天然的污染，如来自海洋的盐滴、土壤的尘埃、动植物的腐烂气体、火山爆发的喷发物等；以及来自人类活动产生的污染物，如生活产生的烟尘，工业产生的废气、粉尘，汽车排放的尾气及二次污染物、农业上的飘散农药等。

（2）大气污染物

大气污染物的主要来源是燃料燃烧时排出的废气，工业生产中排放的粉尘和气体等。农村在收获季节大面积焚烧秸秆产生的烟雾也成了大气污染源。

对植物有毒的大气污染物是多种多样的，主要有二氧化硫、氟化氢、氯气以及各种矿物燃烧的废气等。有机物燃烧时一部分未被燃烧完的碳氢化合物，如乙烯、乙炔、丙烯等对某些敏感植物也可产生毒害作用；臭氧与氮的氧化物，如二氧化氮等也是对植物有毒的物质；

其他如一氧化碳、二氧化碳超过一定浓度对植物也有毒害作用。

此外,光化学烟雾(Photochemical smog)对植物的伤害非常严重。所谓光化学烟雾是指工厂、汽车等排放出来的氧化氮类物质和燃烧不完全的烯烃类碳氢化合物,在强烈的紫外线作用下,形成的一些氧化能力极强的氧化性物质,如 O_3、NO_2、醛类(RCHO)、硝酸过氧化乙酰(Peroxyacetyl nitrate,PAN)等。这种具有污染作用的烟雾是通过光化学作用形成的,具有很强的氧化性,属氧化型烟雾。

2.大气污染物的侵入与伤害

当空气中的污染物浓度超过了植物的忍耐限度,便会使植物的细胞、组织和器官受到伤害,影响植物正常的生理功能。植株生长发育受阻碍,严重时叶片绿色褪去,枝梢枯萎,落花落果,品质变坏,产量下降。植物的群落组成发生变化,甚至造成个体死亡、种群消失。

很多植物对大气污染敏感,容易受到危害。首先,植物具有庞大的叶面积,在进行光合作用等同化过程中,与空气进行着活跃的气体交换;其次,植物不像高等动物有完善的循环系统,可以缓冲外界的影响,为细胞和组织提供比较稳定的内环境;此外,高等植物根植于土壤中,固定不动,不如动物可以活动躲避污染。

大气污染对植物的伤害程度和影响因素可用图 11-1 表示。污染物浓度大、暴露次数多、持续时间长时对植物的伤害就大,另外,大气污染对植物伤害的程度还受内外因素影响。

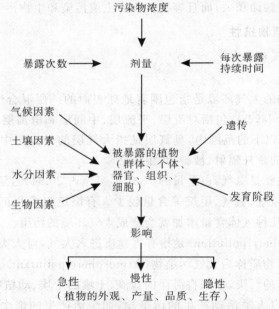

图 11-1 大气污染对植物的伤害程度和影响因素

(1)污染物的直接伤害

污染物进入细胞后如积累浓度超过了植物敏感阈值即产生伤害。大气污染对植物的伤害可分直接伤害和间接伤害两类。根据大气污染物浓度的高低和作用时间,直接伤害又可分为急性伤害、慢性伤害和隐性伤害三种类型。

①急性伤害。指植物在较高浓度有害气体短时间(几小时、几十分钟或更短)的作用下所发生的组织坏死。叶组织受害时最初呈灰绿色,然后质膜与细胞壁解体,细胞内含物进入

细胞间隙,转变为暗绿色的油浸或水渍斑,叶片变软,坏死组织最终脱水而变干,并且呈现白色或象牙色到红色或暗棕色。植物叶片很快呈现各种坏死斑、落花落果,甚至枯萎死亡。

②慢性伤害。指植物由于长期接触致死浓度的污染空气,而导致叶绿素的合成被逐步破坏,叶片缺绿,变小,畸形或加速衰老,有时在芽、花、果和树梢上也会有伤害症状。植物往往并没产生明显的伤害症状,但与正常的相比较,生长、发育不良,产量稍有下降,出现早衰等现象。

③隐性伤害。从植株外部看不出明显症状,生长发育基本正常,只是由于有害物质积累使代谢受到影响,导致作物品质和产量下降。或者是污染物浓度低,或者与植物接触的时间较短,表面上看不出任何伤害迹象,但植物正常的生理活动已受影响。比如光合能力下降,呼吸强度改变,一些酶的活力受阻等,这些细微的变化一般要通过精密仪器才能检测出来,如及时发现这类伤害,中止污染,植物仍可恢复正常。

一般来说,急性伤害很容易发现并引起重视,慢性伤害对作物、果树、森林等涉及面很广,更需进行长期、深入细致的研究。

(2)污染物的间接伤害

间接伤害主要表现在诱发病虫害等其他次生逆境危害。如在大气污染严重的地区,经常会暴发猖獗的病虫灾害,如果树的腐烂病、松树的松毛虫害等。其原因可能是多方面的,一方面是污染削弱了植物的生长势,为病虫害提供了"温床";另一方面可能是植物受伤害后,代谢环节发生了某些变化,如蛋白质、氨基酸、糖类等即使有细微变化也为病虫害的寄生和繁殖创造了更适宜的营养条件。蚜虫和墨西哥豆瓢虫喜食经 SO_2 熏过的叶子,生长发育快、死亡少,卵的生活力也强。用经 SO_2 熏气的菜豆和未熏气的菜豆做对照实验来饲喂墨西哥豆瓢虫后发现,二者的取食性和取食量存在明显差异($P<0.01$),SO_2 对这种昆虫的生活力、生殖力等方面都起了促进作用。小麦黏虫也有类似的情况,被 SO_2 污染的小麦叶片,有提高黏虫取食速率和净转化率的作用,它们的取食速率随小麦接受 SO_2 浓度增加而提高,与叶片的含硫量呈正相关($R=0.669$)。氟化物污染使枞树抗性降低,导致蠹虫、卷叶蛾的危害上升。被 O_3 污染的松树更多地受到棘胫小蠹科甲虫的侵袭。已有研究表明:大豆叶片经 SO_2 污染后,其中 10 种昆虫必需的氨基酸含量都有增加。另外,在空气污染地的植物体中会较多地生成谷胱甘肽类物质,既能诱发昆虫食欲,又能中和植物体中害虫不易消化的物质,使植物更适合害虫的胃口;它还会使害虫对杀虫剂产生抵抗力。所以大气污染-植物-病虫害相互作用的方式涉及的是对病原体或昆虫的间接作用,这种间接作用是大气污染对植物直接作用的结果。

大气污染对植物的间接伤害还表现在对菌根的影响。生长在自然条件下的大多数植物根系都被真菌侵入并转变成菌根,寄主植物和真菌生活在一个共同体中,只要相互维持平衡关系,对两种生物体都是有利的,而且这对贫瘠土壤上生长的植物特别重要。但是,大气污染可使菌根这种联合体遭到破坏。菌根数目减少,对根系吸收、保护作用就要减弱。在大气污染影响下,根瘤的数量逐渐减少。根瘤的生长和固氮速率是受光合作用制约的,在空气污染下,很多植物的光合速率都会降低,叶片转移到根的碳水化合物也相应减少,也许这是菌根受影响的原因。

3.植物对大气污染的防御

植物对大气污染的防御可分为摒蔽性(Avoidance)、忍耐性(Tolerance)和适应性(Adaptive)等。对于不同的污染物,植物可能采用不同的应对策略。有的以摒蔽为主,有的以忍耐为主。银杏对大气氟污染有较强的抗性,因为它的叶片有蜡层保护,对氟的吸收积累量很低,它对氟的抗性是以摒蔽为主的。榆树对大气氟污染也有较强的抗性,因为它的叶片对氟污染物具有较高的吸收积累量,它的抗性是以忍耐为主的。

(1)摒蔽性

摒蔽性是使污染物不进入或少进入组织、细胞中,这与叶片形态结构、气孔控制能力有关。这是植物体抗御有害物质入侵和伤害的能力。当污染物超过正常生态环境的含量时,植物可通过形态解剖学、生理学和生态学特性保护机体,避免危害。或者少吸收、不吸收有害物质;或者吸收一定数量的有害物质,通过生理生化作用进行降解或把它们排出体外。

①形态结构的防御。具有旱生结构的植物往往对大气污染具抗性。它们的叶片角质层厚,气孔下陷,表皮细胞小而致密,细胞壁木栓化等,这些都有利于减少污染气体进入叶内,这可称为非气孔控制。大气污染物不仅可通过气孔进入叶内,也可通过角质层进入叶内,如SO_2通过角质层速率大于O_2和CO_2,SO_2的通过部分地取决于几丁质的含量。

②气孔调节的防御。气孔是植物与环境之间进行气体交换的窗口,也是气体交换的调节机构。气态污染物进入叶组织也主要通过气孔。早就知道植物在夜间不易受大气污染危害,因为大多数植物的叶片在夜间气孔是关闭的。在大气污染胁迫下,气孔的运动受影响。有的植物在SO_2暴露中气孔开放,于是更多的SO_2进入叶内。大部分植物当遇到SO_2、HF等污染气体时气孔孔径变小,甚至关闭,阻碍或部分阻碍污染气体进入。

有证据说明ABA对气孔调控起着重要作用。用ABA溶液涂布叶片,4h内气孔开度明显缩小,再暴露在污染气体中,植物叶片受害明显减轻。进一步实验发现叶片中ABA含量高的植物的气孔对大气污染反应灵敏,如花生、番茄的某些品种,暴露在$0.5mg \cdot m^{-3}$ O_3中,气孔迅速关闭,蒸腾速度很快下降,表现较强的抗性;而萝卜、蚕豆和菠菜等,ABA含量相对较低,要经较长时间(几十分钟后)气孔才慢慢关闭,更容易受害。

除ABA外,细胞内K^+、Cl^-、苹果酸等渗透调节物质,它们的转移、分解也能影响气孔开闭,如蚕豆表皮在亚硫酸作用下,随pH下降苹果酸相应减少,气孔闭合。

(2)忍耐性

忍耐性是指污染物进入细胞内,由于细胞的一系列生理生化特性而限制其毒性或少受其毒害,此外细胞还具有代谢解毒机制进行防御。这是植物对进入体内并积累于一定器官内的有害物质的忍耐能力。在污染环境中,一些植物能吸收和积累较多的有害物质而不受害或受害较轻,具有较大的容忍量。

①植物体内代谢系统的防御。尽管通过气孔调节能防止部分气体侵入,但气孔不可能全闭合,在它张开的瞬间,污染气体总能"乘虚而入",溶解在细胞液中形成NO_3^-、NO_2^-、SO_3^{2-}、HSO_3^-、H^+等,使pH下降毒害细胞,但细胞中存有具有缓冲能力的各种物质。如植物接触SO_2后产生多胺,它能与H^+结合而将H^+清除,在一定程度上能缓解因pH降低引起的伤害。此外,体内代谢系统的有关酶类也能起转化作用,硝酸还原酶、亚硝酸还原酶使NO_3^-、NO_2^-转化成NH_3,参与氨基酸合成,亚硫酸氧化酶系统可使SO_2^{2-}及HSO_3^-转化成毒性较小的SO_4^{2-},一部分用于胱氨酸合成,一部分还原成H_2S,释放到大气中去,如葫芦幼叶比老叶吸收较多的SO_2(以单位面积计),但幼叶的忍耐性比老叶强,氧化SO_2成SO_4^{2-}的速度与老叶并无不同,原因就在于幼叶释放的H_2S比老叶多百倍之多,将过多的硫

素以 H_2S 的形式排出体外,可能是幼叶抗 SO_2 的一个生化机制。

②对活性氧的防御。由于大气污染促使生成活性氧自由基,可破坏光合色素,使蛋白质、核酸、脂质等变性。植物体内存在着清除这些活性氧的解毒防御物,如 SOD、抗坏血酸过氧化物酶、细胞色素 f、铁氧还蛋白、抗坏血酸、还原型谷胱甘肽等。在植物体中,这些防御物质的含量和活性变化,决定了植物对大气污染后产生的活性氧自由基的清除能力和植物的抗逆性。

(3)适应性

适应性是生长在污染区的植物及其后代,抗性有所提高,在一定限值大气污染浓度下,伤害不继续增加,产生一种抗污染的适应机制。

研究发现,对于在一定大气污染浓度下出现的可见伤害症状,有些植物继续暴露在污染环境中,可见伤害不再进一步加深,一些伤害指标,如细胞膜透性,TTC 还原力等也得到一定程度的恢复;因污染使某些游离氨基酸增加的又可恢复到对照水平,种种迹象表明,代谢过程向正常化的趋势发展。说明植物对大气污染有一定的适应能力。另外,植物在低浓度污染气体的适应过程中,还发现 SOD 的活性增高,如杨树在 $0.1mg \cdot m^{-3}$ SO_2 诱导下,SOD 活性逐渐提高,12d 中提高了 4 倍。再将经诱导的杨树暴露在高浓度 SO_2($2mg \cdot m^{-3}$)中,植株的抗性比未经诱导的有明显提高。

植物对污染物的抗性不是绝对的,而是相对的。污染物浓度增高,超过植物的忍受限度,抗性强的植物也会出现严重的症状,生理功能失调或者遭到破坏,甚至造成植株枯萎死亡。

在同样的生态条件下,各种植物对同一污染物的反应是不同的。有些植物对大气污染物的抗性较强,在污染环境中受害较轻;有些植物则十分敏感,在污染浓度不高时就出现受害症状,甚至整个植株死亡。因此,可根据植物对污染物的反应将其划分为不同的抗性等级。

(二)水体和土壤污染与植物抗性

1.水体污染物和土壤污染物

含有各种污染物质的工业废水、生活污水排入水系,以及大气污染物、矿山残渣、残留化肥农药等被雨水淋溶,使水体受到污染,超过了水的自净能力,水质显著变劣,称为水体污染(Water pollution)。土壤中积累的有毒、有害物质超出了土壤的自净能力,使土壤的理化性质改变,土壤微生物活动受到抑制和破坏,进而危害动植物生长和人类健康,称为土壤污染(Soil pollution)。

水体污染物(Water pollutant)种类繁多,包括各种金属污染物、有机污染物等。如各种重金属、盐类、洗涤剂、酚类化合物、氰化物、有机酸、含氮化合物、油脂、漂白粉、染料等。一些含病菌的污水也会污染植物,如城市下水道的污水等。

土壤污染物(Soil pollutant)主要来自水体和大气。用污水灌溉农田,有毒物质会沉积于土壤中;大气污染物受重力作用随雨、雪落于地表渗入土壤内,这些途径都可造成土壤污染;施用某些残留量较高的化学农药,也会污染土壤,例如,六六六农药在土壤里分解 95% 要 6 年半之久。

2.水体和土壤污染物对植物的危害

(1)金属污染物

各种金属,如汞、铬、铅、铝、铜、锌、镍等,其中有些是植物必需的微量元素,但在水体和土壤中含量太高,会对植物造成严重危害。主要是这些金属元素可抑制酶的活性,或与蛋白质结合,破坏质膜的选择透性,阻碍植物的正常代谢。这些金属离子浓度过高会破坏蛋白质结构,使原生质中蛋白质变性。

如铝含量过高后抑制根伸长生长,引起根尖结构破坏;新叶变小、卷曲,叶柄萎缩,叶缘褪绿,叶片脱落;竞争 K^+、Ca^{2+}、Mg^{2+}、Cu^{2+} 等在根细胞膜上的结合位点,抑制水分和离子的吸收和转运;严重的造成植株死亡。

(2)酚类化合物

酚类化合物包括一元酚、二元酚和多元酚,来自石化、炼焦、煤气等工业废水。酚类也是土壤腐植质的重要组分,用经过处理的含酚量在 $0.5\sim30\,mg\cdot L^{-1}$ 的工业废水灌溉水稻,对水稻有生长促进作用;但当污水中的含酚量达 $50\sim100\,mg\cdot L^{-1}$ 时水稻生长受到抑制,植株矮小,叶色变黄;当含酚量高达 $250\,mg\cdot L^{-1}$ 及以上时水稻生长受到严重抑制,基部叶片呈橘黄色,叶片失水,叶缘内卷,主脉两侧有时出现褐色条斑,根系呈褐色,逐渐腐烂死亡。蔬菜对酚类作物的反应极为敏感,当污水中含酚量超过 $50\,mg\cdot L^{-1}$ 时,生长明显受到抑制。

(3)氰化物

污水中的氰化物分为两类:有机氰化物和无机氰化物。氰化物对植物生长的影响与其浓度密切相关。如污水灌溉水稻,氰化物含量在 $1\,mg\cdot L^{-1}$ 时对生长有刺激作用;含量在 $20\,mg\cdot L^{-1}$ 以下对水稻、油菜的生长无明显的危害;当其浓度达 $50\,mg\cdot L^{-1}$ 时对水稻、油菜和小麦等多种作物的生长与产量都产生不良影响;如果浓度更高将引起急性伤害,根系发育受阻,根短且数量少。由于氰化物可被土壤吸附和微生物分解,所以,水培时氰化物致害浓度大大低于污水灌溉的伤害浓度,如水培时,$10\sim15\,mg\cdot L^{-1}$ 氰化物即会引起植株伤害。氰化物浓度过高对植物呼吸有强烈的抑制作用,使水稻、油菜、小麦等多种作物的生长和产量均受影响。

(4)三氯乙醛

三氯乙醛又叫水合氯醛,农药厂、制药厂及化工厂的废水中常含三氯乙醛。用这种污水灌田,常使作物发生急性中毒,造成严重减产。单子叶植物易受三氯乙醛的危害。在小麦种子萌发时期,它可以使小麦第一心叶的外侧形成一层坚固的叶鞘,阻止心叶吐出和扩展,以致不能顶土出苗。苗期受害则使苗畸形,植株矮化,茎基部膨大,分蘖丛生,叶片卷曲老化,逐渐干枯死亡。

此外,一些其他污染物也可造成严重污染,危害植物生长发育,如洗涤剂(主要成分为烷基苯磺酸钠)、石油、过量氮肥、浮游物质、甲醛等。

3.污染物对植物的综合危害

上述主要污染物除对植物产生直接危害外,进入土壤的污染物还产生严重的间接危害。污染物改变土壤的理化性状,引起土壤 pH 的变化,破坏土壤结构,从而影响土壤微生物的活动和植物的生长发育。土壤中的元素不能被微生物所分解,可以富集于植物体内,并且可以将某些元属转化为毒性更强的有机物。如汞、铅、铜等,在土壤中残留期长,一定范围内对植物本身无大的危害,但可被植物吸收并逐渐积累,人畜食用后也会在体内积累而使蛋白质变性,引起慢性中毒。

各种污染物危害植物的程度与大气中它们的浓度、气候条件、土壤资源可用性和植被的遗传构成有关。生态系统中大气污染物的浓度随时空变化。污染物进入叶细胞的数量与大气中污染物浓度高时的气孔导度有关。因此,植物内部污染物量是由于调节气孔导度的因子和调节大气中污染物浓度的因子互作决定的。例如,内部 SO_2 强烈地依赖大气温度。除了上述因素外,植被生长型(Vegetation growth form)和生理状态(Physiological status)也影响植物内部污染物量。与生长在高养分环境中的种类相比,生长在低养分环境中的种类有低的光合作用和气孔导度。因此,污染物对生长在低资源环境中的种类的有害影响可能比对生长在资源富有环境中的种类小。此外,许多农作物将比自然环境中生长的植物种类受害更大,因为农作物已被培育为最大生产力,通常有特别高的气孔导度。

(三)提高植物抗污染力与环境保护

1.提高植物抗污染力的措施

(1)进行抗性锻炼

用较低浓度的污染物预先处理种子或幼苗,经处理后的植株对该污染物的抗性会提高。

(2)改善土壤营养条件

通过改善土壤条件,提高植株生活力,可增强对污染的抵抗力。如当土壤 pH 过低时,施入石灰可以中和酸,改变植物吸收阳离子的成分,可增强植物对酸性气体的抗性。用钙可缓解铝对多种作物的毒害作用。施硅可使硅与铝形成无毒的铝硅酸离子,降低活性铝浓度,缓解大麦的铝毒危害。

(3)化学调控

有人用维生素和植物生长调节物质喷施柑橘幼苗,或加入营养液中让根系吸收,提高了植物对 O_3 的抗性。有人喷施能固定或中和有害气体的物质,如石灰溶液,结果使氟害减轻。外源有机酸,如柠檬酸、苹果酸等可降低铝对小麦生长的抑制作用。

(4)培育抗污染力强的品种

利用常规的或生物技术方法选育出抗污力强的品种。

2.利用植物保护环境

不同植物对各种污染物的敏感性有差异;同一植物对不同污染物的敏感性也不一样。利用这些特点,可以用植物来保护环境。

(1)吸收和分解有毒物质

通过植物本身对各种污染物的吸收、积累和代谢作用,能达到分解有毒物质减轻污染的目的。柳杉叶每千克(干重)每日能吸收 $3g$ SO_2,若每公顷柳杉林叶片按 $20t$ 计算,则每日可吸收 $60kg$ SO_2,这是一个可观的数字。

污染物被植物吸收后,有的分解成为营养物质,有的形成络合物,从而降低了毒性。酚进入植物体内后,大部分参加糖代谢,与糖结合成对植物无毒的酚糖苷,贮存于细胞内;另一部分游离酚则被多酚氧化酶和过氧化物酶氧化分解,变成 CO_2、水和其他无毒化合物。有报道表明,植物吸收酚后,$5\sim7d$ 就会被酶全部分解掉。NO_2 进入植物体内后,可被硝酸还原酶和亚硝酸还原酶还原成 NH_4^+,然后由谷氨酸合成酶转化为氨基酸,进而被合成蛋白质。

(2)净化环境

植物不断地吸收工业燃烧和生物释放的 CO_2 并放出 O_2,使大气层的 CO_2 和 O_2 处于动态平衡。据计算 $1hm^2$ 阔叶树每天可吸收 $1000kg$ 的 CO_2;常绿树(针叶林)每年每平方米可固定 $1.4kg$ CO_2。植物还可减少空气中放射性物质,在有放射性物质的地方,树林背风面叶片上放射性物质的颗粒仅是迎风面的四分之一。

城市中的水域由于积累了大量营养物质,导致藻类繁殖过量,水色浓绿浑浊,甚至变黑变臭,影响景观和卫生。为了控制藻类生长,可采用换水法或施用化学药剂,也可采用生物治疗法,如在水面种植水葫芦(凤眼莲)吸收水中营养物,来抑制藻类生长,使水色澄清。

利用某些植物对元素的富集作用可改良土壤。如蜈蚣草对砷具有超富集作用,其体内的砷含量可达到环境中的上百倍。

(3)作为天然吸尘器

叶片表面上的绒毛、皱纹及分泌的油脂等可以阻挡、吸附和黏着粉尘。每公顷山毛榉阻滞粉尘的总量为68t,云杉林为32t,松林为36t。有的植物如松树、柏树、桉树、樟树等可分泌挥发性物质,杀灭细菌,有效减少大气中的细菌数。

(4)监测环境污染

可利用某些植物对某一污染物特别敏感的特性来监控当地的污染程度。如紫花苜蓿和芝麻在 $1.2\mu g\cdot L^{-1}$ 的 SO_2 浓度下暴露 1h 就有可见症状出现;唐菖蒲是一种对 HF 非常敏感的植物,可用来监测大气中 HF 浓度的变化。

种植指示植物不仅能监测环境污染的情况,而且有一定的观赏和经济价值,起到美化环境的作用。监测环境污染是环境保护工作的一个重要环节。除了应用化学分析或仪器分析进行测定外,植物监测也是简便易行、便于推广的有效方法。对某种污染物质高度敏感的植物常用作指示植物。当环境污染物质稍有积累,指示植物就呈现出可见的明显症状。

二、主要污染物胁迫与植物的抗性

(一)二氧化硫污染与植物抗性

1.二氧化硫对植物的伤害

(1)二氧化硫污染

硫是植物必需的矿质元素之一,植物中所需的硫一部分来自大气中,在土壤缺硫条件下,一定浓度的 SO_2 对植物是有利的。空气中少量的 SO_2 经叶片吸收后可进入植物的硫代谢中。

但大气中含硫浓度过高,超过植物能忍受的临界值时就使植物受到伤害,这个临界值称为伤害阈值。不同的植物由于固有的代谢特性,暴露条件(环境因素、生长发育阶段)和污染物的剂量(浓度×时间)等不同,伤害阈值是不一样的。如在高温、高湿、阳光充足的非干旱地区,$0.3\sim0.8mg\cdot m^{-3}$ 的 SO_2 暴露 3h,许多反应敏感或中等抗性的植物都将不同程度地出现可见伤害,但在干旱地区即使 $11mg\cdot m^{-3}$ 的 SO_2 也不致植物受害。根据国内外大量的研究,SO_2 对植物长期慢性伤害阈值的范围为 $25\sim150\mu g\cdot m^{-3}$。

(2)二氧化硫伤害症状

不同植物对 SO_2 的敏感性相差很大。总的来说,草本植物比木本植物敏感,木本植物中针叶树比阔叶树敏感,阔叶树中落叶的比常绿的敏感,C_3 植物比 C_4 植物敏感。同一植株上,刚刚完成伸展的嫩叶最易受伤害,中龄叶次之,老叶和未伸展的嫩叶抗性较强。最敏感的植物有悬铃木、梅花、马尾松、棉花、大豆、小麦、辣椒等。

植物受 SO_2 伤害后的主要症状为:①叶背面出现暗绿色水渍斑,叶失去原有的光泽,常伴有水渗出;②叶片萎蔫;③有明显失绿斑,呈灰绿色;④失水干枯,出现坏死斑。

通常针叶树先从叶尖黄化;阔叶树则先从脉间失绿,后转为棕色,坏死斑点逐步扩大,最后全叶变白脱落;单子叶植物由叶尖沿中脉两侧产生褪色条纹,逐渐扩展到全叶枯萎。SO_2

伤害的典型特征是受害的伤斑与健康组织的界线十分明显。有些植物叶片的坏死区在叶子边缘或前端。此外，萼片、花托、苞片等也会出现症状。

阔叶植物在叶脉间呈现不规则的块状斑。小麦、水稻等狭长叶在平行脉之间或先端出现条状斑、坏死斑，和健康组织之间界线分明。针叶树的急性伤害通常表现在针尖失绿、坏死，有时也可成条状在叶基部、叶中出现，严重时叶片脱落。在清洁区马尾松枝条上 2～3 年生针叶生长健康，而污染区（特别是重污染区）往往只能见到当年生稀疏的针叶，老龄叶大部分脱落。

2.二氧化硫伤害机理

SO_2 从气孔进入叶中，首先与细胞壁中的水分生成 H_2SO_3，再解离成重亚硫酸离子（HSO_3^-）和亚硫酸离子（SO_3^{2-}），同时产生氢离子（H^+），这三种离子会伤害细胞。最后被氧化成 SO_4^{2-}，HSO_3^- 和 SO_3^{2-} 的毒性要比 SO_4^{2-} 大 30 倍以上。

（1）对光合作用的影响

SO_2 能使植物的光合强度减弱，导致干物质减少，产量降低，但对不同的植物及不同发育期的植物，影响会有区别。SO_2 对光合作用的影响是通过引起气孔关闭、减少叶面积、改变色素含量和性质、改变光系统和电子传递链的正常传递、影响乙醇酸代谢等途径，从而影响光合作用的。

SO_2 是一种还原性很强的酸性气体，进入植物组织后可变成 H_2SO_3，使叶绿素变成去镁叶绿素而丧失功能，而且 H_2SO_3 与光合初产物或有机酸代谢产物（醛）反应生成羟基磺酸，抑制气孔开放、CO_2 固定和光合磷酸化，干扰有机酸和氮代谢。

SO_3^{2-}、HSO_3^- 直接破坏蛋白质的结构，使酶失活。如卡尔文循环中的核酮糖-5-磷酸激酶（Ru5PK）、甘油醛-3-磷酸脱氢酶（GAPDH）、果糖-1,6-二磷酸酶（FBPase）三种酶活性明显受抑制。FBPase 是还原戊糖磷酸途径中很重要的调节酶，对光合环的运转和光合产物输送起控制作用，它们的活性下降，必会抑制光合速度。上述三种酶均具有巯基（—SH），酶失活与巯基氧化有关。迫使巯基氧化失活的毒物是 H_2O_2，它是 SO_2 进入细胞后由次生反应生成的。当暴露停止后，酶活力恢复，光合速度回升。因此低浓度、短时间 SO_2 引起的光合障碍是可逆的，如浓度高、暴露时间长则恢复慢，甚至无法复原。

（2）H^+ 使细胞 pH 降低

H^+ 的直接作用是降低细胞的 pH，进而干扰代谢过程。用几百种植物组织汁液 pH 与对 SO_2 抗性的关系研究表明，凡汁液 pH 低（偏酸）的容易受 SO_2 伤害，接近中性或偏碱的，则抗性较强。大部分循此规律，但也有例外。

（3）诱导氧自由基产生

叶片在光下暴露于 SO_2 中易出现伤害，而在暗中不易出现伤害，这表明除了 HSO_3^-、SO_3^{2-}、H^+ 等对叶片造成直接伤害外，还有其他原因。用离体叶绿体在光照下加入 H_2SO_3 的模拟实验，发现有大量自由基产生，由于自由基产生毒害而引起伤害。

（4）其他影响

SO_2 对质膜透性的影响比较复杂，在低浓度时，SO_2 浓度增加对膜透性的影响不大，但当 SO_2 浓度增大到一定值时，质膜透性随 SO_2 浓度的增加而显著增加，SO_2 破坏生物膜的选择透过性，使 K^+ 外渗，既破坏细胞内离子平衡，又使气孔调节开闭的灵敏度下降。

SO_2 对呼吸作用的影响因植物有所不同。如 SO_2 对水稻和大豆不同生长期的呼吸作用影响不同，对大豆鼓粒期的呼吸作用影响最大，结果期次之，始花期最小。

SO_2对许多酶系统产生影响,如低浓度的SO_2能使云杉幼苗的蔗糖磷酸合成酶活性明显降低,以致蔗糖含量下降。白杨经低浓度SO_2熏气后,叶片 SOD 活性增强,同时对SO_2的忍耐性明显提高。将大豆暴露于$0.1\sim0.25\mathrm{mg}\cdot\mathrm{m}^{-3}$的$SO_2$下 30d 后,大豆叶片过氧化物酶浓度随$SO_2$剂量增加而增加,且随暴露时间延长,酶浓度增加加大。SO_2熏气提高了小麦叶片过氧化物酶活性,并出现新的同工酶带。植物在接触SO_2后,过氧化氢酶的活性下降。

SO_2还以硫酸雾、酸雨等形式间接危害植物,如大气中的SO_2经过氧化,可生成SO_4^{2-},其通过干、湿沉降返回地面,对植物产生影响,而硫酸雾和酸雨对植物的影响更大。在挪威10 个点对比不同酸沉降水平的欧洲赤松针叶的化学组成,总结出大部分来自酸化地区的针叶的 N、P 浓度高,次生化学物质(树脂、丹宁)随酸度增大而迅速减少。

(二)氟化物污染与植物抗性

1.氟化物对植物的伤害

(1)氟化物污染

氟化物有 HF、F_2、SiF_4(四氟化硅)、H_2SiF_6(硅氟酸)等,其中排放量最大、毒性最强的是 HF。

植物通过空气、土壤和水吸收氟,相比之下,吸收和积累氟主要的器官是叶。叶通过气孔吸收气态氟,可溶态氟也可通过表皮和角质层进入叶内。叶吸收氟的速率远比SO_2、NO_2、O_3要快得多,在叶内积累过多超过叶可忍耐的水平时,就会引起伤害。

大气中氟化物的主要污染来源是使用冰晶石($3NaF \cdot AlF_3$)、含氟磷矿〔$Ca_3(PO_4)_2 \cdot CaF_2$〕和萤石(CaF_2)等作为生产原料的冶炼、化工厂等。

HF 为无色和发强烟的液体,有很强的腐蚀性。HF 的毒性比SO_2大 10~100 倍。较低浓度的 HF 进入叶片后,并不立即使植物造成伤害,随着蒸腾流转到叶片尖端和边缘后,在那里积累到一定的浓度时才能使叶片组织遭到破坏。HF 对植物的毒性很强,植物对 HF 的响应程度不同,比较敏感的如唐菖蒲、郁金香、樱花等植物,在 HF 浓度为$6.5\mu\mathrm{g}\cdot\mathrm{m}^{-3}$时就出现伤害症状;大麦、玉米等植物感应的浓度为$6.5\sim12.9\mathrm{mg}\cdot\mathrm{g}^{-3}$。一般植物正常叶片中含氟量为$6.5\sim12.9\mathrm{mg}\cdot\mathrm{g}^{-3}$,大于$51.8\mathrm{mg}\cdot\mathrm{g}^{-3}$即表明受到氟污染。生殖器官对 HF 更敏感,低浓度的含 HF 的气体即可引起落花、落果,造成农作物、果树、蔬菜的减产。

(2)氟化物伤害症状

植物受到氟化物危害时,叶尖、叶缘出现伤斑,受害叶组织与正常叶组织之间常形成明显界限(有时呈红棕色)。表皮细胞明显皱缩,干瘪,气孔变形。未成熟叶片更易受害,枝梢常枯死,严重时叶片失绿、脱落。气态或尘态氟化物主要从气孔进入植物体内,但并不损伤气孔附近的细胞,而是顺着输导组织运至叶片的边缘和尖端,并逐渐积累。

2.氟化物伤害机理

(1)氟化物伤害的特点

氟化物对植物影响的因素很多,如环境中的氟浓度、植物的种和品种、生长阶段、环境条件等。极低浓度的氟对植物生长有促进作用,这种现象称为"似激素刺激作用"(Hormoligosis),如Al^{3+}对植物有毒害,对植物生长不利,低浓度的氟进入体内后,与Al^{3+}结合而解毒,能促进生长,待与Al^{3+}作用完毕后,氟的毒性便显露出来。

（2）氟对叶片的伤害

气态氟（如 HF）对植物的毒性比 SO_2、O_3 强。受氟害的典型症状是叶尖和叶缘坏死，伤区和健康区之间常有黄褐、红褐色的分界。电子显微镜下观察到受氟伤害的葡萄叶，表皮细胞明显皱缩、干瘪，气孔变形，表皮出现腐蚀斑。严重污染的叶将失绿、脱落。被叶吸入的氟大部分随蒸腾流转移到叶尖和叶缘，很少进入筛管从茎向根部运输。叶片反映大气污染状况，叶缘和叶尖最为灵敏。叶片中的含氟量和大气中氟化物浓度有较好的相关性，通过叶片含氟量的分析，能可靠、准确、灵敏地反映氟污染的大致范围和程度，是评价大气质量简单易行的方法之一。

（3）增加细胞的差别透性

HF 具酸性，在生理 pH 中，以 F^- 和 HF 两种形式存在。人工膜实验表明，与 F^- 相比，HF 具有高渗透的能力，不解离的酸可能更容易穿过膜起质子作用。植物暴露在 HF 中，叶片的差别透性增加，标志细胞膜受到伤害。

（4）影响气孔运动

植物暴露在 HF 中，即使 HF 浓度很低，未能引起叶片可见伤害，但气孔的反应却十分灵敏。实验表明：水稻、茄、大豆、桑等植物接触氟，气孔扩散阻力就增大，并随剂量（浓度×时间）增加而提高。如水稻在 $0.001mg \cdot m^{-3}$、$0.005mg \cdot m^{-3}$、$0.007mg \cdot m^{-3}$ 中暴露 4h，气孔扩散阻力分别比对照增加 5.2%、17.6% 和 108.0%，8h 后跃为 42.5%、51.5% 和 204.7%。与此同时，蒸腾率相应下降。HF 在一定浓度范围内，影响气孔开张度，当孔口进一步变狭时，即成为蒸腾强度的限制因子，进而影响水分平衡，叶片萎蔫，减弱水分的被动吸收，影响无机盐的吸收和运输。

（5）影响植物光合作用

氟能降低植物的表观光合速率。有的研究者认为表观光合率降低与叶伤害率相当，也有的工作表明叶片在未出现伤害症状的情况下，也使光合速率下降。如苜蓿暴露在 HF 中 2h，HF 浓度在 $120\mu g \cdot m^{-3}$ 能引起可见伤害，而约 $40\mu g \cdot m^{-3}$ 就能明显抑制光合速率。未出现症状的叶片，脱离 HF 污染后，表观光合速率能恢复，但恢复过程很慢，叶严重伤害后，光合速率的下降就变得不可逆了。氟化物对光合速率的抑制与叶绿体的破坏有关，电子探针测到叶绿体含有较高浓度的氟，HF 污染的叶片，其叶绿素 a、b 都下降。

（6）代谢和酶活性变化

在植物受氟污染时，对代谢过程中的一些酶进行了研究，有的被氟抑制，有的被氟促进，这些酶活力的变化，干扰了植物的正常生活，最终引起伤害。氟能与酶蛋白中的金属离子或 Ca^{2+}、Mg^{2+} 等形成络合物，使其失去活性。氟是一些酶（如烯醇酶、琥珀酸脱氢酶、酸性磷酸酯酶等）的抑制剂。

（三）臭氧污染与植物抗性

1. 臭氧对植物的伤害

（1）臭氧的双重性

臭氧为天蓝色气体，在光热作用下易分解，有强氧化作用，可与很多元素和有机物反应。在雷电，高压放电，汞、氙等放电管的紫外照射下，以及焊接、电解、氢氧火焰或氧化物的分解等情况下都会产生臭氧。大气中臭氧的本底浓度约为 $0.0013mg \cdot m^{-3}$。高空中的臭氧是有益的,可阻挡太阳辐射中过多的紫外线,保护地面生物。但低空的 O_3 是有害的,是光化学烟雾中有害气体之一。当大气中臭氧浓度为0.1mg·L^{-1},且延续 2～3h 时,烟草、菠菜、萝卜、玉米、蚕豆等植物就会出现伤害。

(2)臭氧伤害的症状

臭氧伤害通常出现于成熟叶片上,伤斑零星分布于全叶,嫩叶不易出现症状。可表现出如下几种类型:①呈红棕、紫红或褐色;②叶表面变白,严重时扩展到叶背;③叶子两面坏死,呈白色或橘红色;④褪绿,有黄斑。随后逐渐出现叶卷曲,叶缘和叶尖干枯而脱落。

2. 臭氧伤害机理

(1)对叶片结构的影响

在双子叶植物中,臭氧进入叶片后,对海绵组织不产生伤害,而是首先破坏栅栏组织的质膜,使之失去半透性,细胞液从液泡中渗透到细胞间隙中,叶表面出现漂白斑点,进而叶绿体受伤变得形状模糊,发展下去则是细胞解体,叶表面出现棕色、红棕色斑点;最严重时细胞壁也遭到破坏,不仅叶肉细胞受害,连维管束也受到一定程度的破坏,在外观上就出现两面坏死症状。臭氧对禾谷类叶片结构的伤害,首先是孔下室周围的叶肉细胞受害,叶肉细胞皱缩变形,体积变小,细胞间隙扩大,叶片表面下陷变扁。针叶首先是角质膜外表有蜡质受到腐蚀,出现孔洞,气孔器被腐蚀聚集的蜡质将气孔堵塞。

(2)对细胞结构的影响

臭氧使叶绿体基质的成粒作用和电子密度增加,有些叶绿体内出现一串有序排列的纤丝,进而细胞质膜、液泡膜的叶绿体被膜破裂和分解;线粒体发生膨胀,最后细胞内的物质崩解为一团块。臭氧伤害植物的初始部位是细胞膜,可以影响膜的组成、结构和功能,改变氨基酸、蛋白质、不饱和脂肪酸等成分和硫氢键的连接。

(3)对作物生长发育的影响

Fuhrer 等在瑞士田间用开顶式 O_3 模拟熏气,实验从小麦的三叶期一直持续到收获,实验结果表明 O_3 可影响秸秆、籽粒产量、每穗籽粒数、单位面积穗数、籽粒单重和收获指数(籽粒重与总干重之比)等,特别是籽粒单重最为敏感,影响最大的是籽粒大小,其次是籽粒数目。O_3 污染下番茄的株高、节间长度、植物干重、开花结实数量明显降低。

(4)对生理功能的影响

O_3 可使光合作用、呼吸作用、磷酸化等许多生理过程发生变化。O_3 对植物光合作用起抑制作用,首先破坏叶绿体,降低叶绿素含量,无论是双子叶植物、谷类作物,或者是木本植物,O_3 使碳代谢酶活性发生变化,蔗糖转化酶、蔗糖合成酶活性上升,碱性蔗糖酶活性下降。

(四)酸雨污染与植物抗性

1. 酸雨对植物的伤害

酸雨(Acid rain, Acid precipitation)是通常的叫法,是指 pH 小于 5.6 的雨水,也包括雪、雾、雹、霜等其他形式的酸性降水;科学上称作酸沉降(Acid deposition),包括湿沉降(如酸雨、酸雪、酸雾、酸雹)和干沉降(如二氧化硫、氮氧化物、氯氧化物等气体酸性物)。

酸雨使水体和土壤酸化、破坏森林、伤害庄稼、损害古迹和影响生物生存与人体健康,已成为重要的国际环境问题。我国酸雨的主要致酸物质是燃煤排放的 SO_2,又称煤烟型酸雨或硫酸型酸雨。酸雨化学组成中主要包含的离子有: H^+、Ca^{2+}、NH_4^+、Na^+、K^+、Mg^{2+}、

SO_4^{2-}、NO_3^-、Cl^-、HCO_3^-和F^-。

酸雨或酸雾会对植物造成非常严重的伤害。因为酸雨、酸雾的pH很低，当酸性雨水或雾、露附着于叶面时，它们会随水分的蒸发而浓缩，从而导致pH下降，最初只是损坏叶表皮，进而进入栅栏组织和海绵组织，形成细小的坏死斑（直径为0.25mm左右）。由于酸雨的侵蚀，在叶表面会生成一个个凹陷的小洼，以后所降的酸雨容易沉积在此，所以随着降雨次数的增加，进入叶肉的酸雨就越多，它们会引起原生质分离，且使被害部分徐徐扩大。叶片受害程度与H^+浓度和接触酸雨时间有关，另外温度、湿度、风速和叶表面的润湿程度等都将影响酸雨在叶上的滞留时间。

酸雾的pH有时可达2.0，酸雾中各种离子浓度比酸雨高10～100倍，雾滴的粒子直径约20μm，雾对叶片作用的时间长，而且对叶的上下两面都可同时产生影响，因此酸雾对植物的危害更大。

2.酸雨伤害机理

（1）对细胞的影响

研究表明酸雨作用下线粒体的内含物减少，呼吸作用减弱；叶绿体结构被破坏，叶绿素含量减少，叶绿体的光还原活性降低。

（2）对叶片的影响

酸雨对植物的伤害首先反映在叶片上，而植株不同器官的受害程度为根＞叶＞茎。不同种类植物对酸雨的敏感性不同。一般来讲，叶片光滑、蜡质层厚、叶革质坚韧的较叶面粗糙、凹陷薄质的抗酸雨能力强；叶面多毛，能分泌黏性物质的植物不易受害；针叶、鳞叶的抗性强于阔叶。酸雨影响植物叶片的结构和正常的生理生化过程，进而间接影响植物的生长发育。酸雨主要影响叶片中的细胞器、破坏叶片的膜系统、腐蚀叶肉组织。

（3）对植物营养生长的影响

酸雨影响种子萌发和幼苗生长，pH4.5以下的酸雨可显著地降低花生种子的发芽率，使胚根长度变短，活力指数下降；高酸度的模拟酸雨胁迫使花生幼苗的小叶总数显著减少，叶片出现明显的受害症状。

（4）对生殖和产量的影响

研究发现酸雨不但对花的结构有影响，而且对植物的花期也存在一定的影响。小麦用不同的pH酸雨处理后，抽穗和扬花时间有所改变，pH4.5、pH3.5组的植株比对照提前1～2d抽穗、扬花；pH2.0组则比对照组推迟1～2d抽穗、扬花。pH为2.0的酸雨对小麦产量、千粒重和干物质的影响极为明显；pH为3.0的酸雨，对小麦产量和千粒重的影响也较为明显；而pH为4.0的酸雨对小麦产量和千粒重影响不显著。酸雨对水稻的株高、穗长影响不大，但pH2.0模拟酸雨处理对水稻千粒重降低和空瘪粒增加的影响已达显著程度。随着酸雨pH降低，番茄果实及植株地上部分鲜、干重均有递减的趋势。研究表明，pH≤3.5的酸雨处理显著增加落果率，果实可溶性固形物、固酸比和糖酸比显著下降。pH为2.5的酸雨处理果实出现伤斑，单果重和可食率显著降低。

（5）对生理特性的影响

酸雨在对植物叶片淋洗过程中造成矿质营养元素如Ca^{2+}、Mg^{2+}、K^+、Na^+等的析出，叶片相应元素含量随降雨酸度、物种而异。酸雨穿过冠层时H^+被树冠吸收，树叶中Mg^{2+}、Ca^+、K^+被部分淋洗。酸雨处理调节下苋菜中K、Ca等营养元素严重流失，Al含量明显增高,Mn、Zn 等微量元素的变化则因种植在不同原岩发育的土壤上而有所差异。

酸雨影响细胞活性氧代谢系统的平衡,破坏活性氧清除酶系。酸雨使植物的 MDA 含量增加,膜保护酶 SOD、POD、CAT 活性下降,脂质过氧化作用增强。轻度酸雨胁迫,SOD 活性逐渐上升,但随着酸雨 pH 的减小,SOD 活性转而下降。SOD 活性增加,可抵抗由于酸雨造成体内活性氧的增加,从而抑制膜脂的过氧化作用。但是倘若酸雨胁迫强度超过植物体 SOD 的耐受限度,则 SOD 活性会随 pH 下降而逐渐丧失,以致失去清除活性氧的能力。

(五)氮氧化物与植物抗性

1.氮氧化物对植物的伤害

氮氧化物是氮的氧化物的总称,包括 N_2O、NO、NO_2、N_2O_3(亚硝酸酐)、N_2O_4、N_2O_5(硝酸酐)等。NO_x 通常所指主要是 NO 和 NO_2 两种成分的混合物。NO_x 是光化学反应的重要起始反应物。

氮是植物的必需元素,少量的 NO_2 被叶片吸收后可被植物利用。被叶片经气孔吸收的 NO_2,在细胞中与水化合成 NO_3^- 或 NO_2^-,经硝酸还原酶和亚硝酸还原酶可将它们还原成 NH_4^+,进一步同化成氨基酸或蛋白质等有机态氮。在 NO_2 中暴露的植物与未经暴露的相比较:硝酸含量增加,亚硝酸积累,蛋白质含量增加,全氮量也高,说明 NO_2 在细胞中以无机态积累少,能很快转换成有机态的氮。NO_2 对植物的影响与 SO_2、O_3、HF 等有所不同,第一,低浓度 NO_2 不会对植物引起伤害,高浓度 NO_2 暴露才会引起急性伤害;第二,在黑暗中或弱光下接触 NO_2 比在光照下接触 NO_2 更易产生伤害。

晴天所造成的伤害仅为阴天的一半,这是因为 NO_2 进入叶片后,与水形成亚硝酸和硝酸,光下硝酸还原酶和亚硝酸还原酶活性提高,降低了 NO_2 的浓度。在使用塑料薄膜栽培植物时,若施氮肥过多,在土壤脱氮过程中硝酸被还原成 NO_2,可能会伤害植物。不同植物对 NO_2 的敏感性不同,其中番茄、茄子、草莓、大豆、樱和枫等最为敏感。

NO_2 引起植物的初始症状是在叶片上形成不规则水渍斑,然后扩展到全叶,并产生不规则白色、黄褐色小斑点。严重时叶片失绿、褪色进而坏死。在黑暗或弱光下植物更易受害。

2.氮氧化物伤害机理

(1)NO_2^- 积累对细胞的直接伤害

绿色植物中存在硝酸还原酶和亚硝酸还原酶,在光照下,它们从光合作用中取得还原力,使进入植物的 NO_2^- 迅速还原,所以光下植物能忍受一定浓度的 NO_2 而不出现伤害症状。在光照下,亚硝酸还原酶活性不受 NO_2 的影响,形成的 NO_2^- 可以不断得到代谢,但在暗中,亚硝酸还原酶不起作用或作用很小,由它转化 NO_2^- 的能力跟不上 NO_2^- 的形成速度,导致 NO_2 在叶中积累起来,形成伤害。

菠菜叶接触 NO_2^- 后,无论在光下或暗中,均引起 K^+ 外渗增加,细胞还原氯化三苯基四氮唑(TTC)的能力降低,光下的变化比暗中大,它的变化反映了组织受害的程度,看来是 NO_2^- 直接作用的结果。

NO_2^- 的直接作用可能是 NO_2^- 抑制酶的活力,影响了膜蛋白,改变了膜结构,导致膜透性增大,NO_2^- 降低了叶组织还原 TTC 的能力,这主要是因为 NO_2^- 影响了脱氢酶的活力。

(2)NO_2^- 的间接伤害

在黑暗中受 NO_2^- 伤害的组织一般叶绿素不分解,而在光下,叶绿素会随 NO_2^- 的增加而下降,同时有乙烷生成。用超氧自由基和羟自由基清除剂(如抗坏血酸、8－羟基喹啉和甘露醇等)预处理植物后,能明显抑制 NO_2^- 引起的乙烷产生量和减轻其对叶绿素的破坏。这些研究工作表明 NO_2^- 引起膜脂过氧化过程中有活性氧自由基(O_2^-、$\cdot OH$)参与,自由基清除剂具有抵御 NO_2^- 伤害的保护作用。

亚硝酸还原酶主要位于叶绿体内,亚硝酸还原酶电子的供体是光反应中产生的还原铁氧还蛋白。膜脂过氧化发生(乙烷增生),其原因可能就是光下亚硝酸还原酶起作用,而且光合作用中释放 O_2,为产生 O_2^- 提供了条件。推测在叶绿体内 NO_2^- 还原而引起的膜脂过氧化先发生在叶绿体膜上,然后扩散到细胞其他部位。NO_2^- 积累多,在还原成 NH_3 的过程中 O_2^- 生成也多,当 O_2^- 的产生超过了体内清除 O_2^- 系统的能力时,就会引起叶绿体受到破坏。

本章小结

环境污染可分为大气、水体、土壤和生物污染。大气污染是指有害物质进入大气后对人类和其他生物造成危害的现象。对植物有毒的大气污染物多种多样,会使植物的细胞、组织和器官受到伤害,影响正常的生理功能。

大气污染物的直接伤害可分为急性伤害、慢性伤害和隐性伤害三种类型。污染物的间接伤害主要表现在诱发病虫害等其他次生逆境危害。植物对大气污染的防御可分为摒蔽性、忍耐性和适应性等。

各种污染物超过了水的自净能力,水质显著变劣,称为水体污染;超出了土壤的自净能力,使土壤的理化性质改变,土壤微生物活动受到抑制和破坏等,称为土壤污染。水体污染物种类繁多,土壤污染物主要来自水体和大气。如金属污染物、酚类化合物、氰化物、三氯乙醛等。这些污染物除对植物产生直接危害外,进入土壤的污染物还对植物产生严重的间接危害。

提高植物抗污染力的措施包括对植物进行抗性锻炼、改善土壤营养条件、化学调控和培育抗污染力强的品种等。可利用植物保护环境,如吸收和分解有毒物质、净化环境、作为天然吸尘器、监测环境污染状况等。

二氧化硫影响植物的光合作用、降低细胞 pH、诱导氧自由基产生等。氟化物使植物正常生长受阻、叶片伤害、增加细胞的差别透性、影响气孔运动、代谢和酶活性。臭氧对叶片结构和细胞结构造成破坏、影响作物生长发育和生理功能。酸雨(酸沉降)使水体和土壤酸化、破坏森林、伤害庄稼,对细胞和叶片及其生理特性的影响极大。氮氧化物对细胞的伤害包括直接伤害和间接伤害。

复习思考题

1.讨论环境污染与植物抗性的关系。

2.大气污染对植物的主要伤害是什么?

3.分析水体和土壤污染危害植物的特点。

4.如何利用植物保护环境?

5.举例分析主要污染物对植物的胁迫。

参考文献

[1]陈晓亚,薛红卫.2012.植物生理与分子生物学(第4版)[M].北京:高等教育出版社.

[2]简令成,王红.2009.逆境植物细胞生物学[M].北京:科学出版社.

[3]刘祖祺,张石城.1994.植物抗性生理学[M].北京:中国农业出版社.

[4]潘瑞炽主编.2012.植物生理学(第7版)[M].北京:高等教育出版社.

[5]庞士铨.1990.植物逆境生理学基础[M].哈尔滨:东北林业大学出版社.

[6]孙大业,崔素娟,孙颖.2010.细胞信号转导(第4版)[M].北京:科学出版社.

[7]王宝山主编.2010.逆境植物生物学[M].北京:高等教育出版社.

[8]王三根主编.2009.植物抗性生理与分子生物学[M].北京:中国出版集团现代教育出版社.

[9]王三根主编.2013.植物生理学[M].北京:科学出版社.

[10]王忠主编.2009.植物生理学(第2版)[M].北京:中国农业出版社.

[11]武维华主编.2008.植物生理学(第2版)[M].北京:科学出版社.

[12]许大全.2013.光合作用学[M].北京:科学出版社.

[13]许智宏,薛红卫.2012.植物激素作用的分子机理[M].上海:上海科学技术出版社.

[14]赵福庚,何龙飞,罗庆云.2004.植物逆境生理生态[M].北京:化学工业出版社.

[15]Buchanan BB 等主编,瞿礼嘉等译.2004.植物生物化学与分子生物学[M].北京:科学出版社.

[16]Hopkins WG,Hüner NP.2009. Introduction to Plant Physiology (4th ed)[M]. New York:John Wiley & Sons Inc.

[17]Smith AM 等主编.瞿礼嘉等译.2012.植物生物学[M].北京:科学出版社.

[18]Taiz L,Zeiger E.2010.Plant Physiology (5th ed)[M].Sunderland:Sinauer Associates Inc.